U0908474

高职教育数控技术专业教学改革教材

数控机床编程与加工

主　编　陈兴云　姜庆华
副主编　张淑玲　崔发周　白　洁
参　编　薄向东　李晓静　刘　静
　　　　赵红美　戴建国

机 械 工 业 出 版 社

本书围绕当前高职院校人才培养模式改革的要求，借鉴德国等发达国家开发行动导向课程的经验，以典型工作任务为基础，以工作过程为导向，采用学习情境组织教学内容；以项目教学的方式贯穿全书，每个项目均来源于企业的典型案例；重点培养学生的自学能力、创新能力以及综合职业能力。全书包括典型零件的数控车削手工编程与加工、典型零件的实体构造与数控车削自动编程加工、典型零件的加工中心手工编程与加工、典型零件的实体构造与加工中心自动编程加工四个学习领域，共分为15个学习情境。

本书适合作为高职院校及各类培训学校数控技术、模具设计与制造、机电一体化技术、机械制造与自动化等专业的教材，也可供相关技术人员、数控机床编程与操作人员培训和自学使用。

图书在版编目（CIP）数据

数控机床编程与加工/陈兴云，姜庆华主编．—北京：机械工业出版社，2009.8（2016.1重印）
高职教育数控技术专业教学改革教材
ISBN 978-7-111-27780-4

Ⅰ.数… Ⅱ.①陈… ②姜… Ⅲ.①数控机床-程序设计-高等学校：技术学校-教材②数控机床-加工-高等学校：技术学校-教材 Ⅳ.TG659

中国版本图书馆CIP数据核字（2009）第119726号

机械工业出版社（北京市百万庄大街22号 邮政编码100037）
策划编辑：王海峰 责任编辑：王海峰 于奇慧
版式设计：张世琴 责任校对：程俊巧
封面设计：赵颖喆 责任印制：乔 宇
北京京丰印刷厂印刷
2016年1月第1版·第2次印刷
184mm×260mm·18.75印张·454千字
4 001—5 500册
标准书号：ISBN 978-7-111-27780-4
定价：39.00元

凡购本书，如有缺页、倒页、脱页，由本社发行部调换

电话服务
服务咨询热线：010-88379833
读者购书热线：010-88379649

网络服务
机 工 官 网：www.cmpbook.com
机 工 官 博：weibo.com/cmp1952
教育服务网：www.cmpedu.com
金 书 网：www.golden-book.com

数控技术专业教学改革教材

编 委 会 名 单

序

高职院校通过校企合作、工学结合，改革传统的人才培养模式，是实现其内涵发展的必由之路，而人才培养模式改革的核心是课程改革，教学团队建设和实训基地建设都应围绕课程改革进行。可以说，课程改革是我国高职教育改革的一场攻坚战，高职院校既要树立坚定的信心，又要掌握科学的方法。

世界职业教育课程的改革与发展给予我们的启示是：第一，职业教育的课程应该从工作岗位、工作任务出发；第二，职业教育要强调能力本位；第三，职业教育的课程开发要求企业与学校合作，理论和实践不分家。但是，如何做到实践与理论不分家呢？1996 年，德国进行了“学习领域”，也就是工作过程导向的课程改革，明确提出了理论和实践的整合可以通过获取工作过程知识加以解决。这一课程改革方案中所提出的工作过程，意在用一个动态的结构把技能与知识紧密地结合起来。因此，工作过程很可能是理论与实践一体化的一条路径、一个手段、一种结构。

近年来，我们在研究德国“双元制”职业教育，特别是在认真研究“学习领域”课程所提出的工作过程导向的实践与理论成果的基础上，开展了工作过程系统化课程改革的探索。工作过程系统化课程吸收了模块课程灵活性、项目课程一体化的特长，并力图在此基础上实现从经验层面向策略层面的能力发展，关注如何在满足社会需求的同时重视人的个性需求，关注在就业导向的职业教育大目标下人的可持续发展问题、教育的本质属性问题。

一般来说，课程开发必须解决两个问题，一个是职业教育应该选择什么样的内容，一个是这些内容应该如何结构化。

职业教育课程在内容上要更多地关注过程性的知识：一是关于经验的知识，一是关于策略的知识。经验指的是“怎么做”的知识，涉及如何做的方法；策略指的是“怎样做更好”的知识，涉及在什么情况下、在什么条件下可以做得更好的知识。职业教育要更多地关注经验和策略。因此，职业教育课程内容的“适度够用”就是要以过程性知识为主，以陈述性知识为辅；或者说，要以经验和策略的知识为主，以事实、概念和理解、论证的知识为辅；或者进一步说，要以“怎样做”和“怎样做更好”的知识为主，“是什么”可以讲一些，“为什么”，特别是理论上的“为什么”，就可不讲或少讲了。

职业教育课程在结构上要以工作过程为参照系对所选择内容进行排序。所谓工作过程，是个体“为完成一项工作任务并获得工作成果而进行的一个完整的工作程序”（赵志群）。工作过程系统化课程的设计，涉及学科知识的解构以及在工作过程中进行重构的问题。基于工作过程系统化的课程开发，绝对不是消灭知识、不要知识，而是重构知识。它包含两个命题：一个是“适度够用的理论知识在数量上没有发生变化，但在排序的方式上发生了变化”。这句话曾有误读，认为解构就是把原来所有的书本知识拆解，然后放到工作过程中去。这是不对的。解构的关键在于如何在学科体系中去提取适度够用的知识，并与工作过程进行整合。另一个是“适度够用的理论知识的质量发生变化，不是知识的空间物理位移，而是在工作过程中的融合”。这是一个很重要的解构和重构的思想。这意味着，职业教育不能只满足于解决现实的职业资格所涉及的具体的工作过程中的问题。因为具体工作过程的六个要素，即对象、内容、手段、组织、产品和环境是动态变化的。但是，由于完成一个具体工作任务的人的思维过程的完整性，即资讯、计划、决策、实施、检查、评价这六个步骤是相对固定的。因此，从变化的具体的工作过程中去掌握相对“不变”的思维过程，即力图用具体的个性去获取一般的共性，用抽象出来的共性和一般去应对新的个性和新的具体，就解决了由“变”向“不变”的跃迁，进而可从容应对新的“变”。这正是系统化、结构化的课程设计的灵魂。系统化的项目、系统化的模块、系统化的产品和系统化的案例等等各种载体形式，使得我们在课程单元（学习情境）及其载体的设计上获得了极大的成功。

世界上的技术无非是三大类技术：实体性技术、规范性技术、过程性技术。实体性技术表现为物化的设备和工具，它是技术的空间存在、物理的存在，是技术“三维”的存在。规范性技术，像文本的工艺和规则，特别是服务业，更多的是与时间的顺序有关系，往往与设备没关系，它是技术的时间存在，是技术“一维”的存在。而所谓过程性技术，则是人的经验和策略，它是不能脱离个体而存在的技术，是以“技能”的形式呈现的。人类有目的性的活动，一是与序列即与时间有关，二是与方式即与空间有关，是人类四维时空的活动。个体正是在这一思维时空的职业工作过程中，通过个体的经验和策略，即通过技能——过程性技术，使实体性技术和规范性技术为人类创造价值。这一过程实际上是把潜在的被“遮蔽”的技术，经过技能“去避”而显现为实在的技术的过程。工作过程系统化课程，旨在既要通过具体的课程载体掌握技能与知识，又要从具体的课程载体中跳出来，促进人的可持续发展。

唐山工业职业技术学院是河北省重点建设的示范性高职院校，从20世纪90年代就开始建设校内生产型实训基地，目前已建成单体单层面积达2万平方米的大型校内综合实训基地，形成了“前校后厂，产学一体；面向区域，开放办学”的特色，具有工学结合的传统优势。在校企合作、双证融通、顶岗实习、双师培养以及国际合作等方面，该校都作了大量有益的探索，有力地支撑了工作过程系统化的课程改革。该院数控技术专业拥有国家职业教育实训基地，一直以培养高素质高技能人才为目标，是河北省高职高专示范专业。这个专业在原有项目课程的基础上，经过工作任务分析、行动领域归纳、学习领域编制、教学情境设计，开发了工作过程系统化课程（学习领域课程），并于2008年秋季开始实施。

现在出版的这套教材就是该专业工作过程系统化课程的配套教材。这套教材打破了学科知识系统化的编排结构，按照工作过程的顺序进行内容安排，每个教学项目都经过了布置任务、分析任务、制定计划、实施计划、检查评价等环节，体现了工作过程系统化的基本教学思想，是高职教材编写的一次有益尝试。

姜大源

2009年2月14日

前　言

本书是根据当前高职教育人才培养模式改革要求，在完成基于工作过程的课程编制和教学情境设计的基础上，由专业教师与企业技术人员合作开发的教材。课程内容参照了相关的国家职业标准。

当前高职教育已从扩大规模向提高质量转型，而传统的高职教育课程无论在结构上还是在内容上都已成为高职教育发展过程中的主要瓶颈之一，如何构建符合高职教育自身规律的课程模式，已经成为高职教育界广大同仁的共同课题。基于工作过程的学习领域课程作为一种新的高职教育课程模式，能够有效地克服传统学科课程存在的缺陷，是课程改革的发展方向之一。我院数控技术专业在课程专家和行业专家的指导和参与下，以人才培养目标为依据选择典型载体，运用“现代行动导向”教学观创设教学情境，探索将工作任务转换为教学内容的思路与方法，开发了基于工作过程的学习领域课程体系，将专业实践内容融于学习领域课程中，实现融教、学、做于一体的教学模式。本书的编写正是为了满足实施学习领域课程的需要。

本书选择典型零件作为载体，创设学习情境，以培养学生的综合职业能力为目标，通过项目教学，结合生产实际，由浅入深、循序渐进，力求使学习者能做到学以致用、举一反三，在预定的时间内获得数控机床编程与加工的应用能力。本书主要内容包括：典型零件的数控车削手工编程与加工、典型零件的实体构造与数控车削自动编程加工、典型零件的加工中心手工编程与加工、典型零件的实体构造与加工中心自动编程加工四个学习领域，共分为15个学习情境。

本书按照任务驱动的项目教学单元结构编写，内容简明、图文并茂、通俗易懂。项目分析典型全面，教学情境接近实际生产情境，具有很强的实践性、职业性和开放性，有利于培养学生的综合职业能力。本书可作为高职院校及各类培训学校相关专业的教材，也可供工程技术人员、数控机床编程与操作人员培训和自学使用。

本书由陈兴云、姜庆华主编，其中学习情境1、2、3由姜庆华编写，学习情境5、6、7、12由陈兴云编写，学习情境8、9由张淑玲编写，学习情境13、14由白洁编写，学习情境4、15由崔发周编写，学习情境10由薄向东编写、学习情境11由李晓静编写，学习情境1、2、3、4中的零件图由刘静绘制，学习情境12、13、14、15中的零件图由赵红美绘制，所有的实例由戴建国审核并加工检验，全书由陈兴云统稿。

由于编者水平有限，书中难免存在一些错误和缺点，恳请读者给予批评指正。

编　者

目　录

学习领域四　典型零件的实体构造与加工中心自动编程加工

学习领域一

典型零件的数控车削手工编程与加工

学习情境一　外轮廓零件的数控车削编程与加工

项目一　仿真软件（华中世纪星）数控车削介绍与使用

一、数控车床坐标系

1. 机床坐标系

机床坐标系是用于确定机床运动的位移和方向而设置的坐标系。标准机床坐标系中的坐标轴X、Y、Z的相互关系由右手笛卡儿直角坐标系确定。如图1-1所示，大拇指的指向为X轴的正方向，食指指向为Y轴的正方向，中指指向为Z轴的正方向。

＊运动方向的规定：增大刀具与工件距离的方向即为各坐标轴的正方向。

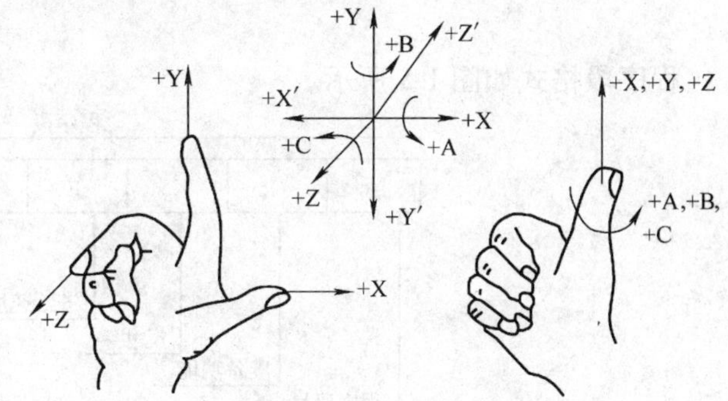

图1-1　机床坐标轴

机床坐标轴的方向取决于机床的类型和各组成部分的布局，对车床而言：

——Z轴与主轴轴线重合，沿着Z轴正方向移动将增大零件和刀具间的距离；

——X轴垂直于Z轴，对应于转塔刀架的径向移动，沿着X轴正方向移动将增大零件和刀具间的距离；

——Y轴（通常是虚设的）与X轴和Z轴一起构成遵循右手笛卡儿坐标系的坐标系统。

数控车床坐标轴及其方向如图1-2所示。

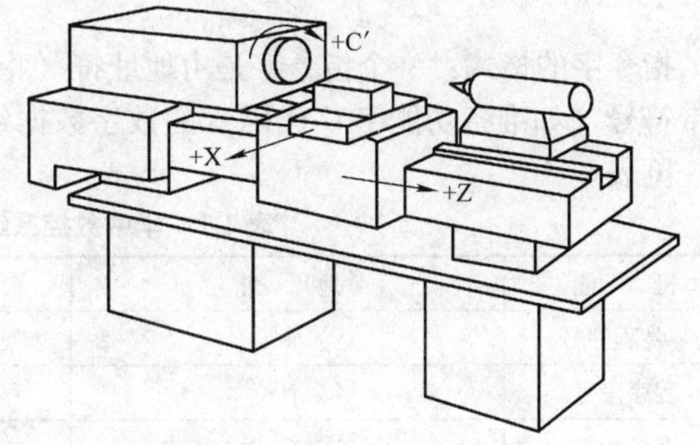

图1-2　数控车床坐标轴

2. 编程坐标系

编程坐标系是编程人员根据零件图及加工工艺等建立的坐标系。

编程原点是根据加工零件图样及加工工艺要求选定的编程坐标系原点。它应尽量选择在零件的设计基准或工艺基准上。编程坐标系中各轴的方向应与所使用的数控机床的坐标轴方向一致，如图1-3中以O_3为编程原点建立的坐标系即为编程坐标系。

二、常见程序格式及常用编程指令

1. 常见程序格式

一个零件程序是由遵循一定结构、句法和格式规则的若干个程序段组成的，而每个程序段是由若干个指令字组成的，如图1-4所示。

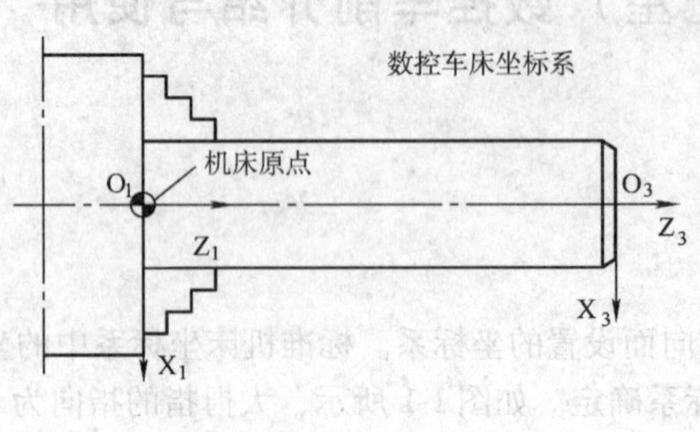

图1-3　数控车床编程坐标系

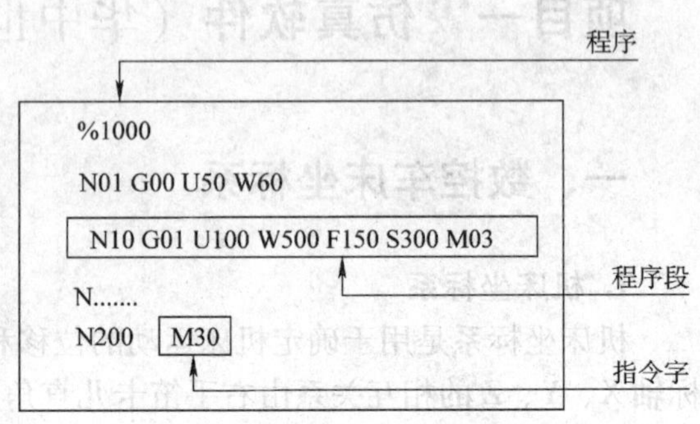

图1-4　程序的一般格式

程序段格式如图1-5所示。

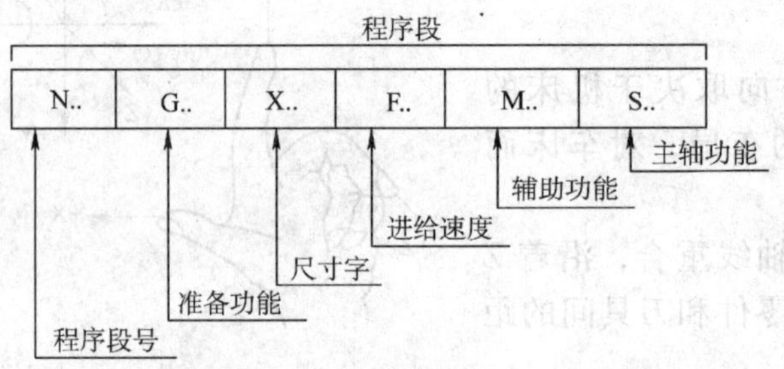

图1-5　程序段一般格式

指令字的格式：一个指令字是由地址符（指令字符）和带符号（如定义尺寸的字）或不带符号（如准备功能字G代码）的数字数据组成的。表1-1为华中数控系统常见指令字符一览表。

表1-1　华中数控系统常见指令字符

机　能	地　址	意　义
零件程序号	%	程序编号：%1～4294967295
程序段号	N	程序段编号：N0～4294967295
准备功能	G	指令动作方式：G00～99
尺寸字	X，Y，Z	坐标轴的移动命令：±99999.99
	A，B，C	
	U，V，W	
	R	圆弧的半径；固定循环的参数
	I，J，K	圆心相对于起点的坐标；固定循环的参数
进给速度	F	进给速度的指定：F0～24000

（续）

机　能	地　址	意　义
主轴功能	S	主轴转速的指定：S0～9999
刀具功能	T	刀具编号的指定：T0～99
辅助功能	M	机床侧开/关控制的指定：M0～99
补偿号	D	刀具半径补偿号的指定：00～99
暂停	P，X	暂停时间的指定（秒）
程序号的指定	P	子程序号的指定：P1～4294967295
重复次数	L	子程序的重复次数，固定循环的重复次数
参数	P，Q，R，U，W，I，K，C，A	车削复合循环参数
倒角控制	C，R	

程序的一般结构见表1-2。

表1-2　程序的一般结构

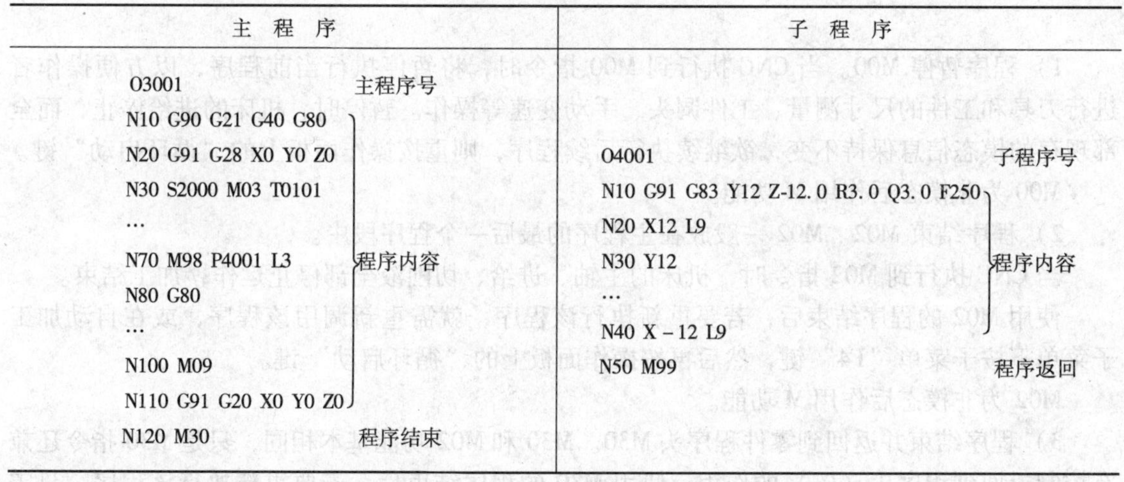

主程序		子程序	
O3001	主程序号		
N10 G90 G21 G40 G80		O4001	子程序号
N20 G91 G28 X0 Y0 Z0		N10 G91 G83 Y12 Z-12.0 R3.0 Q3.0 F250	
N30 S2000 M03 T0101		N20 X12 L9	
…		N30 Y12	程序内容
N70 M98 P4001 L3	程序内容	…	
N80 G80		N40 X－12 L9	
…		N50 M99	程序返回
N100 M09			
N110 G91 G20 X0 Y0 Z0			
N120 M30	程序结束		

（1）程序号　程序号为程序的开始部分，为了区别存储器中的程序，每个程序都要有程序编号。在编号前采用程序编号地址码。如在华中数控系统中，采用“%”；在FANUC系统中，采用英文字母“O”作为程序编号地址，其他系统也有采用“P”、“：”等。

（2）程序内容　程序内容是整个程序的核心，由许多程序段组成，表示数控机床所要完成的全部动作。

（3）程序结束　以程序结束指令M02或M30作为整个程序结束的符号来结束整个程序。

2. 常用编程指令（以华中世纪星HNC-21T系统为例）

（1）辅助功能（M功能）　辅助功能由地址字M和其后的一或两位数字组成，主要用于控制零件程序的走向，以及机床各种辅助功能的开关动作。

M功能有非模态功能和模态功能两种形式。

非模态M功能（当段有效代码）：只在书写了该代码的程序段中有效。

模态M功能（续效代码）：一组可相互注销的M功能，这些功能在被同一组的另一个功能注销前一直有效。

另外，M 功能还可分为前作用功能和后作用功能两类。

前作用 M 功能：在程序段编制的轴运动之前执行。

后作用 M 功能：在程序段编制的轴运动之后执行。

华中世纪星 HNC-21T 数控装置 M 代码及功能见表 1-3（*标记者为默认值）。

表 1-3　M 代码及功能

代码	模态	功能说明	代码	模态	功能说明
M00	非模态	程序停止	M04	模态	主轴反转起动
M02	非模态	程序结束	*M05	模态	*主轴停止转动
M30	非模态	程序结束并返回程序起点	M06	非模态	换刀
M98	非模态	调用子程序	M07、M08	模态	切削液打开
M99	非模态	子程序返回	*M09	模态	*切削液停止
M03	模态	主轴正转起动			

1）程序暂停 M00。当 CNC 执行到 M00 指令时，将暂停执行当前程序，以方便操作者进行刀具和工件的尺寸测量、工件调头、手动变速等操作。暂停时，机床的进给停止，而全部现存的模态信息保持不变，欲继续执行后续程序，则重按操作面板上的“循环启动”键。

M00 为非模态后作用 M 功能。

2）程序结束 M02。M02 一般放在主程序的最后一个程序段中。

当 CNC 执行到 M02 指令时，机床的主轴、进给、切削液全部停止运作，加工结束。

使用 M02 的程序结束后，若要重新执行该程序，就需重新调用该程序，或在自动加工子菜单下按子菜单“F4”键，然后再按操作面板上的“循环启动”键。

M02 为非模态后作用 M 功能。

3）程序结束并返回到零件程序头 M30。M30 和 M02 功能基本相同，只是 M30 指令还兼有控制返回到程序头（%）的作用。使用 M30 的程序结束后，若要重新执行该程序，只需再次按操作面板上的“循环启动”键。

4）主轴控制指令 M03、M04、M05。

M03：起动主轴以程序中编制的主轴速度顺时针方向（从 Z 轴正向朝 Z 轴负向看）旋转。

M04：起动主轴以程序中编制的主轴速度逆时针方向旋转。

M05：使主轴停止旋转。

M03、M04 为模态前作用 M 功能，M05 为模态后作用 M 功能，M05 为默认功能。

M03、M04、M05 可相互注销。

5）切削液打开、停止指令 M07、M08、M09。

M07、M08：指令将打开切削液管道。

M09：指令将关闭切削液管道。

M07、M08 为模态前作用 M 功能，M09 为模态后作用 M 功能，M09 为默认功能。

（2）主轴功能（S 功能）　主轴功能控制主轴转速，其后的数值表示主轴速度，单位为 r/min。恒线速度功能时 S 指定切削线速度，其后的数值单位为 m/min。（G96 恒线速度有效、G97 取消恒线速度。）

S是模态指令，S功能只有在主轴速度可调节时有效。S所编程的主轴转速可以借助机床控制面板上的主轴倍率开关进行修调。

（3）进给速度（F功能） F指令表示工件被加工时刀具相对于工件的合成进给速度，F的单位取决于G94（每分钟进给量，即进给速度，单位为mm/min）或G95（主轴每转一转刀具的进给量，单位为mm/r）。

可以按公式实现进给速度与每分钟进给量的转化，即

$$v_f = nf$$

式中 v_f——进给速度（mm/min）；

f——每转进给量（mm/r）；

n——主轴转数（r/min）。

当工作在G01，G02或G03方式下，编程的F一直有效，直到被新的F值所取代，而工作在G00方式下，快速定位的速度是各轴的最高速度，与所编F无关。

借助机床控制面板上的倍率按钮，F可在一定范围内进行倍率修调。当执行攻螺纹循环G74、G84，螺纹切削G32、G82、G76时，倍率开关失效，进给倍率固定在100%。

（4）刀具功能（T功能） T代码用于选刀，其后的四位数字分别表示选择的刀具号和刀具补偿号，如T0101、T0202。

（5）数控车床的进给控制指令 见表1-4。

表1-4 进给控制指令

G功能字	FANUC系统	华中系统	G功能字	FANUC系统	华中系统
G00	快速移动点定位	快速移动点定位	G82	—	螺纹简单循环
G01	直线插补	直线插补	G70	内、外径精车复合循环	—
G02	顺时针圆弧插补	顺时针圆弧插补	G71	内、外径粗车复合循环	内、外径粗车复合循环
G03	逆时针圆弧插补	逆时针圆弧插补	G72	端面粗车复合循环	端面粗车复合循环
G04	暂停	暂停	G73	闭合复合循环	闭合复合循环
G17	XY平面选择	XY平面选择	G76	复合螺纹切削循环	复合螺纹切削循环
G18	ZX平面选择	ZX平面选择	G90	绝对值编程	绝对尺寸编程
G19	YZ平面选择	YZ平面选择	G91	增量值编程	增量尺寸编程
G32	螺纹切削	螺纹切削	G92	螺纹切削循环	主轴转速极限
G50	主轴最高转速限制	—	G94	每分钟进给量	每分钟进给
G54 ~ G59	加工坐标系设定	加工坐标系设定	G95	每转进给量	每转进给
G80	内、外径简单循环	内、外径简单循环	G96	恒线速控制	恒线速度
G81	—	端面简单循环	G97	恒线速取消	注销G96

三、模拟仿真软件基本使用方法介绍

（一）数控车床华中世纪星系统操作面板

数控车床华中世纪星系统操作面板主要包括显示器、MDI键盘、“急停”按钮、功能键

和机床控制面板几部分，界面如图 1-6 所示。

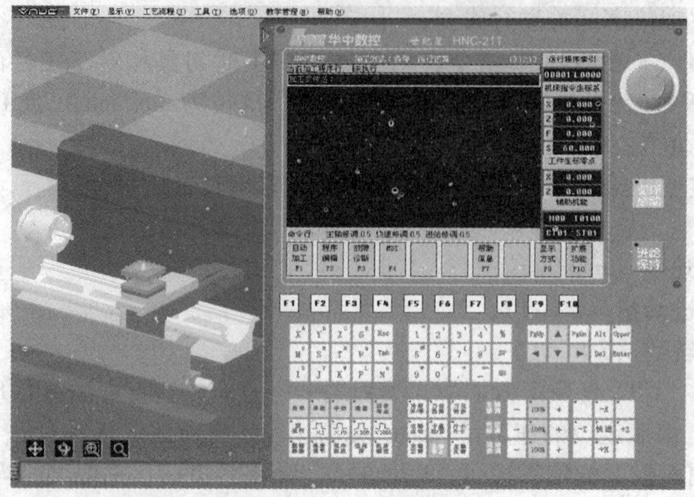

图 1-6　数车华中世纪星系统操作面板

1. MDI 键盘（地址/数字键）

MDI 键盘用于字母、数字及其他字符的输入和修改，使用方法与计算机键盘相应键相似，如图 1-7 所示。

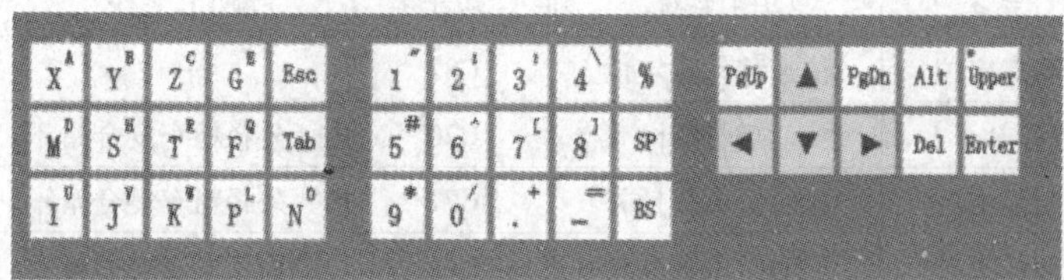

图 1-7　MDI 键盘

2. 机床控制面板

车床手动操作主要由控制面板各功能键完成。数控车床控制面板如图 1-8 所示。

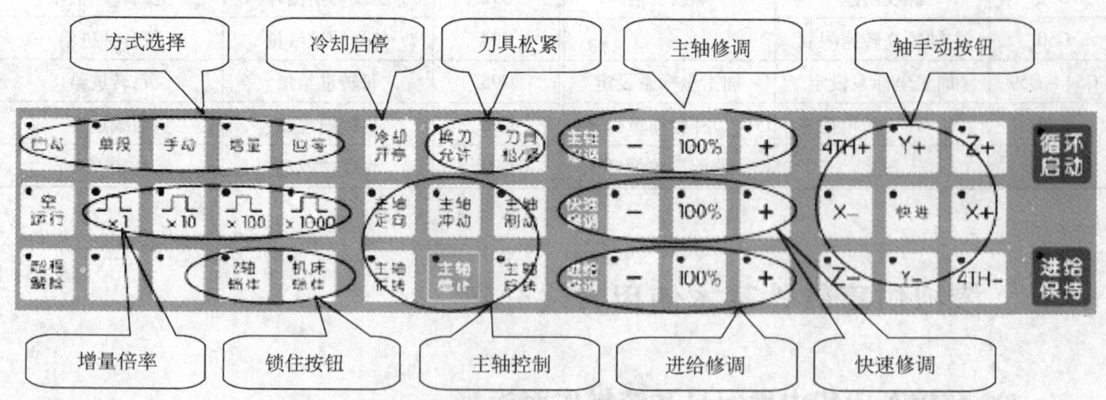

图 1-8　数控车床控制面板

（1）点动进给　按一下“手动”按钮，指示灯亮，数控系统处于点动运行方式，可点动移动机床坐标轴。

按压“X+”或“X-”按钮，指示灯亮，X 轴将产生正向或负向连续移动；松开“X+”或“X-”按钮，指示灯灭，X 轴即减速停止。用同样的操作方法，使用“Y+”、“Y-”、“Z+”、“Z-”按钮可以使 Y 轴、Z 轴产生正向或负向连续移动。

（2）点动快速移动　在点动进给时，若同时按压“快进”按钮，则产生相应轴的正向或负向快速运动。

（3）点动进给速度选择　在点动进给时，进给速率为数控系统参数最高快移速度的 1/3 乘以进给修调。选择的进给倍率、点动快速移动的速率为数控系统参数最高快移速度乘以快速修调选择的快移倍率。进给或快速修调倍率被置为 100%，按一下“+”按钮，修调倍率递增 10%，按一下“-”按钮，修调倍率递减 10%。

（4）增量进给　按一下控制面板上的“增量”按钮，指示灯亮，数控系统处于增量进给方式，可增量移动机床坐标轴。

按一下“X+”或“X-”按钮，指示灯亮，X 轴将正向或负向移动一个增量值；再按一下“X+”或“X-”按钮，X 轴将正向或负向继续移动一个增量值。用同样的操作方法，使用“Z+”、“Z-”按钮，可以使 Z 轴正向或负向移动一个增量值。

（5）主轴正反转及停止　在手动方式下，按一下“主轴正转”按钮，指示灯亮，主电动机以机床参数设定的转速正转；按一下“主轴反转”按钮，指示灯亮，主电动机以机床参数设定的转速反转；按一下“主轴停止”按钮，指示灯亮，主电动机停止运转。

（6）主轴速度修调　主轴正转及反转的速度，可通过主轴修调调节。按压主轴修调右侧的 100%，按钮指示灯亮，主轴修调倍率被置为 100%，按一下“+”按钮，主轴修调倍率递增 10%，按一下“-”按钮，主轴修调倍率递减 10%。机械齿轮换挡时，主轴速度不能修调。

（7）机床锁住　机床锁住由机床控制面板上的“机床锁住”按钮完成。禁止机床所有运动时，在手动运行方式下按一下“机床锁住”按钮，指示灯亮；再进行手动操作时，数控系统继续执行，显示屏上的坐标轴位置信息变化，但不输出伺服轴的移动指令，所以机床停止不动。

（8）轴锁住　Z 轴锁住由机床控制面板上的“Z 轴锁住”按钮完成。禁止进刀时，在手动运行开始前按一下“Z 轴锁住”按钮，指示灯亮，再手动移动 Z 轴，Z 轴坐标位置信息变化，但 Z 轴不运动。

（9）冷却启动与停止　在手动方式下，按一下“冷却开/停”，切削液开（默认值为切削液关）；再按一下，切削液关，依次循环。

3. 显示器和功能键

显示器和功能键如图 1-9 所示。

（1）图形显示窗口　可以根据需要，用功能键“F9”设置窗口的显示内容。

（2）菜单命令条　通过菜单命令条中的功能键 F1 ~ F10 可完成系统功能的操作。每个主菜单下又由多个子菜单组成。

（3）运行程序索引

（4）自动加工中的程序名和当前程序段行号

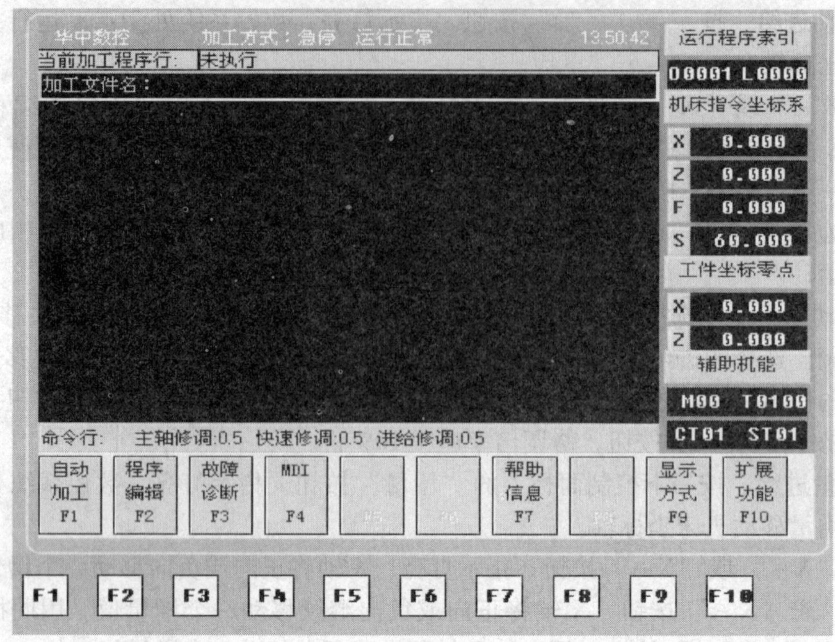

图 1-9 显示器和功能键

(5) 选定坐标系下的坐标值 坐标系可在机床坐标系、工件坐标系、相对坐标系之间切换；显示值可在指令位置、实际位置、剩余进给、跟踪误差、负载电流、补偿值之间切换。

(6) 工件坐标零点 即工件坐标系零点在机床坐标系下的坐标。

(7) 倍率修调

①主轴修调：当前主轴修调倍率。

②进给修调：当前进给修调倍率。

③快速修调：当前快进修调倍率。

(8) 辅助机能 自动加工中的 M、S、T 代码。

(9) 当前加工程序行 当前正在或将要加工的程序段。

(10) 当前加工方式系统运行状态及当前时间

①工作方式：系统工作方式根据机床控制面板上相应按钮的状态可在自动（运行）、单段（运行）、手动（运行）、增量（运行）、回零、急停、复位等之间切换。

②运行状态：系统工作状态在"运行正常"和"出错"之间切换。

③系统时钟：当前系统时间。

4. "急停"按钮

面板右上角最大的红色按钮为"急停"按钮，主要用于控制操作面板的开关，可随时停止机床的运动。

(二) 选择机床和数控系统

进入数控加工仿真系统，单击"选项"→"选择机床和系统"命令，在打开的窗口中选择机床类型为卧式车床，选择数控系统为华中世纪星型系统，如图 1-10 和图 1-11 所示。

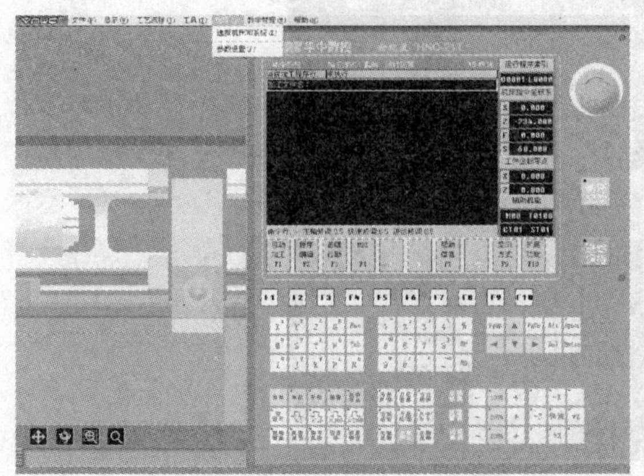

图 1-10　选择机床和数控系统（1）

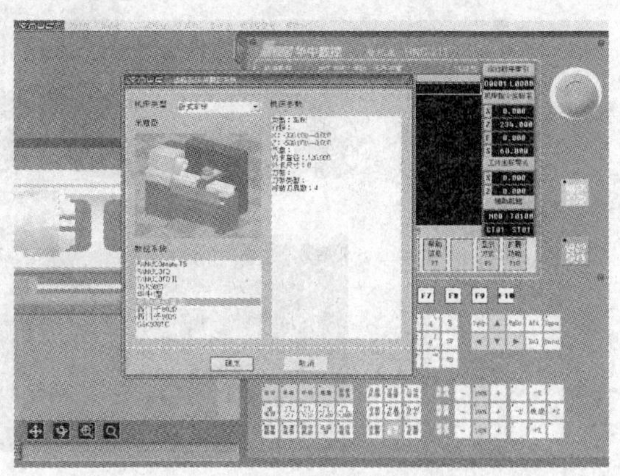

图 1-11　选择机床和数控系统（2）

（三）刀具选择

进入数控加工仿真系统，单击“工艺流程”→“车刀刀库”命令，选择各种刀具，并设置刀具相应各参数，如图 1-12 和图 1-13 所示；然后选择“确定”按钮，就可以将各把车刀装在刀架上，如图 1-14 所示。

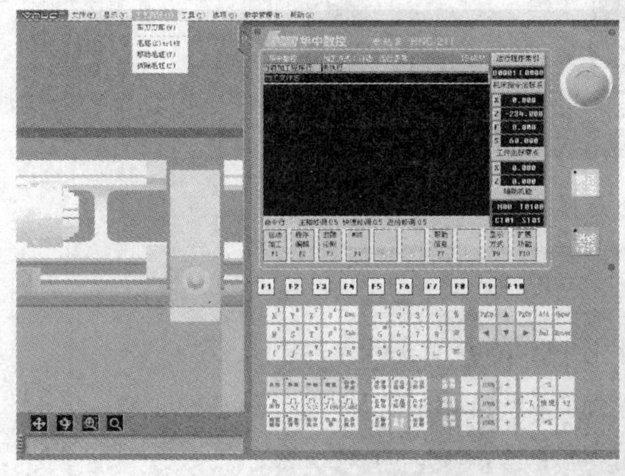

图 1-12　刀具选择（1）

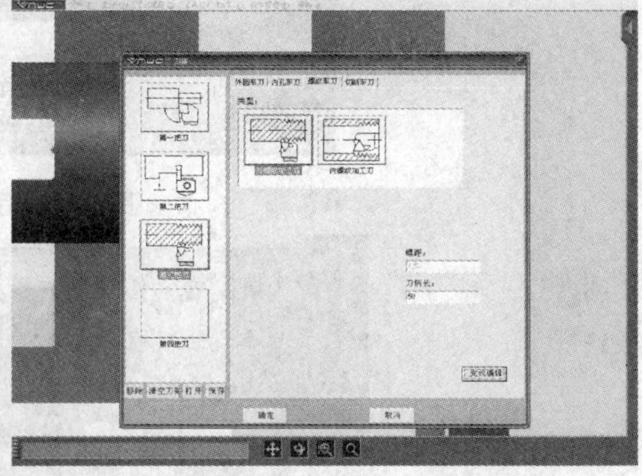

图 1-13　刀具选择（2）

（四）毛坯选择

进入数控加工仿真系统，单击“工艺流程”→“毛坯”命令，按“新毛坯”按钮，选择毛坯外径、内径、高、材料和夹具，如图 1-15 所示，然后按“确定”按钮，再选择安装此毛坯，即可将该毛坯装在卡盘上，最后调整伸出长度后加紧，如图 1-16 所示。

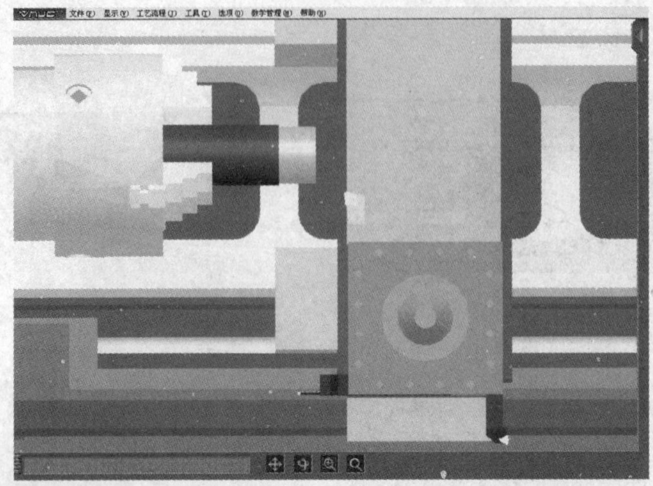

图 1-14　刀具选择（3）

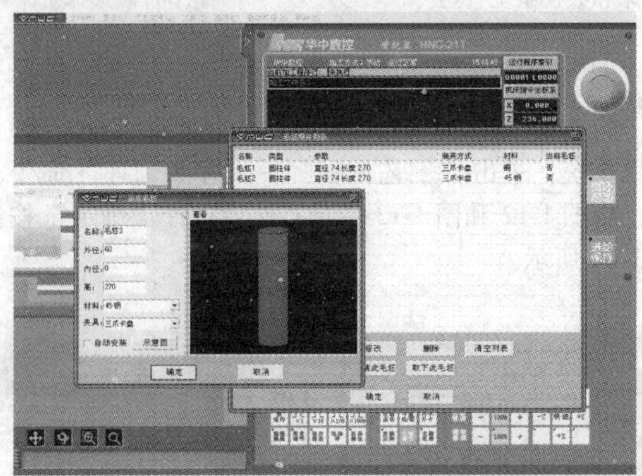

图 1-15　毛坯选择（1）

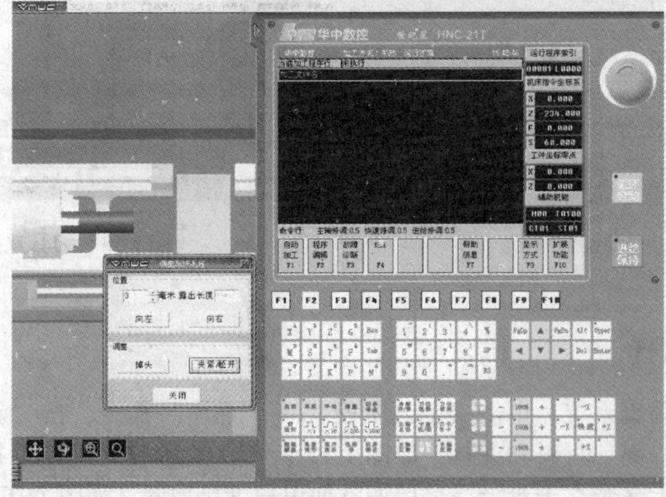

图 1-16　毛坯选择（2）

四、数控车床模拟对刀方法介绍

1. 常用数控刀具的几何形状

常用数控车削刀具如图 1-17 所示。

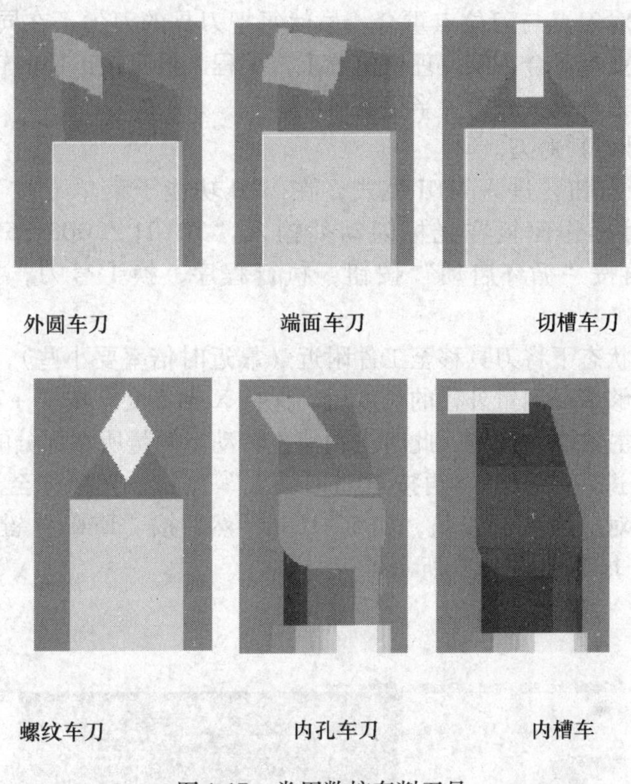

图 1-17 常用数控车削刀具

2. 工件的装夹、刀具安装与操作

（1）工件装夹　数控车床的夹具主要有卡盘和尾座。在工件安装时，首先根据加工工件尺寸选择卡盘，再根据其材料及切削余量的大小调整好卡盘卡爪夹持直径、行程和夹紧力。如有需要，可在工件尾座打中心孔，用顶尖顶紧。使用尾座时，应注意其位置、套筒行程和夹紧力的调整。工件要留有一定的夹持长度，其伸出长度要考虑零件的加工长度及必要的安全距离。工件中心尽量与主轴中心线重合。如所要夹持部分已经经过加工，必须在外圆上包一层铜皮，以防止外圆面损伤。

（2）刀具的安装　根据工件及加工工艺的要求选择合理的刀具和刀片。首先将刀片安装在刀杆上，再将刀杆依次安装到刀架上，之后通过刀具干涉和加工行程图检查刀具安装尺寸。

注意事项：

1）安装前保证刀杆及刀片定位面清洁，无损伤。

2）将刀杆安装在刀架上时，应保证刀杆方向正确。

3）安装刀具时需注意使刀尖等高于主轴的回转中心。

4）车刀不能伸出过长，以免干涉或因悬伸过长而降低刀杆的稳固性。

（3）手动换刀　数控车床具有自动换刀装置，可通过程序指令使刀架自动转位，也可通过面板手动控制刀架换刀。

（4）对刀　（本操作过程需在仿真软件上边演示边讲述）

对刀的目的是确定编程原点在机床坐标系中的位置。对刀点可以设定在零件、夹具或机床上。对刀时，应使对刀点与刀位点重合。虽然每把刀具的刀尖不在同一点上，但通过刀补，可使刀具的刀位点都重合在某一理想位置上。编程人员只按工件的轮廓编制加工程序即可，而不用考虑不同刀具长度和刀尖半径的影响。

1）外圆刀（1号刀）对刀。

①按下“MDI”按钮，进入MDI模式，在MDI功能子菜单下按“F6”按钮，进入MDI运行方式。通过操作面板在光标闪动处输入“T0101；M03 S500；”，按“Enter”键，将程序插入。再按“循环启动”按钮，执行程序，换1号刀，按使主轴正转，转速500r/min。

②在手动或增量状态下将刀具移至工件附近（靠近时倍率要小些），手动用1号刀车削外圆。切削一小段足够卡尺测量外径的长度后，保持X轴不变，按“+Z”按钮，使车刀沿+Z向退出，按下“主轴停”按钮，此时主轴停止转动。测量所切部分的外径，例如车削外径为56.1656mm，则进入“MDI”，再按下“刀偏表”按钮，光标移至刀编号为0001的试切直径处，键盘输入对应的测量X值，如56.1656，然后按“Enter”键，完成1号刀X向对刀，如图1-18、图1-19和图1-20所示。

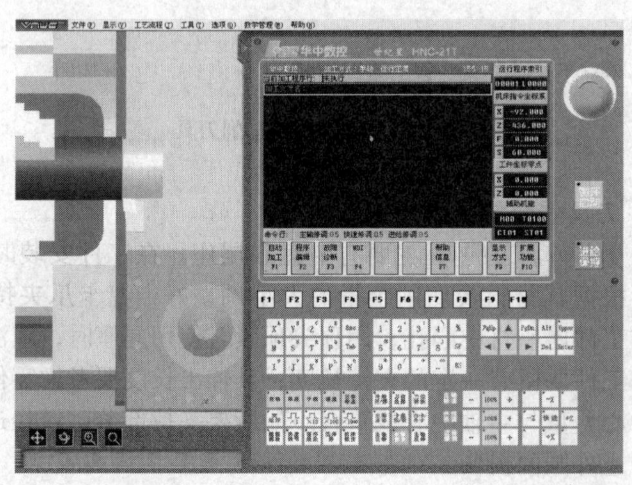

图1-18　1号刀X向对刀（1）

③再次启动主轴正转，切削端面，切削完毕，保持Z轴不变，按“+X”按钮，使车刀沿+X退刀，让主轴停止转动。

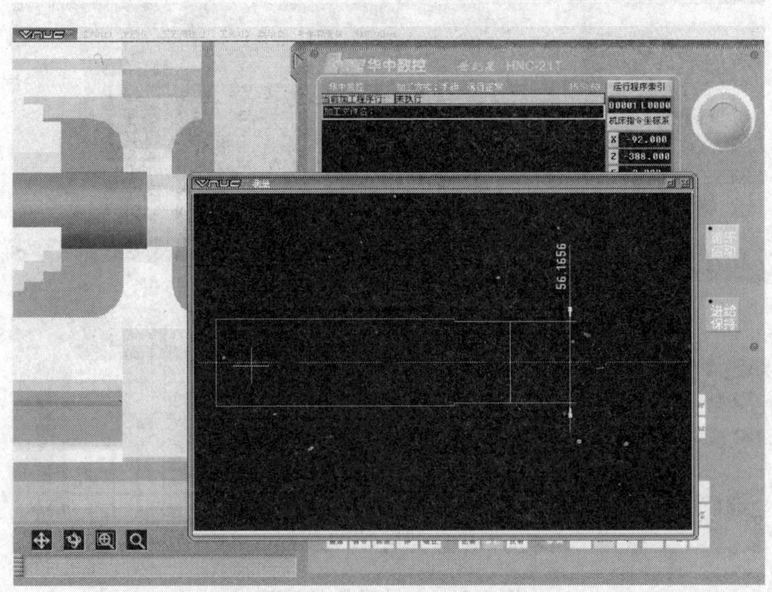

图 1-19 1 号刀 X 向对刀（2）

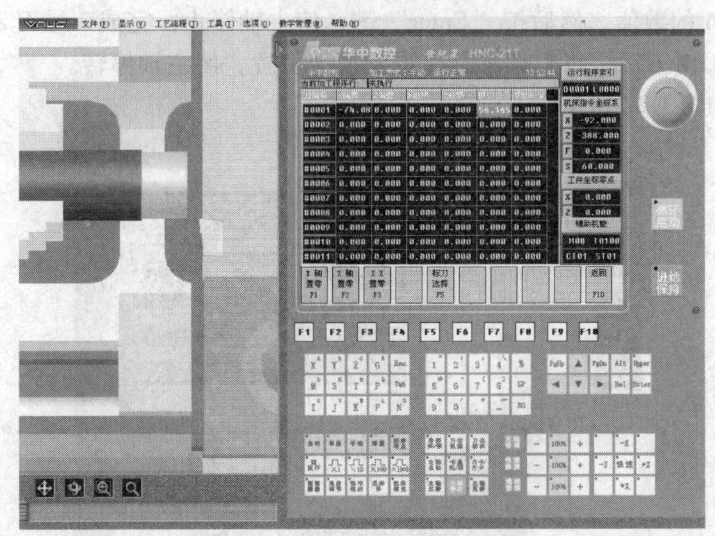

图 1-20 1 号刀 X 向对刀（3）

④进入刀偏表，光标移至刀编号为 0001 的试切长度处，键盘输入对应的 Z 值“0”，然后按“Enter”键，即完成 1 号刀 Z 向对刀，如图 1-21 所示。

⑤1 号刀对刀完毕，将刀架移开，退至换刀位置附近。

2）切槽刀（2 号刀）对刀

①在 MDI 方式下，调 2 号刀，按“主轴正转”按钮，使主轴旋转。

②在手动方式下，将刀具移至工件附近，越近时倍率要越小，使 2 号刀的左刀尖（刀位点）与已加工好的工件端面平齐，并接触工件的外圆，听见摩擦声或有微小铁屑。

③在刀偏表中，光标移至刀编号为 0002 的试切直径和试切长度处，键盘分别输入对应

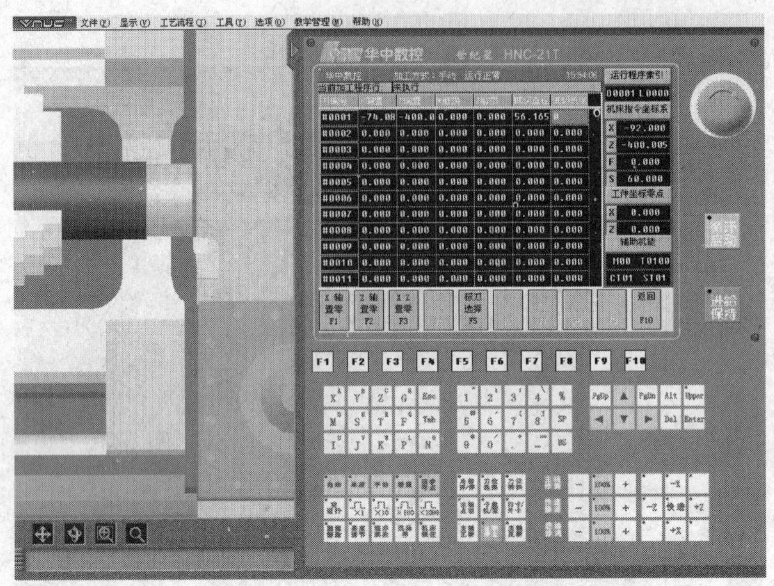

图 1-21　1 号刀 Z 向对刀

的 Z0 和 X56. 1656 的数值，然后按“Enter”键，使主轴停止，完成 2 号刀 Z 向和 X 向对刀。

④完成 2 号刀对刀后，将刀架移开，退到换刀位置，使主轴停转。

2 号刀对刀如图 1-22 所示。

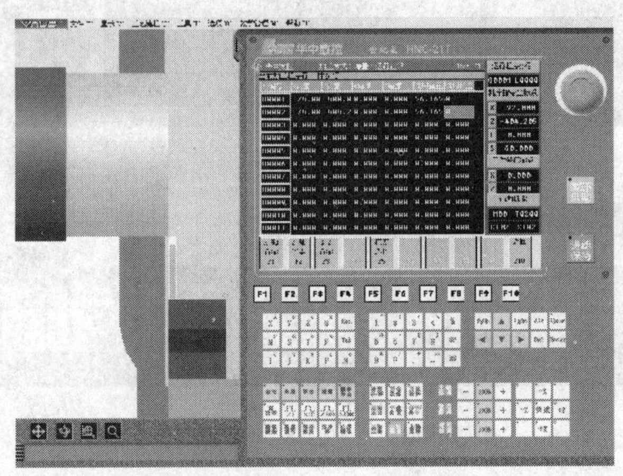

图 1-22　2 号刀对刀

3）螺纹刀（3 号刀）对刀

①在 MDI 方式下，调 3 号刀，按“主轴正转”按钮，使主轴旋转。

②在手动状态下将刀具移至工件附近，越近时倍率要越小，使 3 号刀的刀尖与已加工好的工件端面平齐，并接触工件的外圆，听见摩擦声或有微小铁屑。

③在刀偏表中，光标移至刀编号为 0003 的试切直径和试切长度处，键盘分别输入对应的 Z0 和 X56. 1656 的数值，然后按“Enter”键，使主轴停止，完成 3 号刀 Z 向和 X 向对刀。

④将刀架移开，退到换刀位置；主轴停转。

3 号刀对刀如图 1-23 所示。

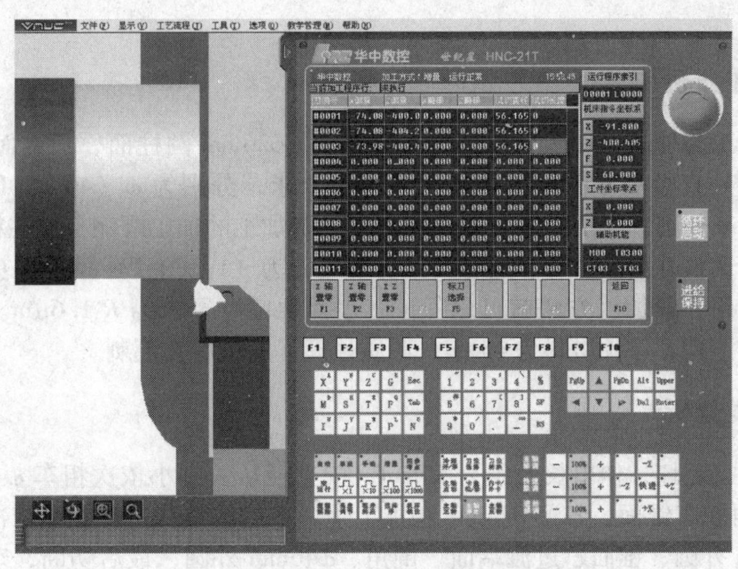

图 1-23　3 号刀对刀

项目二　外圆柱面和圆锥面零件的数控车削编程与加工

一、项目要求

以图 1-24 所示小锥轴加工为例，使学生学会制定数控车削外圆柱面和圆锥面零件的加工工艺方案，应用 G80 编制粗加工程序，应用 G00/G01 编制合理的数控精加工程序，并进行仿真调试，最后加工出合格的零件。

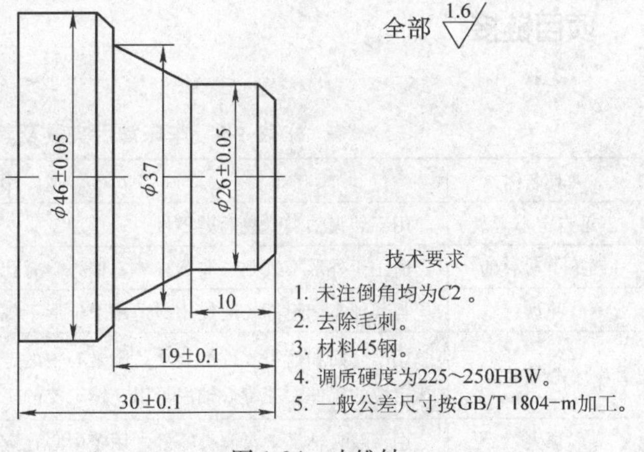

图 1-24　小锥轴

（1）时间要求　9 学时。

（2）质量要求　小锥轴零件加工后符合图样要求。

（3）安全要求　严格按照安全操作规程进行项目作业。

（4）文明要求　自觉按照文明生产规则进行项目作业。

（5）环保要求　努力按照环境保护要求进行项目作业。

二、项目分析

（一）图样分析

该零件的加工为外表面加工，包括由 ϕ46mm 和 ϕ26mm 圆柱面、圆锥面、C2 倒角等表面。图样中有两处直径尺寸精度为中等公差等级要求，分别为 ϕ（46 ±0.05）mm 外圆和 ϕ（26 ±0.05）mm 外圆，加工时需要采用粗加工、精加工的加工顺序，应在粗、精加工之间加入测量和误差调整补偿。另外，还有两处长度尺寸为（19 ±0.1）mm 和（30 ±0.1）mm，也为中等精度，用一般加工方法就可以保证，表面粗糙度要求为 R_a1.6μm。图样尺寸标注完整，轮廓描述清楚，零件材料为 45 钢，调质处理，加工后去毛刺。

（二）方案分析

方案一　夹持毛坯，伸出长度约为 50mm，按直径从大到小依次粗车 ϕ46mm、ϕ37mm、ϕ26mm 外圆，再粗车锥面，各留 0.5mm 精加工余量，然后再从工件右端依次按连续轮廓精车倒角、ϕ26mm 外圆、锥面、过渡端面、倒角、ϕ46mm 外圆，最后切断，车端面保证总长尺寸。

方案二　夹持毛坯，伸出长度约为 50mm，按直径从小到大依次粗车 ϕ26mm、ϕ37mm、ϕ46mm 外圆，再粗车锥面，各留 0.5mm 精加工余量，然后再从工件右端依次按连续轮廓精车倒角、ϕ26mm 外圆、锥面、过渡端面、倒角、ϕ46mm 外圆，最后切断，车端面保证总长尺寸。

比较以上两个方案，方案一更能反映粗加工指令 G80 的运行轨迹特点，故选择方案一。

（三）夹具分析

车床常用夹具及其适用场合见表 1-5。

项目链接

表 1-5　车床常用夹具及其适用场合

夹具名称	适　用　场　合
三爪自定心卡盘	用于装夹轴类、盘套类零件
四爪单动卡盘	适用于外形不规则、非圆柱体、偏心、有孔距要求及位置与尺寸精度要求高的零件
花盘	与其他车床附件一起使用，适用于外形不规则、偏心及需要端面定位夹紧的工件
心轴	用于套筒和盘类零件的装夹；圆锥心轴的定心精度高，但工件的轴向位移误差大，多用于以孔定位的工件；花键心轴用于以花键定位的工件
顶尖	用于装夹轴类、盘套类零件。用于中心孔定位，定位精度比较高

根据所给毛坯为棒料，该零件为规则轴类，长度较短，所以装夹时应使用三爪自定心卡盘装夹，装夹方便、快捷，定位精度高。

（四）刀具及切削用量选择

常用工件材料的车削刀具及切削用量见表1-6。

项目链接

表1-6　常用工件材料的车削刀具及切削用量表

工件材料	加工内容	背吃刀量 a_p/mm	切削速度 v_c/(m/min)	进给量 f/(mm/r)	刀具材料
碳素钢 σ_b >600MPa	粗加工	5~7	60~80	0.2~0.4	YT类
	粗加工	2~3	80~120	0.2~0.4	
	精加工	0.2~0.6	120~150	0.05~0.1	
	钻中心孔		500~800r/min		W18Cr4V
	钻孔		30~40	0.05~0.1	
	切断（宽度<5mm）		70~110	0.05~0.1	YT类
铸铁 200HBW以下	粗加工		50~70	0.2~0.4	YG类
	精加工		70~100	0.05~0.1	
	切断（宽度<5mm）		50~70	0.05~0.1	

被加工材料为45钢，经调质处理后它的综合加工性能较好，故粗、精加工时都选用YT15车刀。由于该零件全部为外表面加工，并且直径向右端依次递减，所以只需选用两把90°外圆车刀，1号刀用于粗加工，副偏角取6°；2号刀用于精加工，副偏角取3°；3号切断刀，用于切断。通过计算，粗加工时主轴转速取600r/min，进给速度取100mm/min；精加工时主轴转速取900r/min，进给速度取60mm/min；切断时主轴转速取500r/min，进给速度取20mm/min，见表1-7。

表1-7　刀具和切削用量表

刀号	加工内容	刀具规格		主轴转速 n /(r/min)	进给速度 v_f /(mm/min)
		类　型	材料		
T01	粗车外圆	副偏角取6°的90°外圆车刀	YT15	600	100
T02	精车外圆	副偏角取3°的90°外圆车刀	YT15	900	60
T03	切断	刀宽4mm切断刀	YT15	500	20

（五）程序分析

项目链接

1. 常用指令

G00 快速点定位　　　　M05 主轴停转

G01 直线插补	M03 主轴正转
G54 坐标系设定	M06 换刀
G91 相对坐标方式编程	M30 程序结束
G90 绝对坐标方式编程	M80 内外径简单循环

2. 基本循环指令介绍

（1）快速定位 G00

格式：G00 X（U）_Z（W）_

说明：

X、Z——绝对编程时，快速定位终点在工件坐标系中的坐标。

U、W——增量编程时，快速定位终点相对于起点的位移量。

G00 指令刀具相对于工件以各轴预先设定的速度，从当前位置快速移动到程序段指令的定位目标点。G00 指令中的快移速度由机床参数“快移进给速度”对各轴分别设定，不能用 F 规定。

G00 一般用于加工前快速定位或加工后快速退刀。快移速度可由面板上的快速修调按钮修正。G00 为模态功能，可由 G01、G02、G03 或 G32 功能注销。

注意：在执行 G00 指令时，由于各轴以各自速度移动，不能保证各轴同时到达终点，因而联动直线轴的合成轨迹不一定是直线。操作者必须格外小心，以免刀具与工件发生碰撞。常见的做法是，将 X 轴移动到安全位置，再放心地执行 G00 指令。

（2）线性进给 G01

格式：G01 X（U）_Z（W）_F_

说明：

X、Z——绝对编程时终点在工件坐标系中的坐标。

U、W——增量编程时终点相对于起点的位移量。

F——合成进给速度。

G01 指令刀具以联动的方式，按 F 规定的合成进给速度，从当前位置按线性路线（联动直线轴的合成轨迹为直线）移动到程序段指令的终点。

G01 是模态代码，可由 G00、G02、G03 或 G32 注销。

3. 简单循环指令介绍

（1）圆柱面内（外）径切削循环

格式：G80 X（U）_Z（W）_F_

说明：

X、Z——绝对值编程时，切削终点 C 在工件坐标系下的坐标。

U、W——增量值编程时，切削终点 C 相对于循环起点 A 的有向距离，图形中用 U、W 表示，其符号由轨迹 1 和 2 的方向确定。

该指令执行如图 1-25 所示 A→B→C→D→A 的轨迹动作。

（2）圆锥面内（外）径切削循环

格式：G80 X（U）_Z（W）_I_F_

说明：

X、Z——绝对值编程时，切削终点 C 在工件坐标系下的坐标。

U、W——增量值编程时，切削终点 C 相对于循环起点 A 的有向距离，图形中用 U、W 表示。

I——切削起点 B 与切削终点 C 的半径差。其符号为差的符号（无论是绝对值编程还是增量值编程）。

该指令执行如图 1-26 所示 A→B→C→D→A 的轨迹动作。

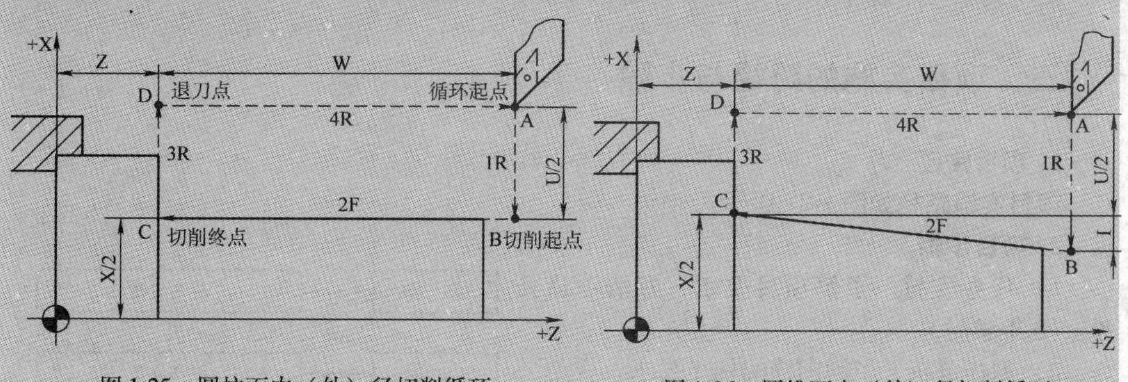

图 1-25　圆柱面内（外）径切削循环

图 1-26　圆锥面内（外）径切削循环

加工程序参考

```
%2000
N1   T0101                              （换 1 号刀，调用 1 号刀偏值）
N2   G00   X100   Z100                  （快速移动到换刀点）
N3   M03   S600                         （主轴以 600r/min 正转）
N4   G00   X52   Z3                     （确定起刀点）
N5   G80   X46.5   Z-30   F100          （粗车 φ46mm 外圆至 φ46.5mm）
N6   G80   X42   Z-19   F100            （粗车 φ37mm 外圆至第一刀 φ42mm）
N7   X37.5                              （粗车第二刀至 φ37.5mm）
N8   X32   Z-10                         （粗车 φ26mm 外圆至第一刀 φ32mm）
N9   X26.5                              （粗车第二刀至 φ26.5mm）
G00   X100   Z100                       （快速移动到换刀点）
T0202                                   （换 2 号刀，调用 2 号刀偏值）
N10   M03   S900                        （主轴以 900r/min 正转，精车）
N11   G00   X18   Z2                    （确定精车起刀点）
N12   G01   X26   Z-2   F60             （精车倒角）
N13   Z-10                              （精车 φ26mm 外圆）
N14   X37   Z-19                        （精车锥面）
N15   X42                               （精车过渡端面）
N16   X46   Z-21                        （倒角）
N17   Z-30                              （精车 φ46mm 外圆）
```

N18 G00 X100 Z100 （快速回到换刀点）
N19 M05 （主轴停止）
N20 M30 （程序结束）

最后用3号刀手动切断后，用2号刀车端面保证总长。

（六）模拟仿真

对所编制程序进行输入、校验，并进行模拟和仿真。

三、项目实施的路径与步骤

1. 项目路径

项目实施路径如图1-27所示。

2. 项目步骤

1）任务安排。了解项目要求，弄清项目任务。（0.1学时）

2）图样分析。了解图样的加工要求，弄清要加工的表面和特征，看清基本尺寸、精度、表面质量等方面具体需要达到的要求。（0.3学时）

3）方案分析。制定加工工艺和可行性加工方案，最后经比较确定出最合理的加工方案。（0.4学时）

4）夹具分析。根据零件的结构特点及生产特点，选择合适的夹具。（0.1学时）

5）刀具、切削用量分析。根据给定的零件材料及热处理方式，以及加工精度、表面质量的要求，参考表1-6，选择出合适的刀具和切削用量。（0.3学时）

6）数控程序编制。首先根据上述加工方案的选择，确定走刀路线、选择需要使用的指令并进行相关计算，然后按照零件轮廓编制精加工程序，最后加入粗加工程序和相关辅助程序。（3学时）

7）模拟仿真加工。使用模拟仿真软件系统，将所编制的数控程序进行输入，然后进行模拟加工，并调试程序，直至模拟加工正确。（1.5学时）

8）零件加工。将模拟仿真后的数控程序传至数控机床，操作数控机床加工零件。设定各种补偿值，保证零件加工质量。（2学时）

9）场地整理。首先整理工位，收拾工、卡、

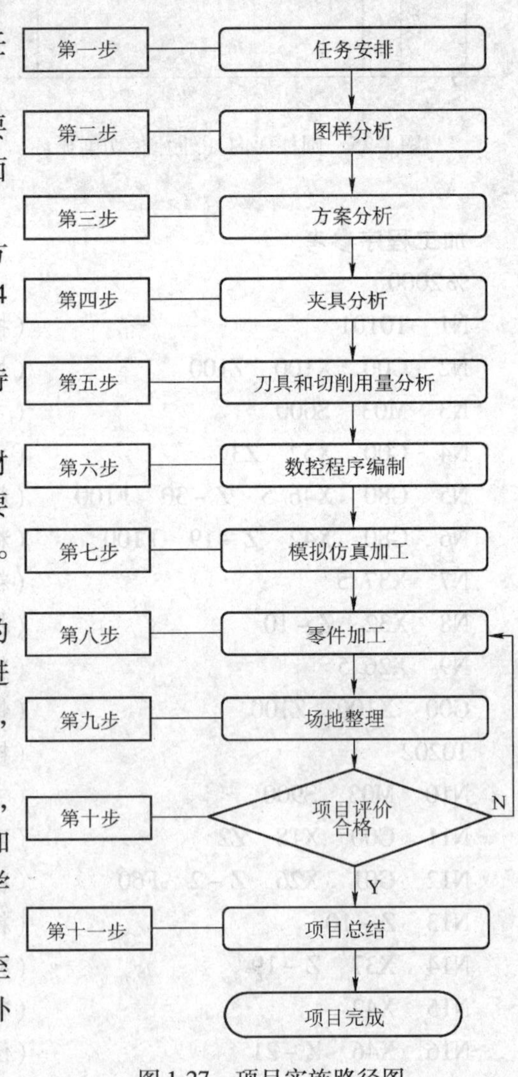

图1-27 项目实施路径图

量具并进行维护，清扫机床并进行维护保养，填写工作日志，然后清扫车间卫生。（0.3 学时）

10）项目评价。首先学生自己评价加工出的零件，然后学生互相评价，最后指导教师再评价并给定成绩。（0.5 小时）

11）项目总结。学生总结这次工作过程，在小组中交流，并选小组代表在全班介绍，讨论加工中出现的问题和解决的方法。（0.5 学时）

四、项目预案

问题一　倒角处过切。

解决措施：主要是因为忽略了两外圆处的过渡端面，直接执行了倒角指令，应插入加工过渡端面的程序。

问题二　程序校验有问题。

解决措施：如果是在自动加工时找不到被校验程序，检查是否写了程序名，程序名是否正确；另外要找刚编辑好的程序，需在“自动”菜单下单击“正在编辑的程序”。如果粗车时出现回刀切件现象，是由于循环起点 X 方向设置太靠毛坯内端，应设在毛坯以外 3mm 左右处。

问题三　零件整体尺寸精度超差。

解决措施：一是检查量具校正是否有误，二是检查测量方法是否正确，如果超差规律相同，则需要调整磨耗值。

五、项目实施

1. 组织方式

每三位同学一组，每组 1 台数控车床，3 台计算机。

2. 生产准备

每工位配备相关刀具（见表 1-7）、量具、卡盘扳手、刀架扳手、毛坯、铜皮、眼镜、工作帽等实训用品一套。设备选用清单见表 1-8。工具、量具准备清单见表 1-9。

表 1-8　设备选用清单

序　号	名　称	型　号	台　数	备　注
1	数控车床	SK6140	1 台/组	无故障
2	计算机		3 台/组	无故障

表 1-9　工具、量具准备清单

序　号	名　称	规　格	数　量	备　注
1	游标卡尺	0 ~ 150mm	1 把/组	
2	外径千分尺	25 ~ 50mm	1 把/组	
3	外径千分尺	0 ~ 25mm	1 把/组	
4	钢直尺	300mm	1 把/组	

（续）

序　号	名　称	规　格	数　量	备　注
5	深度游标卡尺	0～150mm	1把/组	
6	螺纹量规	M30×2-6H	1套/组	
7	卡盘扳手	与机床配套	1把/组	
8	刀架扳手	与机床配套	1把/组	
9	铜皮	$t=0.15$mm	若干/组	
10	防护镜		1副/人	
11	工作帽		1顶/人	
12	毛刷		1把/组	
13	铁钩		1把/组	
14	棉丝		若干/组	

六、项目评价

项目评价见表1-10。

表1-10　项目评价表

项目编号			学生加工时间	2学时	学生姓名		总分		
类别	序号	评价项目	评价内容及要求	评分标准	配分	学生自评	学生互评	教师评价	得分
技术考评	1	外径尺寸	ϕ（46±0.05）mm	超差0.01扣2分	15				
	2		ϕ（26±0.05）mm	超差0.01扣2分	15				
	3		一般公差尺寸	超差无分	5				
	4	长度尺寸	（30±0.1）mm	超差无分	15				
	5		（19±0.1）mm	超差无分	15				
	6		一般公差尺寸	超差无分	5				
	7	其他尺寸	C2（2处）	超差无分	8				
	8		$R_a1.6\mu m$	每降一级扣1分	12				
	9	尺寸检测	自检尺寸正确	不正确无分	5				
	10	完成时间	按时完成任务	不按时完成无分	5				
非技术考评	11	安全生产	遵守机床安全操作规程	不遵守酌情扣1～5分					
	12	文明生产	遵守文明生产规则	不遵守酌情扣1～5分					
	13	环保生产	遵守环保生产规则	不遵守酌情扣1～5分					
	14	其他		酌情扣1～5分					

注：1. 发生人身和设备事故时，应立即向指导教师报告，由指导教师组织学生立即报警抢救，并及时向主管领导汇报。

2. 严重违反工艺原则和情节严重的野蛮操作等，由指导教师按实习管理制度进行处理。

七、项目作业（课外完成）

完成图1-28所示单向锥轴零件的加工方案和工艺规程的制定，并进行程序编制和仿真。（6学时）

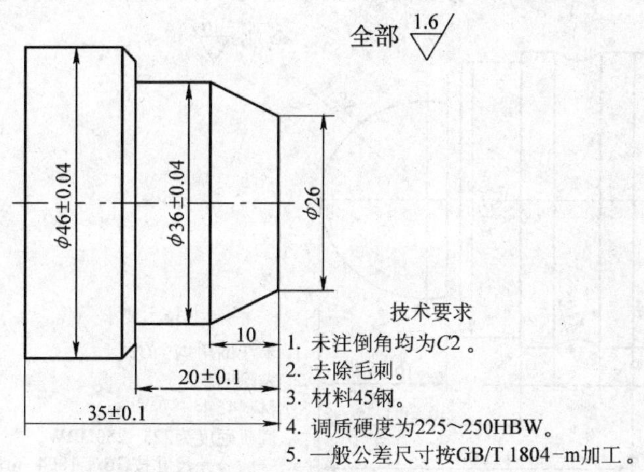

图 1-28　单向锥轴

八、项目拓展

完成图 1-29 所示双向锥轴零件的加工方案和工艺规程的制定，并进行程序编制和仿真。

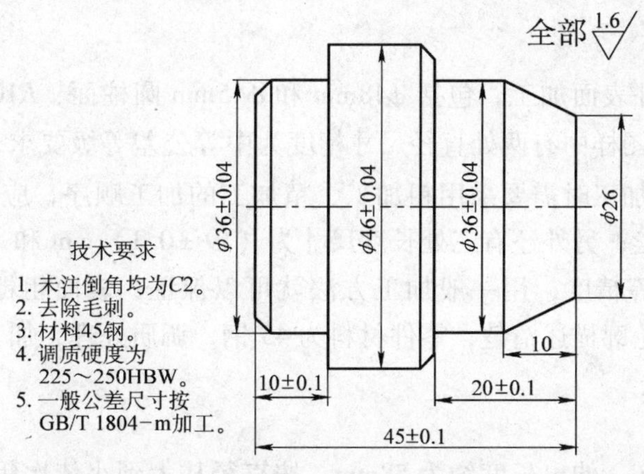

图 1-29　双向锥轴

项目三　外圆弧面零件的数控车削编程与加工

一、项目要求

以图 1-30 所示球头轴加工为例，使学生学会制定数控车削外圆弧面零件的加工工艺方案，应用 G80 编制粗加工程序，应用 G02/G03 编制合理的数控精加工程序，并进行模拟仿真加工调试，最后加工出合格的零件。

（1）时间要求　9 学时。

（2）质量要求　球头轴零件加工后符合图样要求。

（3）安全、文明、环保要求　按照各项要求进行项目作业。具体内容见情境一项目二。

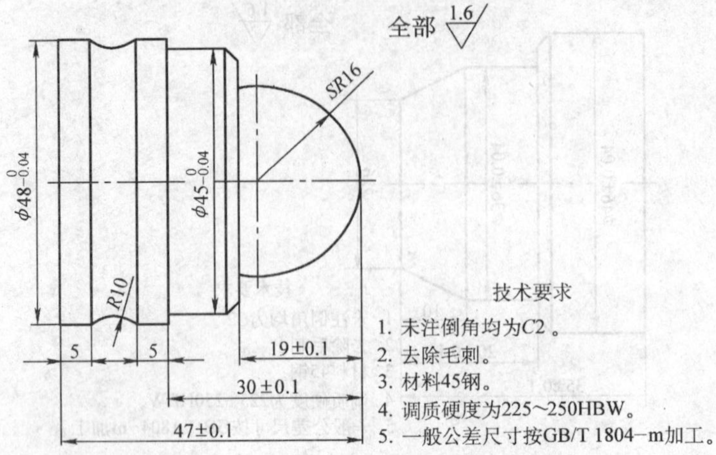

图 1-30　球头轴

二、项目分析

（一）图样分析

该零件的加工为外表面加工，包括 $\phi48$mm 和 $\phi45$mm 圆柱面、$R10$mm 和 $SR16$mm 两圆弧面、$C2$ 倒角表面。图样中有两处直径尺寸精度为中等公差等级要求，有 $\phi48_{-0.04}^{\ 0}$mm 外圆和 $\phi45_{-0.04}^{\ 0}$mm 外圆，加工时需要采用粗加工、精加工的加工顺序，应在粗、精加工之间加入测量和误差调整补偿；另外还有三处长度尺寸为（19±0.1）mm 和（30±0.1）mm，（47±0.1）mm，也为中等精度，用一般加工方法就可以保证；表面粗糙度要求为 $R_a1.6\mu m$。图样尺寸标注完整，轮廓描述清楚，零件材料为 45 钢，调质处理，加工后去毛刺。

（二）方案分析

方案一　夹持毛坯，伸出长度约为 58mm，按直径从大到小依次粗车 $\phi48$mm、$\phi45$mm、$\phi32$mm 外圆，各留 0.5mm 精加工余量，然后手动在 $\phi32$mm 外圆右端适当位置去掉一角粗车余量，再从工件右端连续精车轮廓，包括 $SR16$mm 外圆弧面、过渡端面、倒角、$\phi45$mm 外圆、$\phi48$mm 外圆、$R10$mm 外圆弧面、$\phi48$mm 外圆。

方案二　夹持毛坯，伸出长度约为 58mm，按直径从小到大依次粗车 $\phi32$mm、$\phi45$mm、$\phi48$mm 外圆，各留 0.5mm 精加工余量，然后再从工件右端连续精车轮廓，包括 $SR16$mm 外圆弧面、过渡端面、倒角、$\phi45$mm 外圆、$\phi48$mm 外圆、$R10$mm 外圆弧面、$\phi48$mm 外圆。

比较以上两个方案，方案一更能反映粗加工指令 G80 的运行轨迹特点，故选择方案一。

（三）夹具分析

根据车床常用夹具及其适用场合（见表 1-5）和所给毛坯尺寸，该零件为规则轴类，长度较短，所以装夹时应使用三爪自定心卡盘装夹，装夹方便、快捷，定位精度高。

（四）刀具及切削用量选择

几种常用工件材料的刀具及切削用量见表 1-6。

被加工材料为 45 钢，它的综合加工性能较好，故选用 YT15 型号的硬质合金车刀对其进行粗、精加工。由于该零件全部为外表面加工，直径向右端基本依次递减，但因中间有一凹弧面，所以需选用两把 90°外圆车刀，其中 1 号刀用于粗加工，副偏角取 6°左右，2 号刀用于精加工，副偏角取 15°左右，3 号刀为切断刀，用于最后的切断。通过计算，粗加工时主轴转速通过计算取 600r/min，进给速度取 100mm/min；精加工时主轴转速取 900r/min，进给速度取 60mm/min；切断时主轴转速取 500r/min，进给速度取 20mm/min，见表 1-11。

表 1-11　刀具和切削参数

刀号	加工内容	刀具规格		主轴转速 n /（r/min）	进给速度 v_f /（mm/min）
		类　型	材料		
T01	粗车外圆	副偏角取 6°的 90°外圆车刀	YT15	600	100
T02	精车外圆	副偏角取 15°的 90°外圆车刀	YT15	900	60
T03	切断	刀宽 4mm 切断刀	YT15	500	20

（五）程序分析

项目链接

圆弧进给指令 G02/G03

格式：G02/G03 X（U）_Z（W）_R_（I_K_）F_

说明：G02/G03 指令刀具按顺时针/逆时针进行圆弧加工。

圆弧插补 G02/G03 的判断，是在加工平面内根据其插补时的旋转方向为顺时针/逆时针来区分的。加工平面为观察者迎着 Y 轴的指向所面对的平面，如图 1-31 所示。

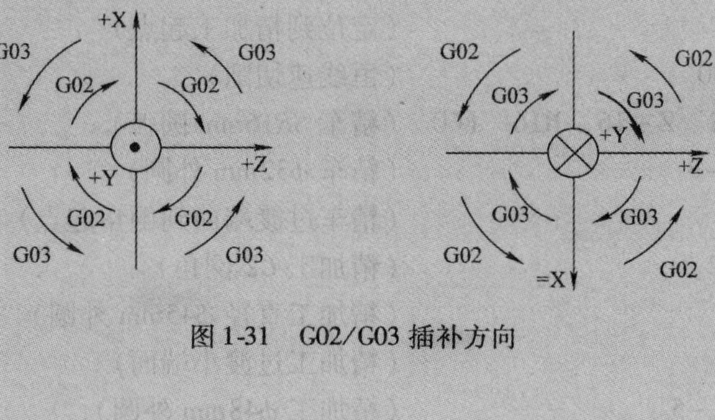

图 1-31　G02/G03 插补方向

各参数含义如图 1-32 所示。

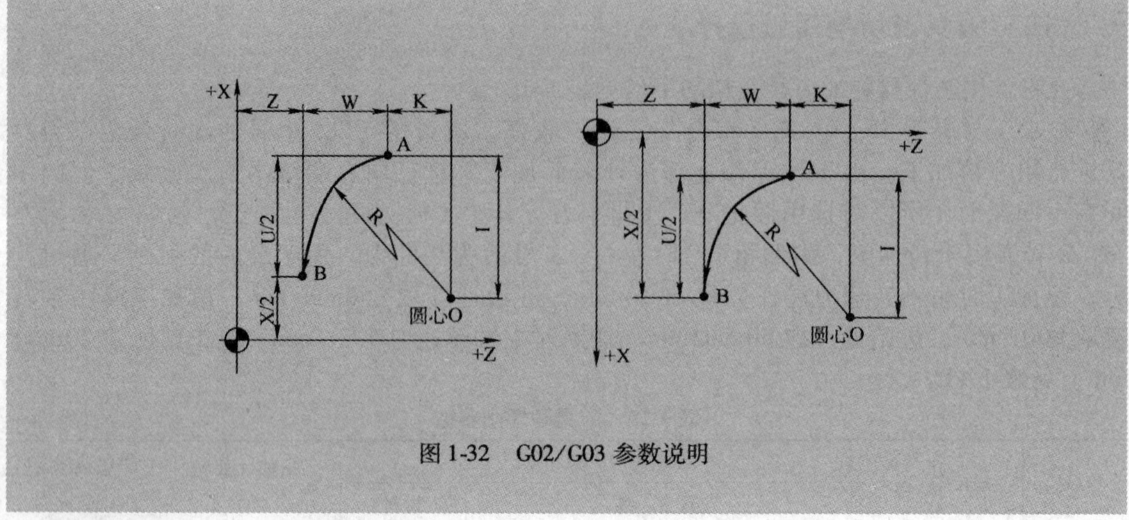

图 1-32　G02/G03 参数说明

加工程序参考

```
%3000
N1   T0101                        (选择刀具号为01的90°偏刀)
N2   M03   S600                   (主轴以600r/min正转)
N3   G00   X100   Z50             (定位到换刀点)
N4   G00   X52   Z2               (定位到循环点)
N5   G80   X48.5   Z-52   F100    (粗车φ48mm外圆)
N6   G80   X45.5   Z-30           (粗车φ45mm外圆)
N7   G80   X40.5   Z-19           (粗车φ32mm外圆第一刀)
N8   X36.5   Z-19                 (粗车φ32mm外圆第二刀)
N9   X32.5   Z-19                 (粗车φ32mm外圆第三刀)
N10   G00   X100   Z50            (定位到换刀点)
N11   T0202                       (选择刀具号为02的90°偏刀)
N15   M03   S900                  (主轴以900r/min正转)
N20   G00   X0   Z2               (接近程序起点)
N30   G01   Z0                    (定位到精加工起点)
N40   G96   S100                  (恒线速切削)
N60   G03   X32   Z-16   R16   F60   (精车SR16mm圆弧)
N70   G01   W-3                   (精车φ32mm外圆)
N80   X41                         (精车过渡端面到倒角起点)
N90   X45 W-2                     (精加工C2倒角)
N100   Z-30                       (精加工直径φ45mm外圆)
N110   X48                        (精加工过渡小端面)
N120   G01   W-5                  (精加工φ48mm外圆)
N125   G02   X48   W-7   R10      (精加工R10mm圆弧)
N127   G01   W-5                  (精加工φ48mm外圆)
```

```
N128  G97  S1000            (取消恒线速切削)
N130  G00  X100  Z50        (返回换刀点位置)
N140  M05                   (主轴停转)
N150  M30                   (程序结束并复位)
```

(六) 模拟仿真

对所编制程序进行输入、校验，并进行模拟和仿真。

三、项目实施的路径与步骤

1. 项目路径

项目实施路径如图 1-27 所示。

2. 项目步骤

与情境一项目二中的项目步骤相同。

四、项目预案

问题一 右端倒角未切出。

解决措施：由于对刀有误，不能将右端倒角车出，重新到正确对刀。

问题二 圆弧弧度有误差。

解决措施：采用恒线速切削，加入刀尖圆弧半径补偿。

五、项目实施

1. 组织方式

每三位同学一组，每组 1 台数控车床，3 台计算机。

2. 生产准备

每工位配备实训用品一套。相关刀具见表 1-11。

设备选用清单见表 1-8。工具、量具准备清单见表 1-9。

六、项目评价

项目评价见表 1-12。

七、项目作业（课外完成）

完成图 1-33 所示球头件 1 的加工方案和工艺规程的制定，并进行程序编制和仿真。（6 学时）

表 1-12　项目评价表

项目编号			学生加工时间	2 学时	学生姓名		总分		
类别	序号	评价项目	评价内容及要求	评分标准	配分	学生自评	学生互评	教师评价	得分
技术考评	1	外径尺寸	$\phi48_{-0.04}^{\ 0}$ mm	超差 0.01 扣 2 分	15				
	2		$\phi45_{-0.04}^{\ 0}$ mm	超差 0.01 扣 2 分	15				
	3		R10mm、SR16mm	超差无分	8				
	4	长度尺寸	(30 ±0.1) mm	超差无分	10				
	5		(19 ±0.1) mm	超差无分	10				
	6		(47 ±0.1) mm	超差无分	10				
	7		一般公差尺寸	超差无分	5				
	8	其他尺寸	$C2$	超差无分	5				
	9		R_a1.6μm	每降一级扣 1 分	12				
	10	尺寸检测	自检尺寸正确	不正确无分	5				
	11	完成时间	按时完成任务	不按时完成无分	5				
非技术考评	12	安全生产	遵守机床安全操作规程	不遵守酌情扣 1 ~5 分					
	13	文明生产	遵守文明生产规则	不遵守酌情扣 1 ~5 分					
	14	环保生产	遵守环保生产规则	不遵守酌情扣 1 ~5 分					
	15	其他		酌情扣 1 ~5 分					

注：1. 发生人身和设备事故时，应立即向指导教师报告，由指导教师组织学生立即报警抢救，并及时向主管领导汇报。

2. 严重违反工艺原则和情节严重的野蛮操作等，由指导教师按实习管理制度进行处理。

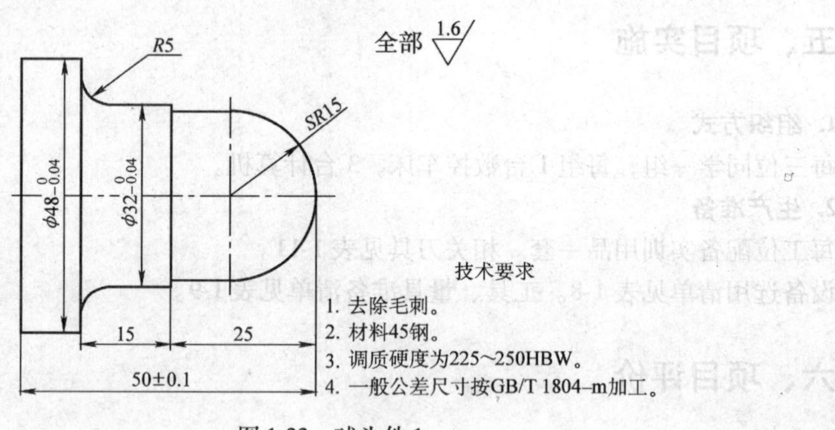

图 1-33　球头件 1

八、项目拓展

完成图 1-34 所示球头件 2 的加工方案和工艺规程的制定，并进行程序编制和仿真。

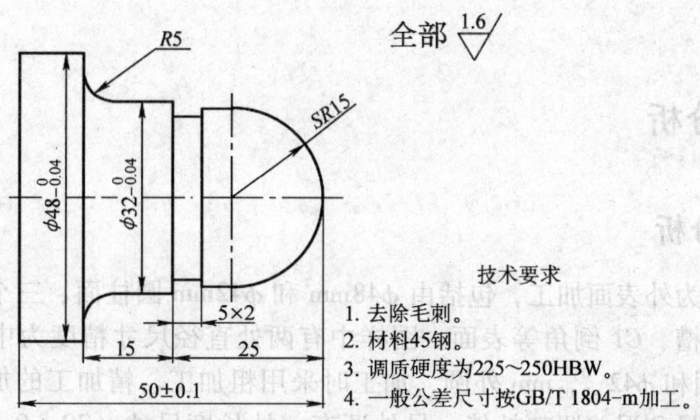

图 1-34　球头件 2

项目四　外沟槽零件的数控车削编程与加工

一、项目要求

以图 1-35 所示多槽轴的加工为例，使学生学会制定数控车削外沟槽零件的加工工艺方案，应用 G80 编制粗加工程序，应用 G00/G01 编制合理的沟槽加工程序，并进行仿真调试，最后加工出合格的零件。

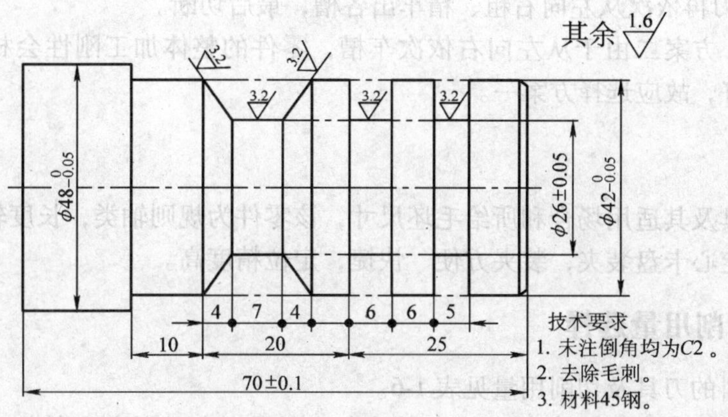

图 1-35　多槽轴

（1）时间要求　9 学时。

（2）质量要求　多槽轴零件加工后符合图样要求。

（3）安全、文明、环保要求　按照各项要求进行项目作业。具体内容见情境一项目二。

二、项目分析

（一）图样分析

该零件的加工为外表面加工，包括由 $\phi48$mm 和 $\phi42$mm 圆柱面、三个底径 $\phi26$mm 不同槽宽的沟槽和梯形槽、C1 倒角等表面。图样中有两处直径尺寸精度为中等公差等级要求，有 $\phi48_{-0.05}^{\ 0}$mm 外圆和 $\phi42_{-0.05}^{\ 0}$mm 外圆，加工时采用粗加工、精加工的加工顺序，应在粗、精加工之间加入测量和误差调整补偿；另外还有一处长度尺寸（70±0.1）mm，精度要求也为中等精度，用一般加工方法就可以保证；沟槽尺寸精度要求也为中等精度，在加工时需检测好刀宽，通过合理安排加工方法来保证。外轮廓的表面粗糙度要求为 $R_a1.6\mu m$，沟槽的表面粗糙度要求为 $R_a3.2\mu m$。图样尺寸标注完整，轮廓描述清楚，零件材料为 45 钢，调质处理，加工后去毛刺。

（二）方案分析

方案一　夹持毛坯，伸出长度约为 80mm，按直径从大到小依次粗车 $\phi48$mm、$\phi42$mm 外圆，各留 0.5mm 精加工余量，然后从工件右端连续精车轮廓，包括倒角、$\phi42$mm 外圆、$\phi48$mm 外圆。换切槽刀依次从右向左粗、精车出各槽，最后切断。

方案二　夹持毛坯，伸出长度约为 80mm，按直径从大到小依次粗车 $\phi48$mm、42mm 外圆，各留 0.5mm 精加工余量，然后从工件右端连续精车轮廓，包括倒角、$\phi42$mm 外圆、$\phi48$mm 外圆。换切槽刀再依次从左向右粗、精车出各槽，最后切断。

比较以上两方案，方案二由于从左向右依次车槽，零件的整体加工刚性会相对逐渐变弱，不如方案一刚性好，故应选择方案一。

（三）夹具分析

根据车床常用夹具及其适用场合和所给毛坯尺寸，该零件为规则轴类，长度较短，所以装夹时应使用三爪自定心卡盘装夹，装夹方便、快捷，定位精度高。

（四）刀具及切削用量选择

几种常用工件材料的刀具及切削用量见表 1-6。

被加工材料为 45 钢，经调质处理后，它的综合加工性能较好，故粗、精加工时都选用 YT15 车刀。该零件全部为外表面加工，共选三把刀。由于直径向右端依次递减，选 1 号刀为 90°外圆车刀，用于粗加工，副偏角取 5°左右；选 2 号刀为 90°外圆车刀，用于精加工，副偏角取 3°左右；3 号刀选刀宽为 5mm 的切槽刀，用于车三个沟槽和切断。通过计算，粗加工时主轴转速取 600r/min，进给速度可取 100mm/min；精加工时主轴转速取 900r/min，进给速度取 60mm/min；车槽时由于刀具刚性差，主轴转速应取 500r/min 左右，进给速度取 20mm/min 左右，见表 1-13。

表 1-13 刀具和切削参数

刀号	加工内容	刀具规格		主轴转速 n /(r/min)	进给速度 v_f /(mm/min)
		类 型	材料		
T01	粗车外圆	副偏角取5°的90°外圆车刀	YT15	600	100
T02	精车外圆	副偏角取3°的90°外圆车刀	YT15	900	60
T03	切槽、切断	刀宽5mm的切断刀	YT15	500	20

（五）程序分析

项目链接

基本指令介绍

（1）暂停指令 G04

格式：G04 P _

说明：P——暂停时间，单位为 s。

①G04 在前一程序段的进给速度降到零之后才开始暂停动作。

②在执行含 G04 指令的程序段时，先执行暂停功能。

③G04 为非模态指令，仅在其被规定的程序段中有效。

④G04 可使刀具作短暂停留，以获得圆整而光滑的表面。

⑤该指令除用于切槽、钻镗孔外，还可用于拐角轨迹控制。

（2）自动返回参考点 G28

格式：G28 X（U）_Z（W）_

说明：

X、Z——绝对编程时，中间点在工件坐标系中的坐标。

U、W——增量编程时，中间点相对于起点的位移量。

①G28 指令首先使所有的编程轴都快速定位到中间点，然后再从中间点返回到参考点。

②一般情况下，G28 指令用于刀具自动更换或者消除机械误差，执行该指令之前应取消刀尖半径补偿。

③在 G28 的程序段中不仅产生坐标轴移动指令，而且记忆了中间点坐标值，以供 G29 使用。

④电源接通后，在没有手动返回参考点的状态下，指定 G28 时，从中间点自动返回参考点，与手动返回参考点相同。这时从中间点到参考点的方向就是机床参数“回参考点方向”设定的方向。

⑤G28 指令仅在其被规定的程序段中有效。

（3）自动从参考点返回 G29

格式：G29 X（U）_Z（W）_

说明：

X、Z——绝对编程时，定位终点在工件坐标系中的坐标。

U、W——增量编程时，定位终点相对于G28中间点的位移量。

①G29可使所有编程轴以快速进给速度经过由G28指令定义的中间点，然后再到达指定点，通常该指令紧跟在G28指令之后。

②G29指令仅在其被规定的程序段中有效。

加工程序参考

```
%4000
N1  T0101                       （选择刀具号为01的90°偏刀）
N2  M03  S600                   （主轴以600r/min正转）
N3  G00  X100  Z50              （定位到换刀点）
N5  G00  X52  Z2                （定位到循环点）
N6  G80  X48.5  Z-75  F100      （粗车φ48mm外圆）
N7  G80  X42.5  Z-55            （粗车φ42mm外圆）
G00  X100  Z50                  （定位到换刀点）
T0202                           （选择刀具号为02的90°偏刀）
N8  G00  X38  Z1                （定位到精加工的倒角延长线上）
N9  M03  S900                   （主轴以900r/min正转）
N10  G01  X42  Z-1              （倒C1倒角）
N15  G01  W-55  F60             （精车φ42mm外圆）
N16  X48                        （精车过渡端面）
N17  X48  Z-75                  （精加工φ48mm外圆）
N18  G28  X100  Z50             （返回参考点位置）
N20  M05                        （主轴停转）
N22  T0303                      （选择刀具号为03的5mm宽切槽刀）
N24  M03  S500                  （主轴以500r/min正转）
N26  G29  X43  Z-13             （以左刀尖为刀位点定位到第一个槽的切削起点）
N28  G01  X26  F20              （切削第一个沟槽）
N30  G04  P3                    （槽底暂停3s）
N32  G01  X43  F200             （沿第一个槽退出）
N34  G00  W-6                   （定位到第二个槽的切削起点）
N36  G01  X26  F20              （切削第二个沟槽第一刀）
N38  G01  X43  F200             （沿第二个槽退出）
N40  Z-25                       （定位到第二个槽的第二刀切削起点）
N42  G01  X26  F20              （切削第二个沟槽第二刀）
N44  G04  P3                    （槽底暂停3s）
N46  G01  X43  F200             （沿第二个槽退出）
```

```
N48  W-15                          (定位到第三梯形槽的中心点)
N50  G01  X26.05  F20              (切削第三个沟槽第一刀)
N52  G01  X43  F200                (沿第三个槽退出)
N54  Z-45                          (定位到第三个槽的第二刀切削起点)
N56  G01  X26.05  W4  F20          (切削第三个沟槽第二刀)
N58  G01  X43  F200                (沿第三个槽退出)
N60  Z-35                          (定位到第三个槽的第三刀切削起点)
N62  G01  X26.05  Z-39  F20        (切削第三个沟槽第三刀)
N64  Z-41                          (槽底精车)
N66  G01  X43  F200                (沿第三个槽退出)
N68  G00  X100  Z50                (返回换刀点位置)
N70  M05                           (主轴停)
N72  M30                           (主程序停止并复位)
```

（六）模拟仿真

对所编制程序进行输入、校验，并进行模拟和仿真。

三、项目实施的路径与步骤

1. 项目路径

项目实施路径如图 1-27 所示。

2. 项目步骤

与情境一项目二中的项目步骤相同。

四、项目预案

问题一　沟槽宽度尺寸超差。

解决措施：一是由于刀宽实际刃磨或测量尺寸有误，应正确刃磨和测量；二是由于退刀时斜向退出将侧壁切伤，应采用 X 向切入切出后再退刀的方法；三是以左刀尖为刀位点计算编程坐标出现误差，多次切槽时应明确刀位点的位置。

问题二　沟槽深度尺寸超差。

解决措施：槽底直径若出现误差，一般是由于对刀有误差，或在多刀切槽时在槽底出现接刀痕，影响测量。应正确刃磨和计算坐标点，直向退刀，减少接刀，并做到在槽底光刀。

五、项目实施

1. 组织方式

每三位同学一组，每组 1 台数控车床，3 台计算机。

2. 生产准备

每工位配备实训用品一套。相关刀具见表 1-13。

设备选用清单见表 1-8。工具、量具准备清单见表 1-9。

六、项目评价

项目评价见表 1-14。

表 1-14 项目评价表

项目编号		加工时间	2 学时	姓名		总分			
类别	序号	评价项目	评价内容及要求	评分标准	配分	学生自评	学生互评	教师评价	得分
技术考评	1	外径尺寸	$\phi 48_{-0.05}^{0}$ mm	超差 0.01 扣 2 分	15				
	2		$\phi 42_{-0.05}^{0}$ mm	超差 0.01 扣 2 分	15				
	3	长度尺寸	(70 ±0.1) mm	超差无分	10				
	4		一般公差尺寸	超差无分	10				
	5	沟槽尺寸	ϕ (26 ±0.05) mm	超差无分	10				
	6		槽宽 5mm、6mm、7mm	超差无分	12				
	7	其他尺寸	$C1$	超差无分	6				
	8		$R_a 1.6\mu m$	每降一级扣 1 分	12				
	9	尺寸检测	自检尺寸正确	不正确无分	5				
	10	完成时间	按时完成任务	不按时完成无分	5				
非技术考评	11	安全生产	遵守机床安全操作规程	不遵守酌情扣 1 ~5 分					
	12	文明生产	遵守文明生产规则	不遵守酌情扣 1 ~5 分					
	13	环保生产	遵守环保生产规则	不遵守酌情扣 1 ~5 分					
	14	其他		酌情扣 1 ~5 分					

注：1. 发生人身和设备事故时，应立即向指导教师报告，由指导教师组织学生立即报警抢救，并及时向主管领导汇报。

2. 严重违反工艺原则和情节严重的野蛮操作等，由指导教师按实习管理制度进行处理。

七、项目作业（课外完成）

完成图 1-36 所示直槽轴零件的加工方案和工艺规程的制定，并进行程序编制和仿真。（6 学时）

八、项目拓展

完成图 1-37 所示角槽轴零件的加工方案和工艺规程的制定，并进行程序编制和仿真。

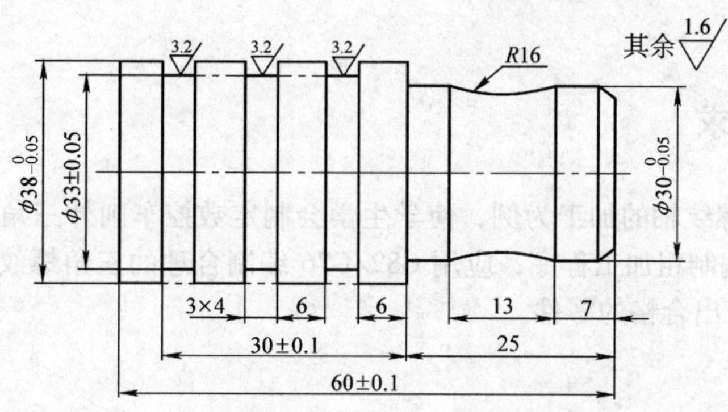

技术要求

1. 未注倒角均为$C2$ 。
2. 去除毛刺。
3. 材料45钢。
4. 调质硬度为225~250HBW。
5. 一般公差尺寸按GB/T 1804-m加工。

图 1-36　直槽轴

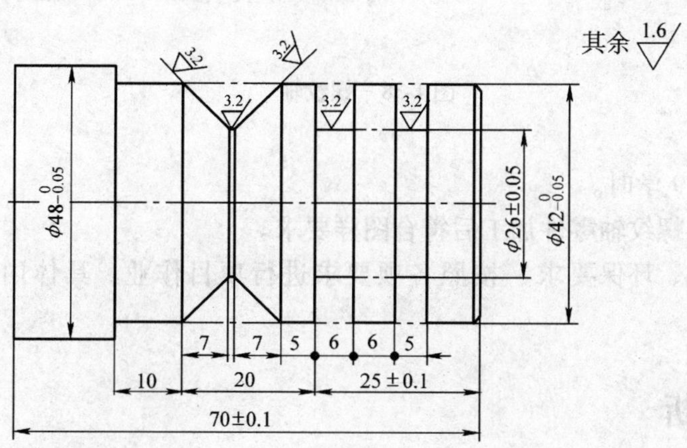

技术要求

1. 未注倒角均为$C2$ 。
2. 去除毛刺。
3. 材料45钢。
4. 调质硬度为225~250HBW。
5. 一般公差尺寸按GB/T 1804-m加工。

图 1-37　角槽轴

项目五　三角形外螺纹零件的数控车削编程与加工

一、项目要求

以图 1-38 所示螺纹轴的加工为例，使学生学会制定数控车削外三角螺纹零件的加工工艺方案，应用 G80 编制粗加工程序，应用 G82/G76 编制合理的三角螺纹加工程序，并进行仿真调试，最后加工出合格的零件。

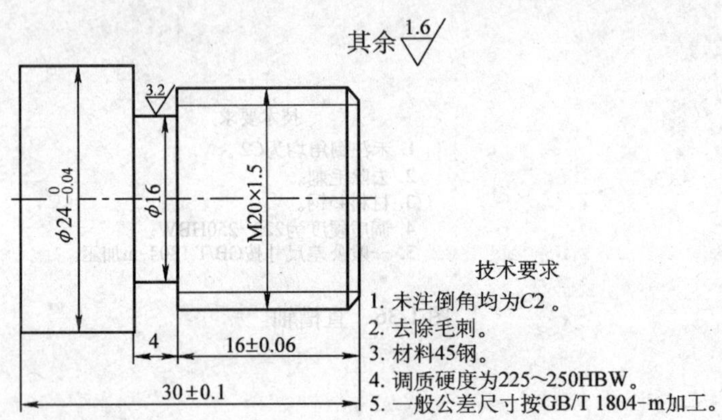

图 1-38　螺纹轴

（1）时间要求　9 学时。

（2）质量要求　螺纹轴零件加工后符合图样要求。

（3）安全、文明、环保要求　按照各项要求进行项目作业。具体内容见情境一项目二。

二、项目分析

（一）图样分析

该零件的加工为外表面加工，包括 ϕ24mm 和 ϕ20mm 圆柱面、宽 4mm 的退刀槽、公称直径为 20mm 的三角螺纹等表面。图样中有两处直径尺寸精度为中等公差等级要求，分别是 $\phi24_{-0.04}^{0}$mm 外圆和螺纹公称直径为 20mm 的外圆，加工时需要采用粗加工、精加工的加工顺序，并且在粗、精加工之间加入测量和误差调整补偿；另外还有两处长度尺寸(30 ± 0. 1) mm 和(16 ± 0. 06) mm，精度要求也为中等精度，用一般加工方法就可以保证；沟槽尺寸精度要求也为中等精度，在加工时需检测好刀宽，通过合理安排加工方法来保证。螺纹加工是重点，注意相关参数计算和螺纹编程加工方法的运用。外轮廓的表粗糙度要求为R_a1.6μm，沟槽底部的表面粗糙度要求为R_a3.2μm。图样尺寸标注完整，轮廓描述清楚，零件材料为45钢，调质处理，加工后去毛刺。

（二）方案分析

方案一 夹持毛坯，伸出长度约为50mm，按直径从大到小依次粗车ϕ24mm、ϕ20mm外圆，各留0.5mm精加工余量；然后再从工件右端连续精车轮廓，包括ϕ20mm外圆、ϕ24mm外圆；换切槽刀切退刀槽；用螺纹刀车螺纹；最后切断。

方案二 夹持毛坯，伸出长度约为50mm，按直径从大到小依次粗车ϕ24mm、ϕ20mm外圆，各留0.5mm精加工余量；然后再从工件右端连续精车轮廓，包括ϕ20mm外圆、ϕ24mm外圆；然后换螺纹刀车螺纹；用切槽刀车退刀槽；最后切断。

比较以上两方案，方案一有利于螺纹刀的退刀，可增强刀具寿命，故应选择方案一。

（三）夹具分析

根据车床常用夹具及其适用场合和所给毛坯尺寸，该零件为规则轴类，长度较短，所以装夹时应使用三爪自定心卡盘装夹，装夹方便、快捷，定位精度高。

（四）刀具及切削用量选择

几种常用工件材料的刀具及切削用量见表1-6。

被加工材料为45钢，经调质处理后，其综合加工性能较好，故粗、精加工时都选用YT15车刀。由于该零件全部为外表面加工，并且直径向右端依次递减，共选三把刀，选用1号刀为90°外圆车刀，用于粗、精加工，副偏角取5°左右；2号刀为刀宽4mm的切槽刀，用于车退刀刀槽和切断；3号刀选60°三角螺纹车刀，车螺纹。通过计算，粗加工时主轴转速取600r/min，进给速度取100mm/min；精加工时主轴转速取1000r/min，进给速度取60mm/min；车槽时由于刀具刚性差，主轴转速应取500r/min左右，进给速度可取20mm/min左右；车螺纹时主轴转速应取600r/min左右，进给量应为螺距，见表1-15。

表1-15 刀具和切削参数

刀号	加工内容	刀具规格		主轴转速 n /(r/min)	进给速度 v_f /(mm/min)
		类型	材料		
T01	粗、精车外圆	副偏角取5°的90°外圆车刀	YT15	600/1000	100/60
T02	切槽、切断	刀宽4mm的切断刀	YT15	500	20
T03	切削螺纹	60°三角螺纹车刀	YT15	600	2mm/r

（五）程序分析

项目链接

基本指令介绍

（1）常用螺纹切削的进给次数与背吃刀量　见表1-16。

表1-16　常用螺纹切削的进给次数与背吃刀量

米制螺纹								（单位：mm）
螺距		1.0	1.5	2	2.5	3	3.5	4
牙深（半径量）		0.649	0.974	1.299	1.624	1.949	2.273	2.598
切削次数及背吃刀量（直径量）	1次	0.7	0.8	0.9	1.0	1.2	1.5	1.5
	2次	0.4	0.6	0.6	0.7	0.7	0.7	0.8
	3次	0.2	0.4	0.6	0.6	0.6	0.6	0.6
	4次		0.16	0.4	0.4	0.4	0.6	0.6
	5次			0.1	0.4	0.4	0.4	0.4
	6次				0.15	0.4	0.4	0.4
	7次					0.2	0.2	0.4
	8次						0.15	0.3
	9次							0.2
英制螺纹								（单位：mm）
牙/in		24	18	16	14	12	10	8
牙深（半径量）		0.678	0.904	1.016	1.162	1.355	1.626	2.033
（直径量）	1次	0.8	0.8	0.8	0.8	0.9	1.0	1.2
	2次	0.4	0.6	0.6	0.6	0.6	0.7	0.7
	3次	0.16	0.3	0.5	0.5	0.6	0.6	0.6

注：1in = 25.4mm。

一般情况下，车削外螺纹公称直径时，根据塑性材料变形的特点，须事先将该直径车小0.1 ~0.2mm左右。

按经验公式，外螺纹小径 d_1 = 公称直径 $d-(1.2\sim1.3)P$

（2）螺纹切削循环G82

1）直螺纹切削循环

格式：G82 X（U）_ Z（W）_ R_ E_ C_ P_ F_

说明：

X、Z——绝对值编程时，螺纹终点C在工件坐标系下的坐标。

U、W——增量编程时，螺纹终点C相对于循环起点A的有向距离，符号由轨迹1和2的方向确定。

R、E——螺纹切削的退尾量，R、E均为向量，R为Z向回退量；E为X向回退量。R、E可以省略，表示不用回退功能。

C——螺纹头数，为0或1时切削单头螺纹。

P——单头螺纹切削时，为主轴基准脉冲处距离切削起始点的主轴转角（默认值为0）；多头螺纹切削时，为相邻螺纹头的切削起始点之间对应的主轴转角。

F——螺纹导程。

该指令执行图1-39所示A→B→C→D→A的轨迹动作。

2）锥螺纹切削循环

格式：G82 X（U）_ Z（W）_ I_ R_ E_ C_ P_ F_

说明：

X、Z——绝对值编程时，为螺纹终点C在工件坐标系下的坐标。

U、W——增量值编程时，为螺纹终点C相对于循环起点A的有向距离。

I——为螺纹起点B与螺纹终点C的半径差。其符号为差的符号。

R、E——螺纹切削的退尾量，R、E均为向量，R为Z向回退量；E为X向回退量。R、E可以省略，表示不用回退功能。

C——螺纹头数，为0或1时切削单头螺纹。

P——单头螺纹切削时，为主轴基准脉冲处距离切削起始点的主轴转角（默认值为0）。多头螺纹切削时，为相邻螺纹头的切削起始点之间对应的主轴转角。

F——螺纹导程。

该指令执行图1-40所示A→B→C→D→A的轨迹动作。

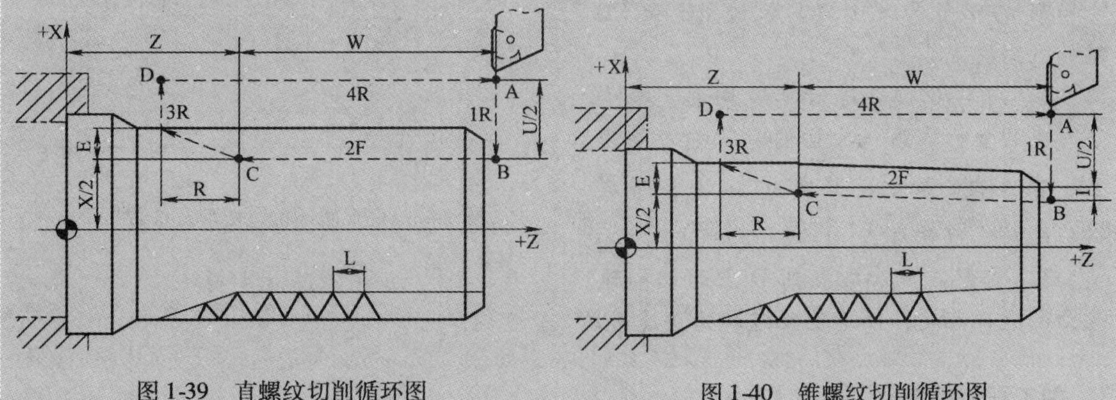

图1-39 直螺纹切削循环图　　　图1-40 锥螺纹切削循环图

（3）螺纹切削复合循环G76

格式：G76C（c）R（r）E（e）A（a）X（x）Z（z）I（i）K（k）U（d）V（Δdmin）Q（Δd）P（p）F（L）

说明：

c——精整次数（1~99），为模态值。

r——螺纹Z向退尾长度（00~99），为模态值。

e——螺纹X向退尾长度（00~99），为模态值。

a——刀尖角度（两位数字），为模态值，在80°、60°、55°、30°、29°和0°六个角度中选一个。

x、z——绝对值编程时，为有效螺纹终点 C 的坐标。增量值编程时，为有效螺纹终点 C 相对于循环起点 A 的有向距离。（用 G91 指令定义为增量编程，使用后用 G90 定义为绝对编程。）

i——螺纹两端的半径差，如 i = 0，为直螺纹（圆柱螺纹）切削方式。

k——螺纹高度，该值由 X 轴方向上的半径值指定。

d——精加工余量（半径值）。

Δdmin——最小背吃刀量（半径值），当第 n 次背吃刀量小于 Δdmin 时，则背吃刀量设定为 Δdmin。

Δd——第一次背吃刀量（半径值）。

p——主轴基准脉冲处距离切削起始点的主轴转角。

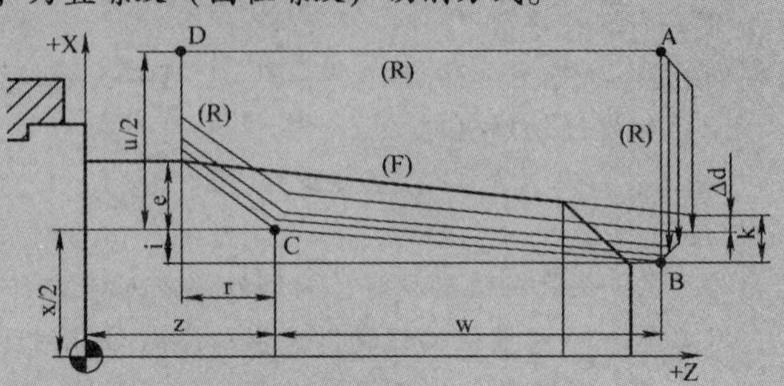

图 1-41　螺纹切削复合循环 G76

L——螺纹导程。

螺纹切削复合循环 G76 执行如图 1-41 所示的加工轨迹。

单边切削及参数如图 1-42 所示。

注意：

1）按 G76 段中的 X（x）和 Z（z）指令实现循环加工，增量编程时，要注意 U 和 W 的正负号（由刀具轨迹 AC 和 CD 段的方向决定）。

2）用 G76 循环进行单边切削，减小了刀尖的受力。第一次切削时背吃刀量为 Δd，第 n 次的切削总深度为 Δd $\sqrt{n}$，每次循环的背吃刀量为 Δd（$\sqrt{n}-\sqrt{n-1}$）。

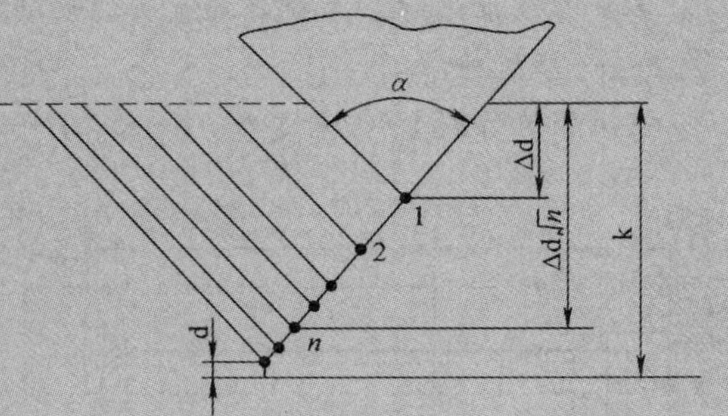

图 1-42　G76 循环单边切削及参数

3）图 1-41 中，C 点到 D 点的切削速度由 F 代码指定，而其他轨迹均为快速进给。

加工程序参考

```
%3500
N1  T0101                    （选择刀具号为 01 的 90°偏刀）
N2  M03  S600                （主轴以 600r/min 正转）
N3  G00  X100  Z50           （定位到换刀点）
N4  G00  X30  Z2             （定位到循环点）
N5  G80  X24.5  Z-35  F100   （粗车 φ24mm 外圆）
N6  G80  X20.5  Z-20         （粗车 φ20mm 外圆）
N7  G00  X100  Z50           （定位到换刀点）
N8  M05  M00                 （暂停测量调整）
N9  G00  X16  Z1             （定位到精加工的倒角延长线上）
```

```
N10  M03  S1000                                    (主轴以 1000r/min 正转)
N11  G01  X19.9  Z-1                               (倒 C1 倒角)
N12  G01  W-19  F60                                (精车 φ20 外圆)
N14  X24                                           (精车过渡端面)
N16  X24  Z-35                                     (精加工 φ24mm 外圆)
N18  G00  X100  Z50                                (返回换刀点位置)
N20  M05                                           (主轴停转)
N22  T0202                                         (选择刀具号为 02 的 4mm 宽的切槽刀)
N24  M03  S500                                     (主轴以 500r/min 正转)
N26  G00  X25  Z-20                                (定位到退刀槽的切削起点)
N28  G01  X16  F20                                 (切削退刀槽)
N30  G04  P3                                       (槽底暂停 3s)
N32  G01  X25  F200                                (沿槽退出)
N34  G00  X100  Z50                                (返回换刀点位置)
N36  T0303                                         (换 3 号螺纹刀)
N38  M03  S600                                     (主轴以 600r/min 正转)
N40  G00  X22  Z5                                  (定位到螺纹切削循环点)
N42  G76 C2A60X18.3Z-18K0.85U0.1V0.1Q0.4F1.5       (用 G76 粗车螺纹)
N44  G82  X18.25  Z-18  F1.5                       (用 G82 精车螺纹)
N46  G82  X18.2  Z-18  F1.5                        (用 G82 精车螺纹)
N50  G00  X100  Z50                                (返回换刀点位置)
N52  M05                                           (主轴停)
N54  M30                                           (主程序停止并复位)
```

（六）模拟仿真

对所编制程序进行输入、校验，并进行模拟和仿真。

三、项目实施的路径与步骤

1. 项目路径

项目实施路径如图 1-27 所示。

2. 项目步骤

与情境一项目二中的项目步骤相同。

四、项目预案

问题一 螺纹中径尺寸超差。

解决措施：一般是由于顶径过小或小径超差引起的，另外也与刀具角度有关，应正确刃磨和安装刀具，在接近小径时，需反复用环规测量再正确调整切入尺寸。

问题二 螺纹牙型角不正确。

解决措施：应保证刀具安装后牙型角为60°，对称中心线垂直于工件轴线。

问题三 螺纹程序校验有问题。

解决措施：使用 G82 时，需将程序字写全，包括连续使用 G82 时不能按模态码处理。

五、项目实施

1. 组织方式

每三位同学一组，每组 1 名数控车床，3 台计算机。

2. 生产准备

每工位配备实训用品一套。相关刀具见表 1-15。

设备选用清单见表 1-8。工具、量具准备清单见表 1-9。

六、项目评价

项目评价见表 1-17。

表 1-17 项目评价表

项目编号			学生加工时间		2 学时	学生姓名		总分	
类别	序号	评价项目	评价内容及要求	评分标准	配分	学生自评	学生互评	教师评价	得分
技术考评	1	外径尺寸	$\phi 24_{-0.04}^{0}$mm	超差 0.01 扣 2 分	15				
	2		ϕ16mm	超差 0.01 扣 2 分	10				
	3	长度尺寸	(30 ±0.1)mm	超差无分	10				
	4		(16 ±0.06)mm	超差无分	10				
	5		4mm	超差无分	5				
	6	螺纹尺寸	ϕ20mm	超差无分	10				
	7		中径	超差无分	12				
	8	其他尺寸	$C1$	超差无分	6				
	9		$R_a 1.6\mu m$	每降一级扣 1 分	12				
	10	尺寸检测	自检尺寸正确	不正确无分	5				
	11	完成时间	按时完成任务	不按时完成无分	5				
非技术考评	12	安全生产	遵守机床安全操作规程	不遵守酌情扣 1 ~5 分					
	13	文明生产	遵守文明生产规则	不遵守酌情扣 1 ~5 分					
	14	环保生产	遵守环保生产规则	不遵守酌情扣 1 ~5 分					
	15	其他		酌情扣 1 ~5 分					

注：1. 发生人身和设备事故时，应立即向指导教师报告，由指导教师组织学生立即报警抢救，并及时向主管领导汇报。

2. 严重违反工艺原则和情节严重的野蛮操作等，由指导教师按实习管理制度进行处理。

七、项目作业（课外完成）

完成图 1-43 所示单线螺纹轴零件的加工方案和工艺规程的制定，并进行程序编制和仿真。(6 学时)

八、项目拓展

完成图 1-44 所示双线螺纹轴零件的加工方案和工艺规程的制定，并进行程序编制和仿真。

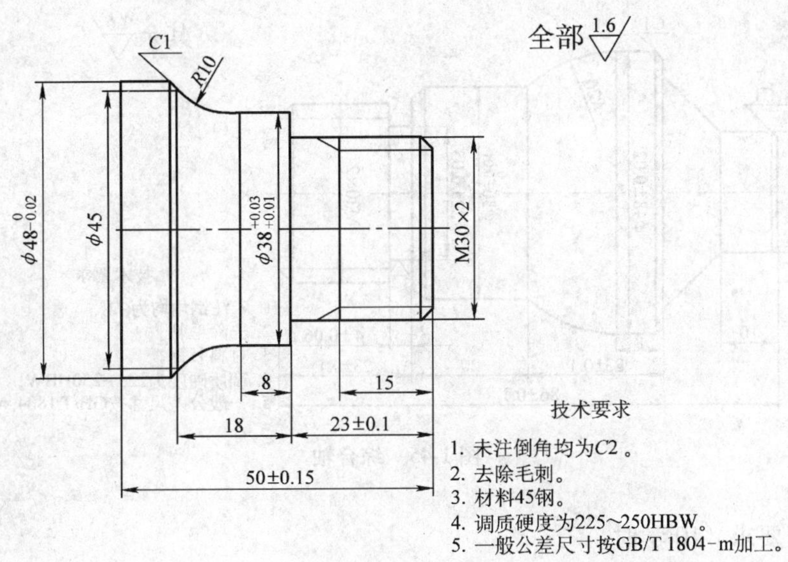

图 1-43　单线螺纹轴

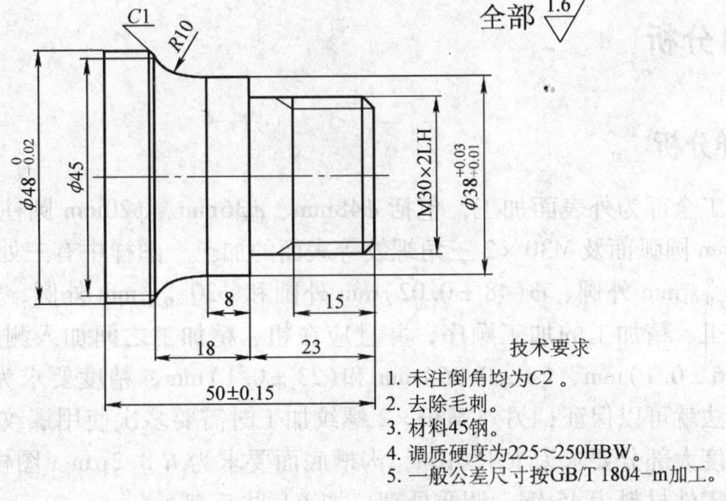

图 1-44　双线螺纹轴

项目六　外轮廓综合件的数控车削编程与加工

一、项目要求

以图 1-45 所示综合轴的加工为例，使学生学会制定数控车削综合轴零件的工艺方案，使用 G71 编制合理的数控粗加工程序，再进行精加工，并进行仿真调试，最后加工出合格的零件。

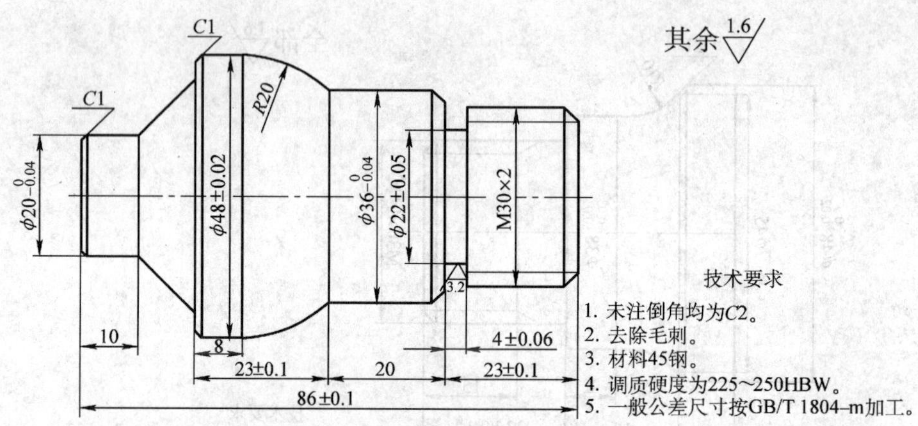

图 1-45　综合轴

（1）时间要求　10 学时。

（2）质量要求　综合轴零件加工后符合零件图样要求。

（3）安全、文明、环保要求　按照各项要求进行项目作业。具体内容见情境一项目二。

二、项目分析

（一）图样分析

该零件的加工全部为外表面加工，包括 ϕ48mm、ϕ36mm、ϕ20mm 圆柱面、圆锥面、倒角、沟槽、R20mm 圆弧面及 M30×2 三角螺纹等表面的加工。图样中有三处直径尺寸精度较高，分别为 $\phi 36_{-0.04}^{\ 0}$mm 外圆、$\phi(48 \pm 0.02)$mm 外圆和 $\phi 20_{-0.04}^{\ 0}$mm 外圆，加工时需要采用粗加工、半精加工、精加工的加工顺序，并且应在粗、精加工之间加入测量和误差调整补偿；长度尺寸(86±0.1)mm、(4±0.06)mm 和(23±0.1)mm，精度要求为中等以上精度，采用一般加工方法就可以保证；另外 M30×2 螺纹加工时需要多次使用螺纹环规测量，直至合格。表面粗糙度大部分要求为 R_a1.6μm，沟槽底面要求为 R_a3.2μm。图样尺寸标注完整，轮廓描述清楚，零件材料为 45 钢，调质处理，加工后去毛刺。

（二）方案分析

方案一 夹持毛坯，伸出长度约为75mm，先加工零件右端，依次粗、精车削倒角、M30螺纹底径到$\phi29.9$mm、过渡小端面、倒角、$\phi36_{-0.04}^{\ 0}$mm外圆、$R20$mm成型面、$\phi(48\pm0.02)$mm外圆，加工总长度大于66mm；然后切退刀槽，再车削M30螺纹。调头夹持零件右端$\phi36_{-0.04}^{\ 0}$mm外圆再依次粗、精车削倒角、$\phi20_{-0.04}^{\ 0}$mm外圆和圆锥面。

方案二 夹持毛坯，伸出长度约为35mm，先加工零件左端，依次粗、精车削倒角、$\phi20_{-0.04}^{\ 0}$mm外圆、圆锥面和$\phi(48\pm0.02)$mm外圆，加工总长度大于28mm。调头夹持零件左端$\phi(48\pm0.02)$外圆再依次粗、精车削倒角、M30×2螺纹底径到$\phi29.9$mm、过渡小端面、倒角、$\phi36_{-0.04}^{\ 0}$mm外圆、$R20$mm成型面，然后切退刀槽，最后车削M30×2螺纹。

以上两方案中，方案二调头后被装夹部位较短，另外还要在此装夹方式下加工螺纹，切削力较大，很容易因夹紧力较小而导致工件在加工过程中不稳定，甚至从卡盘上脱落，若加入顶尖，采用一夹一顶方式装夹可以正常加工，但是提高了编程和加工的复杂程度，并且会增加调整时间，这种方法一般适用于装夹表面较短、工件较长的场合。方案一夹持较长毛坯部位，加工螺纹很稳定，调头后被装夹部位也较长，能够满足加工要求。经过比较分析，方案一更合理，应选择方案一。

（三）夹具分析

根据车床常用夹具及其适用场合和所给毛坯，该零件为规则轴类，装夹时可使用三爪自定心卡盘装夹或顶尖，装夹方便、快捷，定位精度高。顶尖一般加工有中心孔的零件，故选用三爪自定心卡盘。

（四）刀具及切削用量选择

几种常用工件材料的刀具及切削用量见表1-6。

被加工材料为45钢，经调质处理后，其综合加工性能较好，故粗、精加工时都选用YT15车刀。由于该零件全部为外表面加工，并且直径向右端依次递减，共选四把刀。选用1号刀为90°外圆车刀，用于粗车外圆，副偏角取5°左右；选用2号刀为90°外圆车刀，用于精车外圆，副偏角也取5°左右；3号刀为刀宽4mm的切槽刀，用于车退刀槽和切断；4号刀选60°三角螺纹车刀，车螺纹。通过计算，粗加工时主轴转速取600r/min，进给速度取100mm/min；精加工时主轴转速取1000r/min，进给速度取60mm/min；车槽时由于刀具刚性差，主轴转速应取500r/min左右，进给速度可取20mm/min左右；车螺纹时主轴转速应取600r/min左右，进给量应为螺距，见表1-18。

表1-18 刀具及切削用量选择

刀号	加工内容	刀具规格		主轴转速n/(r/min)	进给速度v_f/(mm/min)
		类型	材料		
T01	粗车外圆表面	90°外圆车刀，副偏角5°	硬质合金YT15	600	100
T02	精车外圆表面			1000	60
T03	切槽和切断	刀宽4mm的切槽刀	硬质合金YT15	500	20
T04	车螺纹	60°三角螺纹车刀	硬质合金YT15	600	2mm/r

（五）程序分析

项目链接

基本指令介绍

外径粗车复合循环运行轨迹如图 1-46 所示。

格式：G71U（Δd）R（r）P（ns）Q（nf）X（Δx）Z（Δz）F（f）S（s）T（t）

该指令执行如图 1-46 所示的粗加工和精加工。

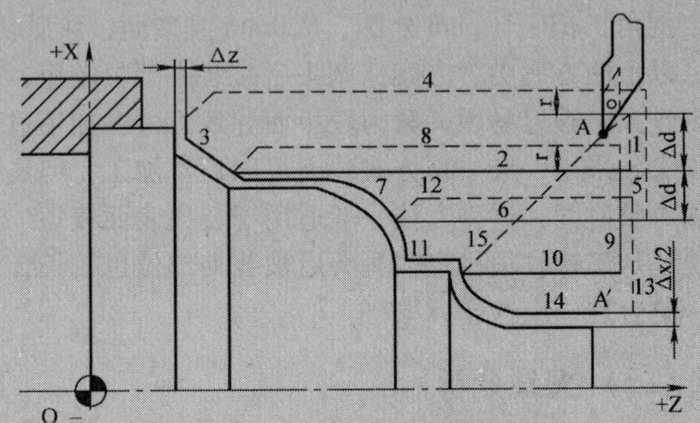

图 1-46 G71 复合循环运行轨迹

说明：

U——切削深度（每次切削量），指定时不加符号，方向由矢量 AA′决定。

R——每次退刀量。

P——精加工路径第一程序段的顺序号。

Q——精加工路径最后程序段的顺序号。

X——X 方向精加工余量。

Z——Z 方向精加工余量。

F、S、T——粗加工时，G71 中编程的 F、S、T 有效；而精加工时，处于 P 到 Q 程序段之间的 F、S、T 有效。

注意：

（1）G71 指令必须带有 P，Q 地址，且与精加工路径起、止顺序号对应，否则不能进行该循环加工。

（2）P 的程序段必须为 G00/G01 指令，即从 A 到 A′的动作必须是直线或点定位运动。

（3）在顺序号为 P 到顺序号为 Q 的程序段中，不应包含子程序。

加工程序参考

%1601		（右端加工程序）
N1	T0101	（换 1 号刀，调用 1 号刀偏值）
N2	G00 X100 Z100	（移到换刀点）
N3	M03 S600	（主轴以 600r/min 正转）
N4	G00 X50 Z5	（确定起刀点）
N5	G71U1.5R1P12Q20X0.4Z0.1F100	（粗车外圆，留 0.4mm 精车余量）
N6	G00 X100 Z100	（退到换刀点）
N7	M05	（主轴停止）
N8	M00	（暂停，检测工件）
N9	T0202	（采用 2 号刀，精车）

```
N10    M03  S1000                              (主轴以 1000r/min，正转，精车)
N11    G00  X50  Z5                            (确定起刀点)
N12    G01  X24  Z1  F60                       (精加工起点)
N13    X29.9  Z-2                              (倒角)
N14    Z-23                                    (车 M30 外圆到 φ29.9mm)
N15    X32                                     (车过渡端面)
N16    X36  Z-25                               (倒角)
N17    Z-43                                    (车 φ36mm 外圆)
N18    G03  X48  Z-58  R20  F60                (车圆弧面)
N19    G01  X48  Z-88  F60                     (车 φ48mm 外圆)
N20    X50                                     (退刀，精加工结束)
N21    G00  X100  Z100                         (回到换刀点)
N22    M05                                     (主轴停止)
N23    M00                                     (暂停，检测)
N24    T0303                                   (换 3 号刀，调用 3 号刀偏值)
N25    M03  S500                               (主轴以 500r/min 正转)
N26    G00  X38  Z-23                          (定位到切槽点)
N27    G01  X22  F20                           (切槽)
N28    G01  X38                                (退刀)
N29    G00  X100  Z100                         (主轴停止，回到换刀点)
N30    M00  M05                                (主轴停止，暂停)
N31    T0404                                   (换 4 号刀，调用 4 号刀偏值)
N32    M03  S600                               (主轴 600r/min 正转)
N33    G00  X32  Z5                            (定位到循环点)
N34    G76A60X27.5Z-17K1.624U0.1V0.1Q0.4F2     (用 G76 切削螺纹)
N35    G82  X27.5  Z-21  F2                    (G82 光整螺纹)
N36    G82  X27.5  Z-21  F2                    (G82 光整螺纹)
N37    G00  X100  Z100                         (退刀到换刀点)
N38    M05                                     (主轴停止)
N39    M30                                     (程序结束)
%1602                                          (左端加工程序)
N1     G90  G00  X100  Z100                    (建立工件坐标系)
N2     T0101                                   (换 1 号刀，调用 1 号刀偏值)
N3     M03  S600                               (主轴以 600r/min 正转)
N4     G00  X50  Z5                            (确定起刀点)
N5     G71U1.5R1P12Q18X0.4Z0.1F100             (粗车外圆，留 0.4mm 精车余量)
N6     G00  X100  Z100                         (退到换刀点)
```

```
N7    M05                      (主轴停止)
N8    M00                      (暂停，检测)
N9    T0202                    (用2号刀精车)
N10   M03  S1000               (主轴以1000r/min正转)
N11   G00  X50  Z5             (快速移到起刀点)
N12   G01  X16  Z1  F60        (定位到精加工起点)
N13   X20  Z-1                 (倒角)
N14   Z-10                     (车φ20mm外圆)
N15   X30  Z-20                (车锥面)
N16   X46  Z-20                (车过渡端面)
N17   X48  Z-21                (倒角)
N18   X55                      (退刀，精加工结束)
N19   G00  X100  Z100          (回到换刀点)
N20   M05                      (主轴停止)
N21   M30                      (程序结束并返回程序起点)
```

（六）模拟仿真

对所编制程序进行输入、校验，并进行模拟和仿真。

三、项目实施的路径与步骤

1. 项目路径

项目实施路径如图1-27所示。

2. 项目步骤

除数控程序编制时间为3.5学时和模拟仿真加工时间为2学时外，其余与情境一项目二中的项目步骤相同。

四、项目预案

问题一 程序校验时，圆弧数据或地址错误。

解决措施：核查程序中圆弧终点坐标数值是否有误，若坐标正确就检查是否漏写圆弧半径，然后按正确值输入；若圆弧地址错，应该检查指令字是否输入错误。

问题二 程序校验时，G71不执行或G76不执行。

解决措施：G71不执行，应首先检查循环起点位置是否在毛坯以外，若没问题，再检查精加工起止程序段坐标设置是否有问题，若有问题及时改正。G76不执行，主要检查循环点设置位置是否合理，若不合理，需按要求修改。

问题三 螺纹加工不合格。

解决措施：首先检查刀具刃磨角度和安装是否正确，其次检查螺纹进给深度计算是否有误，然后检查程序中是否考虑塑性变形而事先将螺纹底径车小0.1~0.2mm，最后看检测时是否将工件和环规中的切屑等杂物清理干净。

五、项目实施

1. 组织方式

每三位同学一组，每组 1 台数控车床，3 台计算机。

2. 生产准备

每工位配备实训用品一套。相关刀具见表 1-18。

设备选用清单见表 1-8。工具、量具准备清单见表 1-9。

六、项目评价

项目评价见表 1-19。

表 1-19 项目评价表

项目编号			学生加工时间	2 学时	学生姓名		总分		
类别	序号	评价项目	评价内容及要求	评分标准	配分	学生自评	学生互评	教师评价	得分
技术考评	1	外径尺寸	$\phi(48\pm0.02)$mm	超差 0.01 扣 2 分	8				
	2		$\phi36_{-0.04}^{\ 0}$mm	超差 0.01 扣 2 分	8				
	3		$\phi20_{-0.04}^{\ 0}$mm	超差 0.01 扣 2 分	8				
	4		$\phi(22\pm0.05)$mm	超差 0.01 扣 2 分	8				
	5		一般公差尺寸	超差无分	5				
	6	长度尺寸	(86 ± 0.1)mm	超差无分	6				
	7		(23 ± 0.1)mm	超差无分	6				
	8		(4 ± 0.06)mm	超差无分	5				
	9		一般公差尺寸	超差无分	5				
	10	螺纹尺寸	M30×2 中径	超差 0.01 扣 3 分	8				
	11		螺距	超差无分	5				
	12		牙型	超差无分	5				
	13	其他尺寸	R20mm 圆弧面	超差无分	4				
	14		$C1$、$C2$，各 2 处	超差无分	4				
	15		$R_a3.2\mu m$、$R_a1.6\mu m$	每降一级扣 1 分	5				
	16	尺寸检测	自检尺寸正确	不正确无分	5				
	17	完成时间	按时完成任务	不按时完成无分	5				

（续）

类别	序号	评分项目	评价内容及要求	评分标准	配分	学生自评	学生互评	教师评价	得分
非技术考评	18	安全生产	遵守机床安全操作规程	不遵守酌情扣1~5分					
	19	文明生产	遵守文明生产规则	不遵守酌情扣1~5分					
	20	环保生产	遵守环保生产规则	不遵守酌情扣1~5分					
	21	其他		酌情扣1~5分					

注：1. 发生人身和设备事故时，应立即向指导教师报告，由指导教师组织学生立即报警抢救，并及时向主管领导汇报。

2. 严重违反工艺原则和情节严重的野蛮操作等，由指导教师按实习管理制度进行处理。

七、项目作业（课外完成）

完成图1-47所示回转轴零件的加工方案和工艺规程的制定，并进行程序编制和仿真。（6学时）

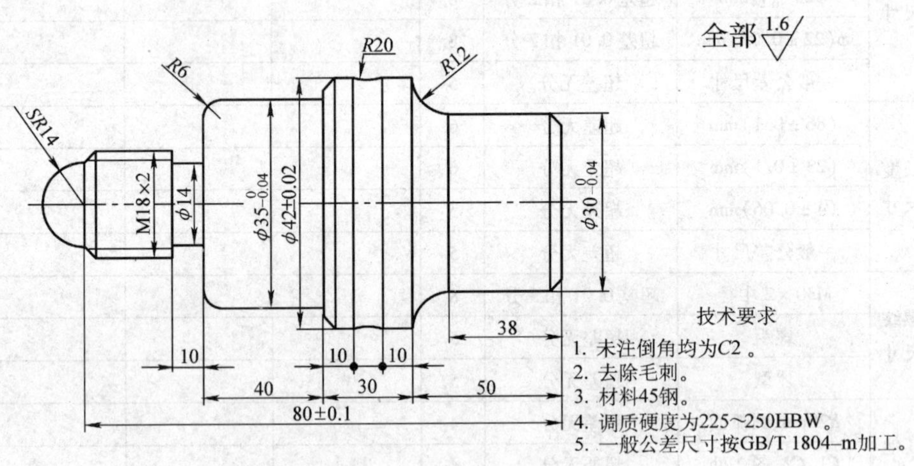

图1-47 回转轴

八、项目拓展

完成图1-48所示沟槽复合轴零件的加工方案和工艺规程的制定，并进行程序编制和仿真。

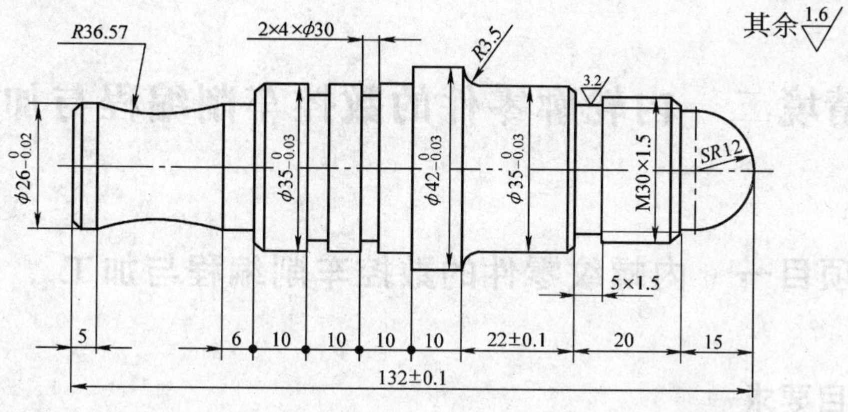

技术要求

1. 未注倒角均为C2。
2. 锐角倒钝。
3. 材料45钢。
4. 调质硬度为225~250HBW。
5. 一般公差尺寸按GB/T 1804－m加工。

图 1-48　沟槽复合轴

学习情境二　内轮廓零件的数控车削编程与加工

项目一　内螺纹零件的数控车削编程与加工

一、项目要求

以图 2-1 所示内螺纹零件加工为例，使学生学会制定数控车削内螺纹件的加工工艺方案，应用 G71 编制合理的内轮廓粗加工程序，应用 G82/G76 编制合理的内三角螺纹加工程序，并进行仿真调试，最后加工出合格的零件。

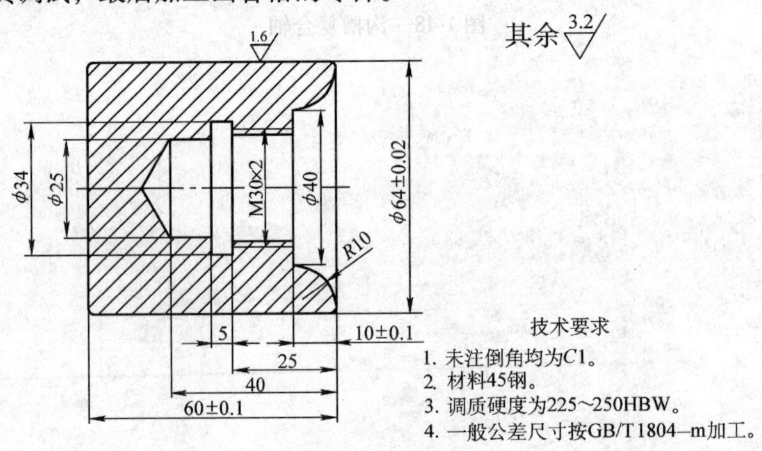

图 2-1　内螺纹

（1）时间要求　9 学时。

（2）质量要求　内螺纹零件加工后符合图样要求。

（3）安全、文明、环保要求　按照各项要求进行项目作业。具体内容见情境一项目二。

二、项目分析

（一）图样分析

该零件的加工主要为内表面加工，包括由 ϕ64mm 圆柱面、R10mm 内圆弧面、M30 ×2 内螺纹、5mm × ϕ34mm 内沟槽、ϕ25mm 内圆柱面和 C1 倒角等表面，其中有多个直径尺寸精度为一般尺寸公差要求，外表面粗糙度要求为 R_a1. 6μm，内表面粗糙度要求为 R_a3. 2μm，加工时需要采用粗加工、精加工的加工顺序，并且应在粗、精加工之间加入测量和误差调整补偿。长度尺寸精度要求为中等精度，用一般加工方法就可以保证。沟槽尺寸为一般公差尺寸要求，在加工时需检测好刀宽，通过合理安排加工方法来保证。内螺纹的精度检测需用塞规，注意循环点和底孔尺寸的合理选择。图样尺寸标注完整，轮廓描述清楚，零件材料为45 钢，调质处理，加工后去毛刺。

（二）方案分析

方案一　夹持毛坯，伸出长度约为 80mm，先将外表面加工合格并倒角，手动钻孔 ϕ23mm，深度 40mm，然后按直径从大到小依次粗车 R10mm 圆弧面、过渡端面、ϕ27.5mm 螺纹底孔和 ϕ25mm 内孔，X 向留 0.5mm 精加工余量，然后从工件右端连续精车轮廓，包括 R10 内圆弧面、过渡端面、ϕ27.5mm 螺纹底孔和 ϕ25mm 内孔，换切槽刀车 5mm × ϕ34mm 内沟槽，换内螺纹刀车 M30 ×2 内螺纹，最后用切断刀切断。

方案二　夹持毛坯，伸出长度约为 80mm，先将外表面加工合格并倒角，手动钻孔 ϕ23mm，深度 40mm，然后按直径从大到小依次粗车 R10mm 圆弧面、过渡端面、ϕ27.5mm 螺纹底孔和 ϕ25mm 内孔，X 向留 0.5mm 精加工余量，换切槽刀车 5mm × ϕ34mm 内沟槽，从工件右端依次按连续轮廓精车 R10mm 圆弧面、过渡端面、ϕ27.5mm 螺纹底孔和 ϕ25mm 内孔，换内螺纹刀车 M30 ×2 内螺纹，最后用切断刀切断。

比较以上两方案，方案一更能能体现工序集中原则，能提高生产率，故选择方案一。

（三）夹具分析

根据车床常用夹具及其适用场合和所给毛坯尺寸，该零件为规则轴类，长度较短，所以装夹时应使用三爪自定心卡盘装夹，装夹方便、快捷，定位精度高。

（四）刀具及切削用量选择

几种常用工件材料的刀具及切削用量见表 1-6。

被加工材料为 45 钢，经调质处理后，其综合加工性能较好，故粗、精加工时都选用 YT15 车刀。共需五把车刀，1 号刀为 90°外圆车刀，用于粗、精加工外表面，副偏角取 5°左右；2 号刀为盲孔刀，依次粗、精车内表面；3 号刀为刀宽 5mm 的内切槽刀，用于车退刀槽；4 号刀为 60°内三角螺纹车刀，用于车螺纹；5 号刀为切断刀，用于最后的切断。

粗加工时主轴转速取 600r/min，进给速度取 100mm/min；精加工时主轴转速取 1000r/min，进给速度取 60mm/min；车槽时由于刀具刚性差，主轴转速应取 500r/min 左右，进给速度取 20mm/min 左右；车螺纹时主轴转速取 600r/min 左右，进给量为螺距，见表 2-1。

表 2-1　刀具及切削用量选择

刀号	加 工 内 容	刀 具 规 格		主轴转速 n /(r/min)	进给速度 v_f /(mm/min)
		类　　型	材　　料		
T01	粗、精车外圆表面	90°外圆车刀，副偏角 5°	YT15	600/1000	100/60
T02	粗、精车内孔表面	盲孔刀	YT15	1000	60
T03	切内沟槽	刀宽 5mm 的内切槽刀	YT15	500	20
T04	车螺纹	60°内三角螺纹车刀	YT15	600	2mm/r
T05	切断	切断刀	YT15	500	20

（五）程序分析

加工程序参考

```
%2100
T0101                                          (选择1号90°偏刀)
M03  S600                                      (主轴以600r/min正转)
G00  X100  Z150                                (定位到换刀点)
G00  X65  Z2                                   (定位到循环点)
G80  X64.5  Z-65  F100                         (粗车φ64mm外圆)
G00  X100  Z50  M05                            (回换刀点)
M00                                            (暂停，测量调整)
G00  X64  Z2                                   (定位到精车起点)
M03  S1000                                     (主轴以1000r/min正转)
G00  X60  Z2                                   (定位到精车起点)
G01  X64  Z1  F60                              (倒角)
G01  Z-65                                      (精车φ64mm外圆)
G00  X100  Z150                                (回到换刀点)
M05                                            (主轴停转)
M00                                            (暂停，钻孔)
T0202                                          (换2号盲孔刀)
M03  S600                                      (主轴以600r/min正转)
G00  X23  Z2                                   (定位到内孔加工循环点)
G71  U1  R1  P10  Q20  X-0.5  Z0.05  F100      (内表面粗加工)
G00  X100  Z150                                (回换刀点)
M05  M00                                       (暂停，测量调整)
M03  S1000                                     (主轴以1000r/min正转)
N10  G00  X65  Z0                              (定位到精车起点延长线上)
G01  X63  Z0  F60                              (定位到精车起点)
G01  X60                                       (车端面)
G02  X40  Z-10                                 (精车R10mm圆弧面)
G01  X27.5                                     (精车过渡端面)
Z-30                                           (精车螺纹底孔)
X25                                            (精车过渡端面)
Z-40                                           (精车φ25mm孔)
G01  X23                                       (X向退刀)
G00  Z50                                       (Z向退刀)
G00  X100  Z150                                (返回换刀点位置)
M05                                            (主轴停转)
T0303                                          (选择3号内切槽刀)
```

```
M03  S500                                  (主轴以500r/min正转)
G00  X25  Z5                               (以左刀尖为刀位点定位到孔口)
G00  X25  Z-30                             (以左刀尖为刀位点定位到退刀槽
                                            的切削起点)
G01  X34  F20                              (切削退刀槽)
G04  P3                                    (槽底暂停3s)
G01  X25  F200                             (沿槽X向退出)
G00  Z150                                  (Z向返回换刀点位置)
G00  X100                                  (X向返回换刀点位置)
T0404                                      (换4号内三角螺纹车刀)
M03  S600                                  (主轴以600r/min正转)
G00  X26  Z-5                              (定位到螺纹切削循环点)
G76A60X29.9Z-27K1.25U-0.1V0.1Q0.4F2        (用G76粗车螺纹)
G82  X30  Z-27  F2                         (用G82精车螺纹)
G82  X30  Z-27  F2                         (用G82精车螺纹)
G00  Z150                                  (Z向返回换刀点位置)
G00  X100                                  (X向返回换刀点位置)
M05                                        (主轴停转)
M30                                        (程序结束并复位)
```

(六) 模拟仿真

对所编制程序进行输入、校验，并进行模拟和仿真。

三、项目实施的路径与步骤

1. 项目路径

项目实施路径如图1-27所示。

2. 项目步骤

与情境一项目二中的项目步骤相同。

四、项目预案

问题一 螺纹中径尺寸超差。

解决措施：一般是由于顶径过大引起的，另外也与刀具角度有关，应正确刃磨和安装刀具，在接近大径时，需反复用塞规测量，再正确调整切入尺寸。

问题二 螺纹牙型角不正确。

解决措施：保证刀具安装后牙型角为60°，对称中心线垂直于工件轴线。

问题三 内孔粗加工不校验。

解决措施：设置内孔粗车循环点和螺纹车削循环点时，一定要注意不能按外螺纹进行设置；使用 G71 和 G76 时，要与加工外表面时区别开。

问题四 内孔尺寸精度超差。

解决措施：检查量具校正是否有误，测量方法是否正确；如果超差规律相同，可能是磨耗调整有误；另外，注意不要把磨耗方向调反。

五、项目实施

1. 组织方式

每三位同学一组，每组 1 台数控车床，3 台计算机。

2. 生产准备

每工位配备实训用品一套。相关刀具见表 2-1。

设备选用清单见表 1-8。工具、量具准备清单见表 1-9。

六、项目评价

项目评价见表 2-2。

表 2-2 项目评价表

项目编号		加工时间	2 学时	学生姓名		总分	

类别	序号	评价项目	评价内容及要求	评分标准	配分	学生自评	学生互评	教师评价	得分
技术考评	1	直径尺寸	$\phi(64 \pm 0.02)$mm	超差 0.01 扣 2 分	10				
	2		R10mm 内圆弧面	超差无分	5				
	3		ϕ25mm、ϕ40mm、ϕ34mm	超差无分	12				
	4	长度尺寸	(60 ± 0.1)mm	超差无分	9				
	5		(10 ± 0.1)mm	超差无分	9				
	6		一般公差尺寸	超差无分	6				
	7	螺纹尺寸	牙型角	超差无分	4				
	8		大径 ϕ30mm	超差无分	5				
	9		中径	超差无分	12				
	10	其他尺寸	C1(2 处)	超差无分	6				
	11		R_a3.2μm、R_a1.6μm	每降一级扣 1 分	12				
	12	尺寸检测	自检尺寸正确	不正确无分	5				
	13	完成时间	按时完成任务	不按时完成无分	5				

（续）

类别	序号	评价项目	评价内容及要求	评分标准	配分	学生自评	学生互评	教师评价	得分
非技术考评	14	安全生产	遵守安全操作规程	不遵守酌情扣1~5分					
	15	文明生产	遵守文明生产规则	不遵守酌情扣1~5分					
	16	环保生产	遵守环保生产规则	不遵守酌情扣1~5分					
	17	其他		酌情扣1~5分					

注：1. 发生人身和设备事故时，应立即向指导教师报告，由指导教师组织学生立即报警抢救，并及时向主管领导汇报。

2. 严重违反工艺原则和情节严重的野蛮操作等，由指导教师按实习管理制度进行处理。

七、项目作业（课外完成）

完成图2-2所示螺孔轴零件的加工方案和工艺规程的制定，并进行程序编制和仿真。（6学时）

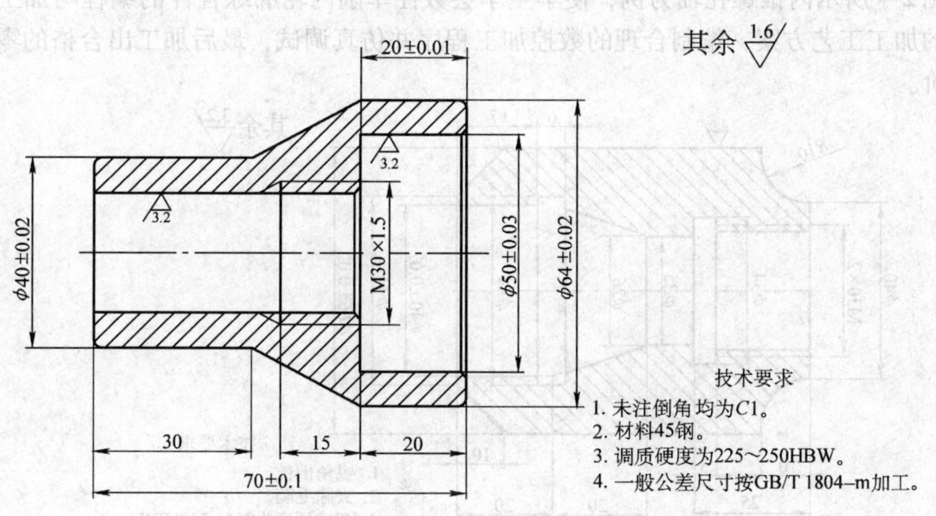

图2-2　螺孔轴

八、项目拓展

完成图2-3所示通孔轴零件的加工方案和工艺规程的制定，并进行程序编制和仿真。

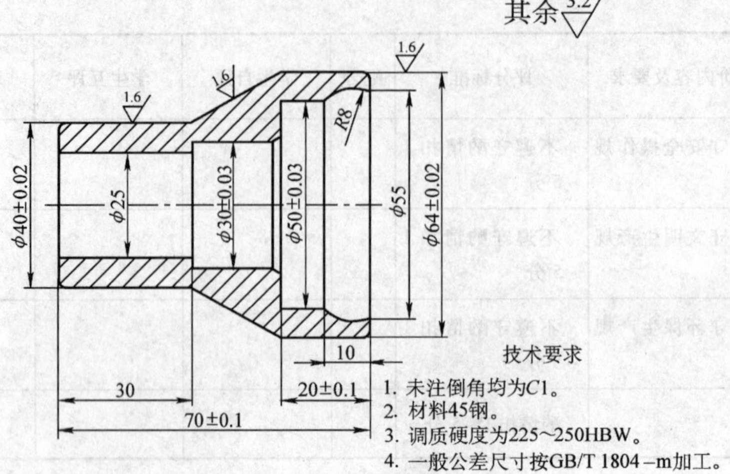

图 2-3　通孔轴

项目二　内轮廓综合件的数控车削编程与加工

一、项目要求

以图 2-4 所示内锥螺孔轴为例，使学生学会数控车削内轮廓综合件的编程与加工。制定该零件的加工工艺方案，编制合理的数控加工程序并仿真调试，最后加工出合格的零件，并进行评价。

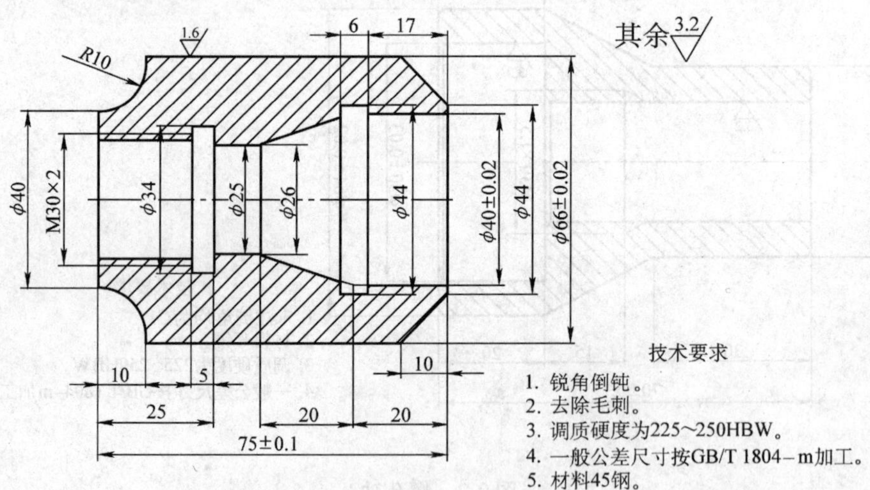

图 2-4　内锥螺孔轴

（1）时间要求　10 学时。

（2）质量要求　内锥螺孔轴零件加工后符合零件图样要求。

（3）安全、文明、环保要求　按照各项要求进行项目作业。具体内容见情境一项目二项目分析和项目预案等由学生在前面各项目的分析方法的基础上自己拟定。

二、项目实施

1. 组织方式

每三位同学一组，每组 1 台数控车床，3 台计算机。

2. 生产准备

每工位配备实训用品一套。相关刀具每组自行准备。

设备选用清单见表 1-8。工具、量具准备清单见表 1-9。

三、项目评价

项目评价见表 2-3。

表 2-3　项目评价表

项目编号			学生加工时间	2 学时	学生姓名		总分		
类别	序号	评价项目	评价内容及要求	评分标准	配分	学生自评	学生互评	教师评价	得分
技术考评	1	直径尺寸	$\phi(66 \pm 0.02)$mm	超差 0.01 扣 2 分	8				
	2		$\phi(40 \pm 0.02)$mm	超差 0.01 扣 2 分	8				
	3		ϕ44mm(沟槽)	超差无分	8				
	4		ϕ34mm(沟槽)	超差无分	8				
	5		一般公差尺寸	超差无分	6				
	6	长度尺寸	(75 ± 0.1)mm	超差无分	6				
	7		5mm(槽宽)	超差无分	6				
	8		6mm(槽宽)	超差无分	6				
	9		一般公差尺寸	超差无分	6				
	10	螺纹尺寸	M30 ×2 中径	超差 0.01 扣 3 分	8				
	11		螺距	超差无分	5				
	12		牙型	超差无分	5				
	13	其他尺寸	R10mm	超差无分	5				
	14		$R_a1.6\mu m$、$R_a3.2\mu m$	每降一级扣 1 分	5				
	15	尺寸检测	自检尺寸正确	不正确无分	5				
	16	完成时间	按时完成任务	不按时完成无分	5				
非技术考评	17	安全生产	遵守机床安全操作规程	不遵守酌情扣 1 ~5 分					
	18	文明生产	遵守文明生产规则	不遵守酌情扣 1 ~5 分					
	19	环保生产	遵守环保生产规则	不遵守酌情扣 1 ~5 分					
	20	其他		酌情扣 1 ~5 分					

注：1. 发生人身和设备事故时，应立即向指导教师报告，由指导教师组织学生立即报警抢救，并及时向主管领导汇报。

2. 严重违反工艺原则和情节严重的野蛮操作等，由指导教师按实习管理制度进行处理。

四、项目作业

完成图 2-5 所示弧孔轴零件的加工方案和工艺规程的制定，并进行程序编制和仿真。（8 学时）

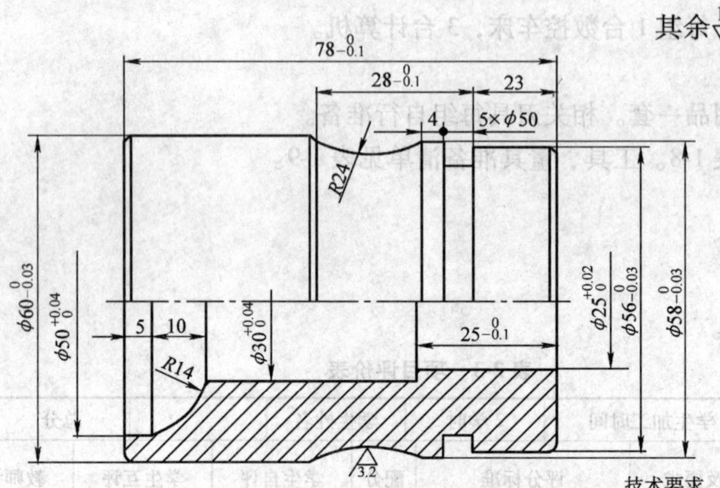

技术要求

1. 未注倒角均为$C1$。
2. 尖角处钝化。
3. 材料45钢。
4. 调质硬度为225～250HBW。
5. 一般公差尺寸按GB/T 1804－m加工。

图 2-5　弧孔轴

学习情境三　配合零件的数控车削编程与加工

项目一　内外轮廓综合零件的数控车削编程与加工

一、项目要求

以图 3-1 所示综合工艺轴为例，使学生学会数控车削内外轮廓综合件的编程与加工。制定该零件的加工工艺方案，编制合理的数控加工程序，并进行仿真调试，最后加工出合格的零件，并进行评价。

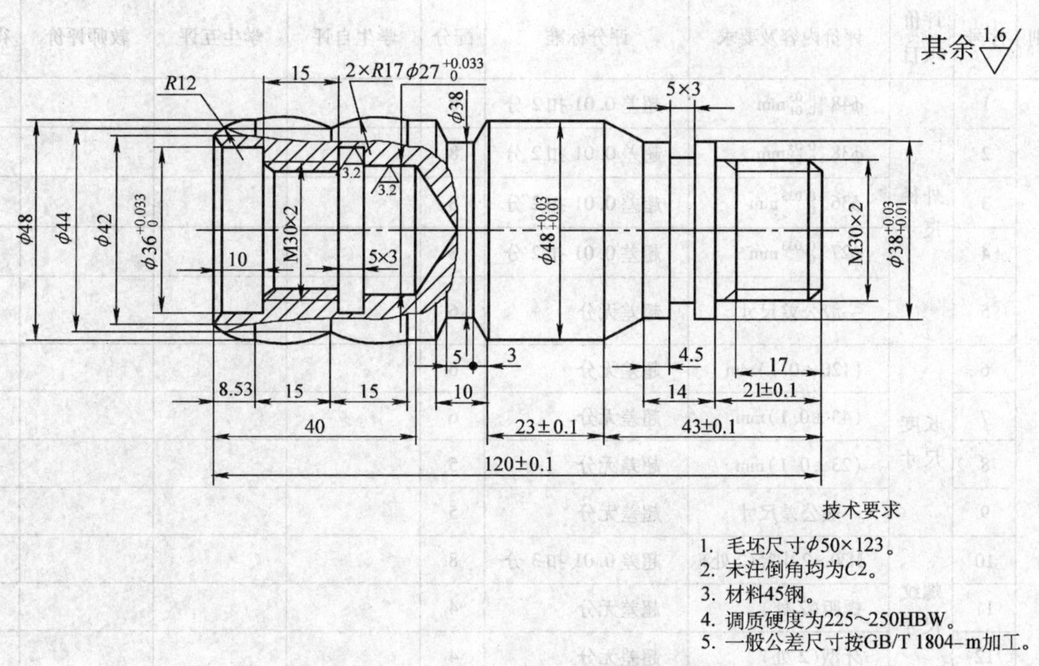

图 3-1　综合工艺轴

（1）时间要求　12 学时。

（2）质量要求　综合工艺轴零件加工后符合零件图样要求。

（3）安全、文明、环保要求　按照各项要求进行项目作业。具体内容见情境一项目二。

项目分析和项目预案等由学生在前面各项目的分析方法的基础上自己拟定。

二、项目实施

1. 组织方式

每三位同学一组，每组 1 台数控车床，3 台计算机。

2. 生产准备

每工位配备实训用品一套。相关刀具每组自行准备。

设备选用清单见表 1-8。工具、量具准备清单见表 1-9。

三、项目评价

项目评价见表 3-1。

表 3-1 项目评价表

项目编号		学生加工时间		2 学时		学生姓名			总分	
类别	序号	评价项目	评价内容及要求	评分标准	配分	学生自评	学生互评	教师评价	得分	
技术考评	1	外径尺寸	$\phi48^{+0.03}_{+0.01}$ mm	超差 0.01 扣 2 分	8					
	2		$\phi38^{+0.03}_{+0.01}$ mm	超差 0.01 扣 2 分	8					
	3		$\phi36^{+0.033}_{0}$ mm	超差 0.01 扣 2 分	8					
	4		$\phi27^{+0.033}_{0}$ mm	超差 0.01 扣 2 分	8					
	5		一般公差尺寸	超差无分	6					
	6	长度尺寸	(120 ±0.1) mm	超差无分	6					
	7		(43 ±0.1) mm	超差无分	6					
	8		(23 ±0.1) mm	超差无分	5					
	9		一般公差尺寸	超差无分	5					
	10	螺纹尺寸	M30 ×2 中径(2 处)	超差 0.01 扣 3 分	8					
	11		螺距(2 处)	超差无分	4					
	12		牙型(2 处)	超差无分	4					
	13	其他尺寸	沟槽(3 处)	超差无分	6					
	14		$C2$(3 处)	超差无分	3					
	15		$R_a1.6\mu m$、$R_a3.2\mu m$	每降一级扣 1 分	5					
	16	尺寸检测	自检尺寸正确	不正确无分	5					
	17	完成时间	按时完成任务	不按时完成无分	5					

（续）

类别	序号	评价项目	评价内容及要求	评价标准	配分	学生自评	学生互评	教师评价	得分
非技术考评	18	安全生产	遵守机床安全操作规程	不遵守酌情扣1～5分					
	19	文明生产	遵守文明生产规则	不遵守酌情扣1～5分					
	20	环保生产	遵守环保生产规则	不遵守酌情扣1～5分					
	21	其他		酌情扣1～5分					

注：1. 发生人身和设备事故时，应立即向指导教师报告，由指导教师组织学生立即报警抢救，并及时向主管领导汇报。

2. 严重违反工艺原则和情节严重的野蛮操作等，由指导教师按实习管理制度进行处理。

四、项目作业

完成图3-2所示多槽综合轴零件的加工方案和工艺规程的制定，并进行程序编制和仿真。(8学时)

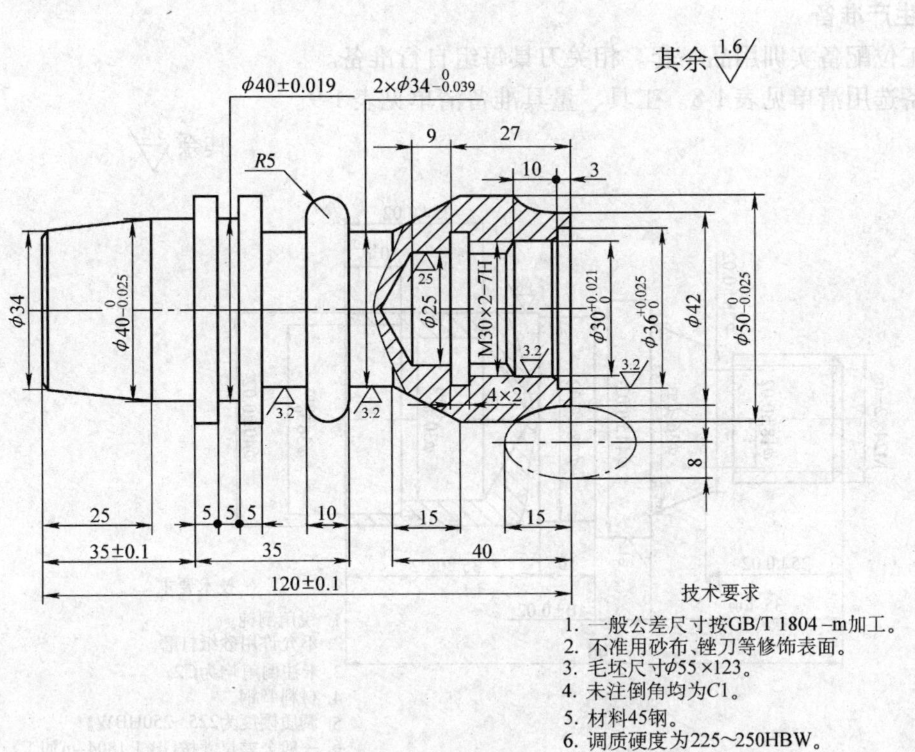

图3-2 多槽综合轴

项目二　配合件的数控车削编程与加工

一、项目要求

以图 3-3 所示螺纹轴（零件 1）和图 3-4 所示螺纹套（零件 2）的加工为例，使学生学会数控车削配合件的编程与加工。制定两零件的数控车削加工工艺方案，编制合理的数控加工程序并进行仿真调试，最后对该零件进行加工，保证单个零件的加工精度和两零件的配合精度。两零件配合后的螺纹轴套如图 3-5 所示。

（1）时间要求　16 学时。

（2）质量要求　螺纹轴零件加工后符合零件图样要求。

（3）安全、文明、环保要求　按照各项要求进行项目作业。具体内容见情境一项目二。项目分析和项目预案等由学生在前面各项目分析方法的基础上自己拟定。

二、项目实施

1. 组织方式

每三位同学一组，每组 1 台数控车床，3 台计算机。

2. 生产准备

每工位配备实训用品一套。相关刀具每组自行准备。

设备选用清单见表 1-8。工具、量具准备清单见表 1-9。

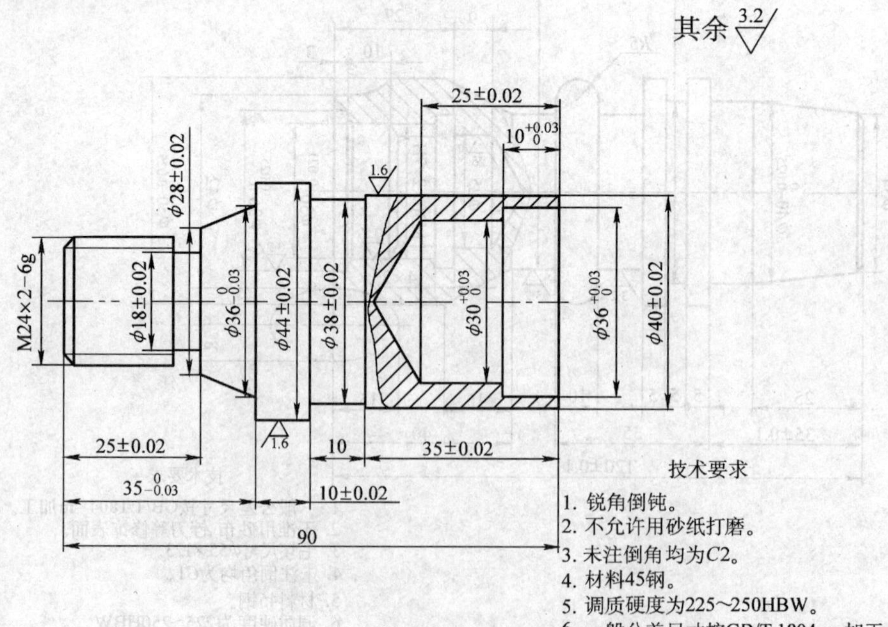

图 3-3　螺纹轴

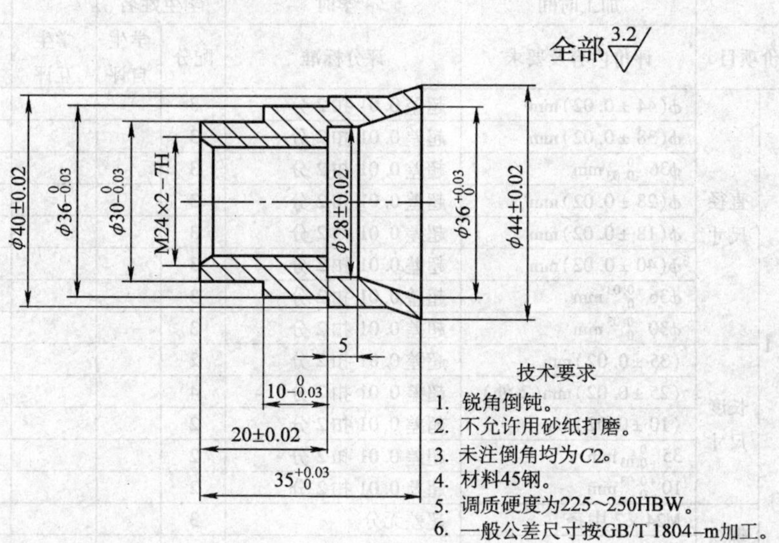

图 3-4　螺纹套

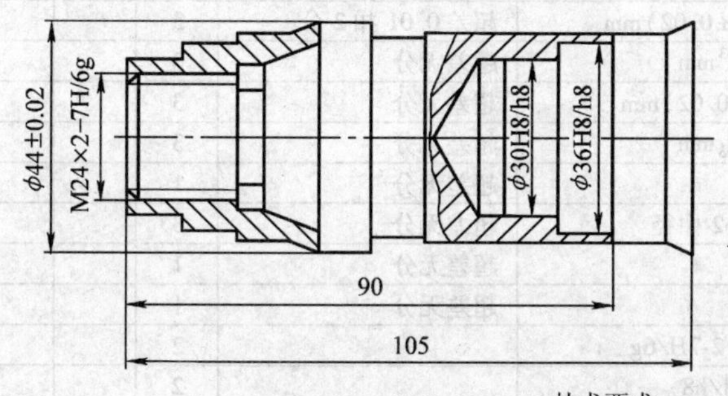

技术要求

1. 零件在装配前必须清理和清洗干净，不得有毛刺、飞边、氧化皮、锈蚀、切屑、油污、着色剂和灰尘等。
2. 装配过程中零件不允放磕、碰、划伤和锈蚀。

图 3-5　螺纹轴套

三、项目评价

项目评价见表 3-2。

表 3-2　项目评价表

项目编号			加工时间	4 学时	学生姓名			总分	
类别	序号	评价项目		评价内容及要求	评分标准	配分	学生自评	学生互评	教师评价	得分
技术考评	1	零件 1	直径尺寸	$\phi(44\pm0.02)$mm	超差 0.01 扣 2 分	3				
	2			$\phi(38\pm0.02)$mm	超差 0.01 扣 2 分	3				
	3			$\phi36_{-0.03}^{0}$mm	超差 0.01 扣 2 分	3				
	4			$\phi(28\pm0.02)$mm	超差 0.01 扣 2 分	3				
	5			$\phi(18\pm0.02)$mm	超差 0.01 扣 2 分	3				
	6			$\phi(40\pm0.02)$mm	超差 0.01 扣 2 分	3				
	7			$\phi36_{0}^{+0.03}$mm	超差 0.01 扣 2 分	3				
	8			$\phi30_{0}^{+0.03}$mm	超差 0.01 扣 2 分	3				
	9		长度尺寸	(35 ± 0.02)mm	超差 0.01 扣 2 分	2				
	10			(25 ± 0.02)mm(2 处)	超差 0.01 扣 2 分	4				
	11			(10 ± 0.02)mm	超差 0.01 扣 2 分	2				
	12			$35_{-0.03}^{0}$mm	超差 0.01 扣 2 分	2				
	13			$10_{0}^{+0.03}$mm	超差 0.01 扣 2 分	2				
	14		螺纹尺寸	M24×2 中径	超差无分	3				
	15			螺距	超差无分	1				
	16			牙型	超差无分	1				
	17	零件 2	直径尺寸	$\phi(44\pm0.02)$mm	超差 0.01 扣 2 分	3				
	18			$\phi36_{0}^{+0.03}$mm	超差 0.01 扣 2 分	3				
	19			$\phi36_{-0.03}^{0}$mm	超差 0.01 扣 2 分	3				
	20			$\phi(28\pm0.02)$mm	超差 0.01 扣 2 分	3				
	21			$\phi30_{-0.03}^{0}$mm	超差 0.01 扣 2 分	3				
	22			$\phi(40\pm0.02)$mm	超差 0.01 扣 2 分	3				
	23		长度尺寸	$35_{0}^{+0.03}$mm	超差无分	3				
	24			(20 ± 0.02)mm	超差无分	3				
	25			$10_{-0.03}^{0}$mm	超差无分	3				
	26			5mm	超差无分	1				
	27		螺纹尺寸	M24×2 中径	超差无分	3				
	28			螺距	超差无分	1				
	29			牙型	超差无分	1				
	30	配合件	配合尺寸	M24×2-7H/6g		2				
	31			ϕ30H8/h8		2				
	32			ϕ36H8/h8		2				
	33			$\phi(44\pm0.02)$mm		2				
	34			105mm		2				
	35			90mm		2				
	36		其他尺寸	倒角	超差无分	2				
	37			$R_a1.6\mu m$、$R_a3.2\mu m$	每降一级扣 1 分	2				
	38	尺寸检测		自检尺寸正确	不正确无分	5				
	39	完成时间		按时完成任务	不按时完成无分	5				
非技术考评	40	安全生产		遵守机床安全操作规程	不遵守酌情扣 1~5 分					
	41	文明生产		遵守文明生产规则	不遵守酌情扣 1~5 分					
	42	环保生产		遵守环保生产规则	不遵守酌情扣 1~5 分					
	43	其他			酌情扣 1~5 分					

注：1. 发生人身和设备事故时，应立即向指导教师报告，由指导教师组织学生立即报警抢救，并及时向主管领导汇报。

2. 严重违反工艺原则和情节严重的野蛮操作等，由指导教师按实习管理制度进行处理。

四、项目作业

完成图 3-6 所示支承轴和图 3-7 所示支承套两零件的加工方案和工艺规程的制定，并进行程序编制和仿真。两零件配合后的支承轴套如图 3-8 所示。（14 学时）

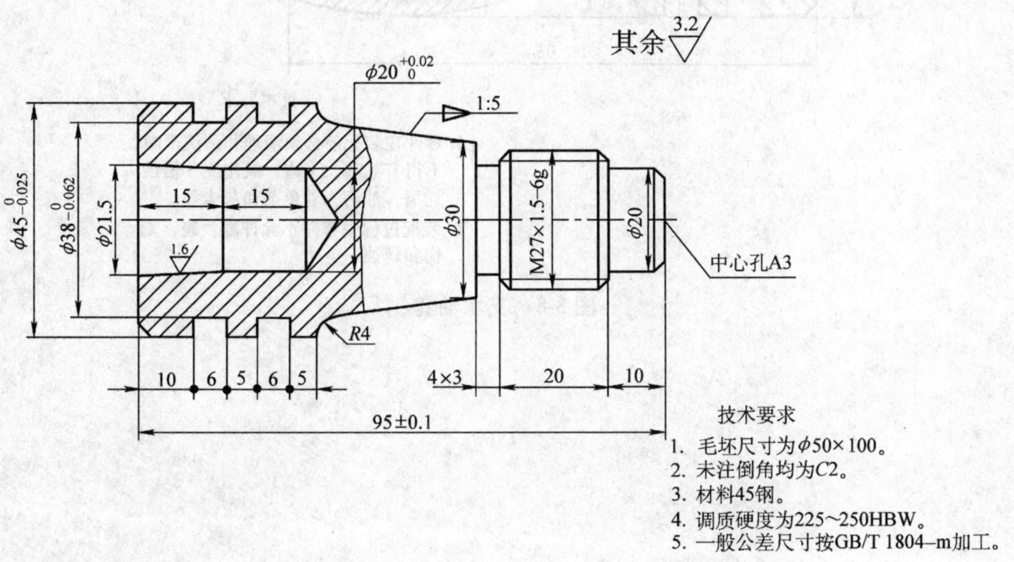

图 3-6　支承轴

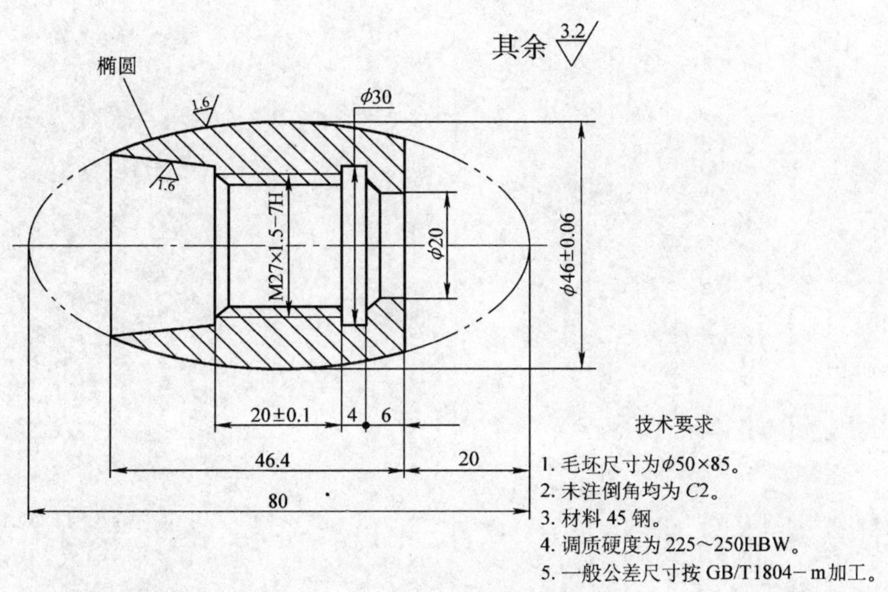

图 3-7　支承套

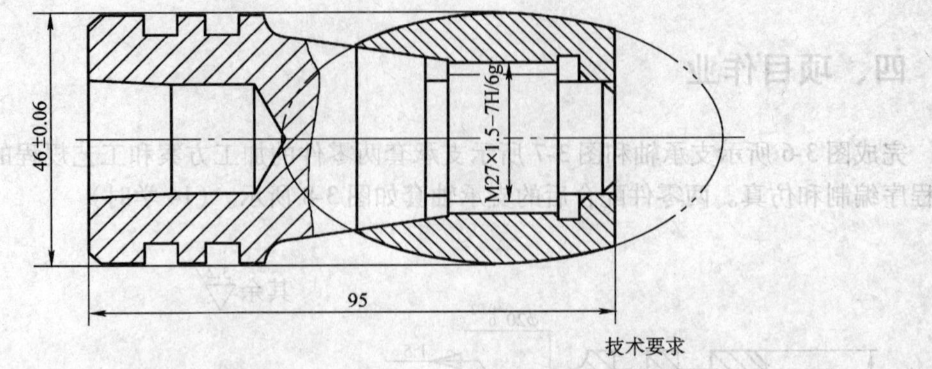

技术要求

1. 零件在装配前必须清理和清洗干净，不得有毛刺、飞边、氧化皮、锈蚀、切屑、油污、着色剂和灰尘等。
2. 装配过程中零件不允许磕、碰、划伤和锈蚀。

图 3-8　支承轴套

学习情境四　特殊零件的数控车削编程与加工

一、项目要求

以图 4-1 所示椭圆轴的加工为例，使学生学会制定数控车削椭圆轴零件的工艺方案，编制合理的数控加工程序并仿真调试，最后加工出合格的零件。

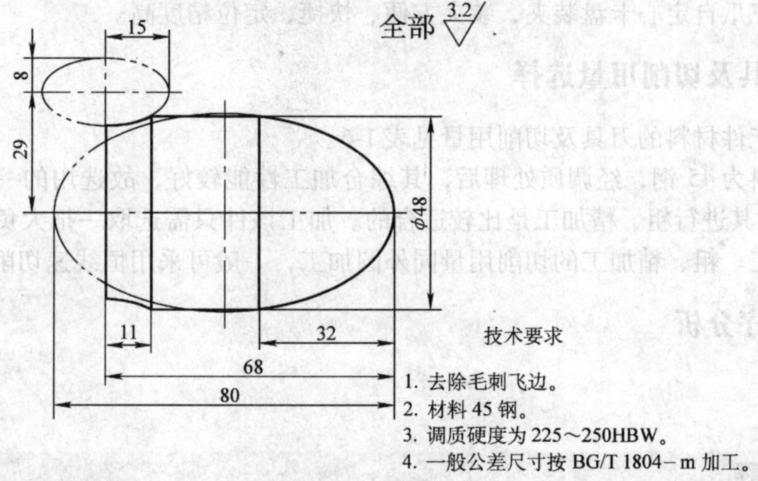

图 4-1　椭圆轴

(1) 时间要求　9 学时。

(2) 质量要求　椭圆轴零件加工后符合零件图样要求。

(3) 安全、文明、环保要求　按照各项要求进行项目作业。具体内容见情境一项目二。

二、项目分析

(一) 零件图分析

该零件全部为外表面加工，主要由 ϕ48mm 圆柱面和两个不同大小的椭圆弧面组成，是特殊性的外表面零件；为一般公差尺寸要求；表面粗糙度要求为 R_a3.2μm。使用宏程序编程是本项目的练习重点。图样尺寸标注完整，轮廓描述清楚，零件材料为 45 钢，调质处理，加工后去毛刺。

(二) 方案分析

方案一　夹持毛坯，伸出长度约为 70mm，先粗、精车 ϕ48mm 圆柱面，然后粗、精车零件右端椭圆弧；调头夹持 ϕ48mm 圆柱面，粗、精车左端椭圆弧面。

方案二　夹持毛坯，伸出长度约为 80mm 左右，先粗、精车 ϕ48mm 圆柱面，然后用一把大负偏角车刀依次粗、精车右端椭圆弧，再粗、精车左端椭圆弧。

以上两方案中，方案一调头车削有利于宏程序的编制，且夹持部位较牢固，有利于提高加工效率；方案二虽然在一次装夹中完成所有表面加工，定位精度高，但增加了编程难度，另外，加工过程中车刀需中间换刀，也增加了加工难度。经过比较分析，方案一更合理，应选择方案一。

（三）夹具分析

根据车床常用夹具及其适用场合和所给毛坯尺寸，该零件为规则轴类，长度较短，所以装夹时应使用三爪自定心卡盘装夹，装夹方便、快捷，定位精度高。

（四）刀具及切削用量选择

几种常用工件材料的刀具及切削用量见表 1-6。

被加工材料为 45 钢，经调质处理后，其综合加工性能较好，故选用的一般硬质合金车刀材料 YT15 对其进行粗、精加工是比较适合的。加工该件只需选取一把大负偏角外圆刀就能完成全部加工。粗、精加工的切削用量同外圆加工，一般可采用恒线速切削。

（五）程序分析

项目链接

宏程序编程

HNC-21/22T 为用户配备了强有力的类似于高级语言的宏程序功能，用户可以使用变量进行算术运算、逻辑运算和函数的混合运算，此外，宏程序还提供了循环语句、分支语句和子程序调用语句，利于编制各种复杂的零件加工程序，减少乃至免除了手工编程时进行繁琐的数值计算，同时精简了程序量。

（1）宏变量及常量

①宏变量

#0 ~ #49：当前局部变量

#50 ~ #199：全局变量

#200 ~ #249：0 层局部变量

#250 ~ #299：1 层局部变量

#300 ~ #349：2 层局部变量

#350 ~ #399：3 层局部变量

#400 ~ #449：4 层局部变量

#450 ~ #499：5 层局部变量

#500 ~ #549：6 层局部变量

#550 ~ #599：7 层局部变量

…

②常量

PI：圆周率 π

TRUE：条件成立（真）

FALSE：条件不成立（假）

（2）运算符与表达式

①算术运算符：+，-，*，/。

②条件运算符：EQ(=),NE(≠),GT(>),GE(≥),LT(<),LE(≤)。

③逻辑运算符：AND，OR，NOT。

④函数：SIN，COS，TAN，ATAN，ATAN2，ABS，INT，SIGN，SQRT，EXP。

⑤表达式：用运算符连接起来的常数、宏变量构成表达式。

例如：175/SQRT[2] * COS[55 * PI/180]；

#3 * 6　GT　14；

（3）赋值语句

格式：宏变量 = 常数或表达式

说明：把常数或表达式的值送给一个宏变量称为赋值。

例如：#2 = 175/SQRT[2] * COS[55 * PI/180]；

#3 = 124.0；

（4）条件判别语句 IF，ELSE，ENDIF

格式（i）：IF 条件表达式

…

ELSE

…

ENDIF

格式（ii）：IF 条件表达式

…

ENDIF

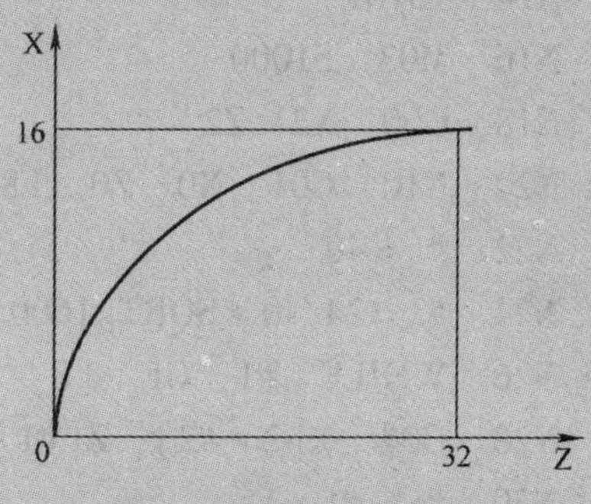

图 4-2　宏程序编制例图

（5）循环语句 WHILE，ENDW

格式：WHILE 条件表达式

…

ENDW

条件判别语句的使用参见宏程序编程举例。

用宏程序编制图 4-2 所示抛物线 $Z = X^2/8$ 在区间（0，16）内的程序。

```
%8002
#10 = 0; X 坐标
#11 = 0; Z 坐标
N10   G92   X0   Z0
M03   S600
WHILE   #10   LE   16
```

```
G90  G01  X [#10]  Z [#11]  F500
#10 =#10 +0.08
#11 =#10 * #10/8
ENDW
G00  Z0  M05
G0  X0
M30
```

加工程序参考

```
%3900
N1  T0101                                      (选择1号90°偏刀)
N2  M03  S800                                  (主轴以800r/min正转)
N4  G00  X100  Z50                             (定位到换刀点)
N6  X50  Z3                                    (定位到循环点)
N8  G71 U3  R1  P20  Q40  X0.5  Z0.1  F120     (G71复合循环)
N10  G0  X100  Z100  M05                       (退刀,主轴停止)
N12  M00                                       (程序暂停)
N14  T0101                                     (选择1号90°偏刀)
N16  M03  S1000                                (主轴以1000r/min正转)
N18  G00  X2  Z2                               (定位到起刀点处)
N20  N10  G01  X0  Z0  F80                     (到起刀点)
N22  #1 =40                                    (#1为Z轴,初始值40)
N24  #2 =24/40 * SQRT[1600 - #1 * #1]          (X相对Z的变换关系式)
N26  WHILE  #1  GE  [8]                        (条件语句)
N28  G01  X[2 * #2]  Z[#1 - 40]                (椭圆的位置)
N30  #1 =#1 - 1                                (步距)
N32  #2 =24/40 * SQRT[1600 - #1 * #1]          (X相对Z的变换关系式)
N34  ENDW                                      (宏程序结束)
N36  G01  X48  Z - 32  F120
N38  W - 26                                    (精车φ48mm外圆)
N40  X50  F600                                 (退刀)
N42  G00  X100  Z100                           (快速返回换刀点)
N44  M05  M30                                  (程序结束)
```

调头加工

```
N10  T0101                                     (选1号刀)
N12  M03  S800                                 (主轴以800r/min正转)
N14  G00  X100  Z100                           (定位到换刀点)
N16  X50  Z2                                   (G71循环点)
N18  G71  U2  R1  P28  Q48  X0.4  Z0.1  F100   (G71复合循环)
N20  G00  X100  Z100  M05                      (退刀,主轴停止)
```

```
N22  M00                                      (程序暂停)
T0101                                         (选 1 号刀)
N24  M03  S1000                               (主轴以 1000r/min 正转)
N26  G00  X43  Z3                             (快速接近起刀点)
N28  G01  X42  Z0  F60                        (到起刀点)
N30  #1 =0                                    (#1 为 Z 轴,初始值为 0)
N32  #2 =8/15 * SQRT[15 * 15 - #1 * #1] - 29  (X 相对 Z 的变换关系式)
N34  WHILE  #1  GE  [-11]                     (条件语句)
N36  G01  X[-[2 * #2]]  Z[#1]                 (椭圆的位置)
N38  #1 =#1 -1                                (步距)
N40  #2 =8/15 * sqrt[15 * 15 - #1 * #1] - 29  (X 相对 Z 的变换关系式)
N42  ENDW                                     (宏程序结束))
N44  G01  X48  Z-11  F200
N46  X50  F500                                (退刀)
N50  G00  X100  Z100  M05                     (快速退刀,主轴停转)
N52  M30                                      (程序结束)
```

(六) 模拟仿真

对所编制程序进行输入、校验，并进行模拟和仿真。

三、项目实施的路径与步骤

1. 项目路径

项目实施路径如图 1-27 所示。

2. 项目步骤

与情境一项目二中的项目步骤相同。

四、项目预案

问题一 程序校验时，G71 不执行。

解决措施： G71 不执行，应首先检查循环起点位置是否在毛坯以外，若没问题，再检查精加工起止程序段坐标设置是否有问题，若有问题应及时改正。

问题二 椭圆加工不合格。

解决措施： 检查程序中椭圆参数选择是否正确，程序编制时变量转换是否有问题。

五、项目实施

1. 组织方式

每三位同学一组，每组 1 台数控车床，3 台计算机。

2. 生产准备

每工位配备实训用品一套。相关刀具自行准备。

设备选用清单见表1-8。工具、量具准备清单见表1-9。

六、项目评价

项目评价见表4-1。

表4-1 项目评价表

项目编号			学生加工时间	2学时	学生姓名		总分		
类别	序号	评价项目	评价内容及要求	评分标准	配分	学生自评	学生互评	教师评价	得分
技术考评	1	外径尺寸	ϕ48mm	超差0.01扣2分	10				
	2		ϕ42mm	超差0.01扣2分	10				
	3	长度尺寸	68mm	超差无分	10				
	4		11mm	超差无分	10				
	5		32mm	超差无分	10				
	6	椭圆尺寸	右端凸圆	超差无分	15				
	7		左端凹圆	超差无分	15				
	8		R_a3.2μm	每降一级扣1分	10				
	9	尺寸检测	自检尺寸正确	不正确无分	5				
	10	完成时间	按时完成任务	不按时完成无分	5				

（续）

类别	序号	评价项目	评价内容及要求	评分标准	配分	学生自评	学生互评	教师评价	得分
非技术考评	11	安全生产	遵守机床安全操作规程	不遵守酌情扣1~5分					
	12	文明生产	遵守文明生产规则	不遵守酌情扣1~5分					
	13	环保生产	遵守环保生产规则	不遵守酌情扣1~5分					
	14	其他		酌情扣1~5分					

注：1. 发生人身和设备事故时，应立即向指导教师报告，由指导教师组织学生立即报警抢救，并及时向主管领导汇报。

2. 严重违反工艺原则和情节严重的野蛮操作等，由指导教师按实习管理制度进行处理。

七、项目作业（课外完成）

完成图4-3所示椭圆螺纹轴零件的加工方案和工艺规程的制定，并进行程序编制和仿真。

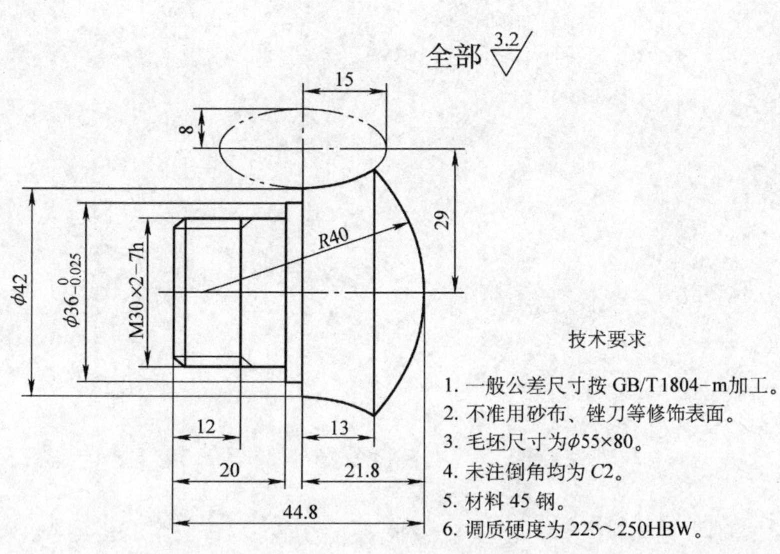

图4-3　椭圆螺纹轴

八、项目拓展

完成图 4-4 所示椭圆弧形轴零件的加工方案和工艺规程的制定，并进行程序编制和仿真。

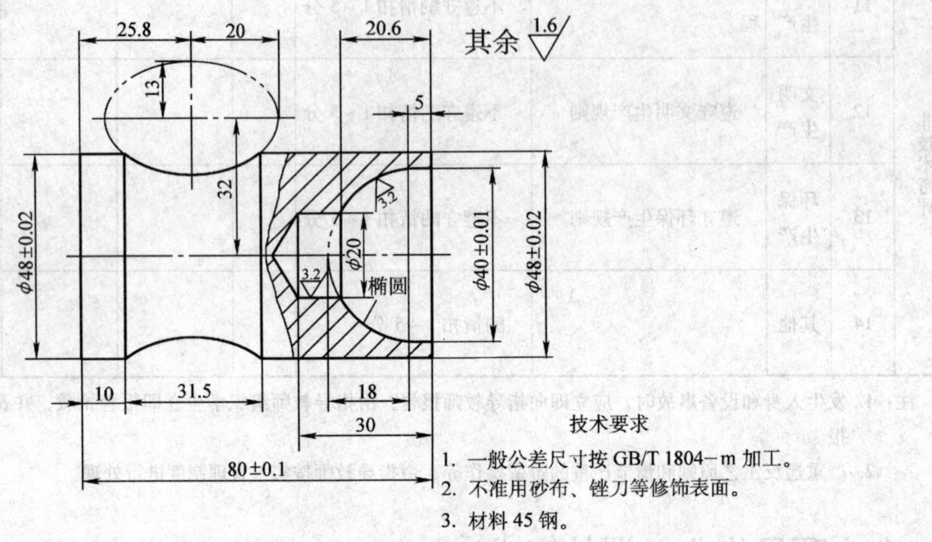

图 4-4　椭圆弧形轴

学习领域二

典型零件的实体构造与数控车削自动编程加工

学习情境五　外轮廓零件的实体构造与数控车削自动编程加工

一、项目要求

以图5-1所示的齿轮轴的实体构造与自动编程加工为例，使学生学会数控车削零件的实体构造与外轮廓自动编程加工。

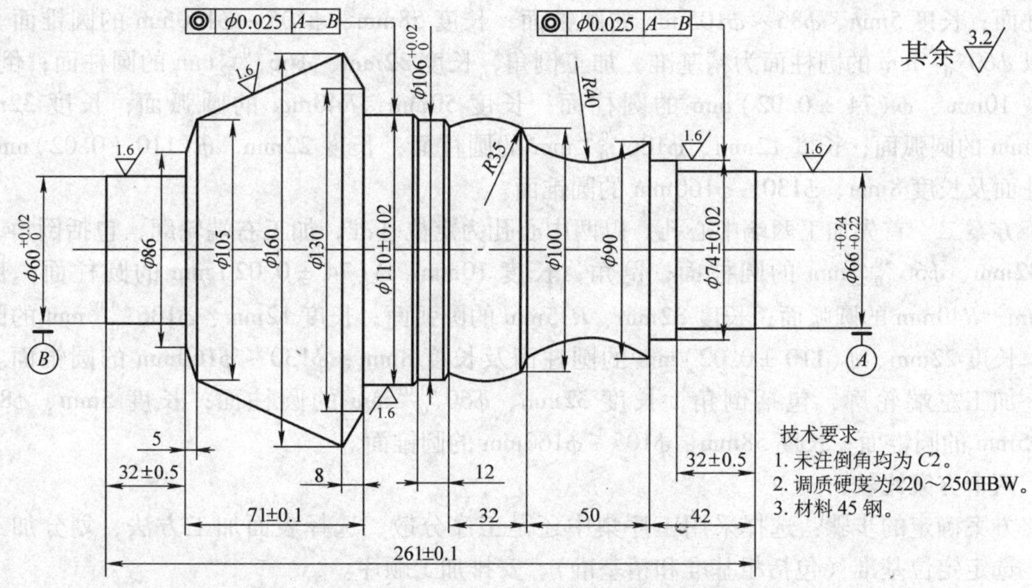

图5-1　齿轮轴

（1）时间要求　14学时。

（2）质量要求　使用MasterCAM软件设定出正确的齿轮轴零件加工的刀具路径，然后进行后置处理，生成数控加工程序，并将数控加工程序传至数控车床，加工出合格的零件。

（3）安全、文明、环保要求　按照各项要求进行项目作业。具体内容见情境一项目二。

二、项目分析

（一）图样分析

1. 加工部位

包括$\phi66_{+0.22}^{+0.24}$mm圆柱面、$\phi(74\pm0.02)$mm圆柱面、$R40$mm圆弧面、$R35$mm圆弧面、

$\phi106^{+0.02}_{0}$mm 圆柱面、$\phi(110\pm0.02)$mm 圆柱面、三个圆锥面、$\phi60^{+0.02}_{0}$mm 圆柱面、圆角及倒角。

2. 精度和表面质量分析

在图样中有五处尺寸精度较高，达到 IT7 ~ IT8 精度，分别是 $\phi60^{+0.02}_{0}$mm 圆柱面、$\phi66^{+0.24}_{+0.22}$mm 圆柱面、$\phi(74\pm0.02)$mm 圆柱面、$\phi106^{+0.02}_{0}$mm 圆柱面、$\phi(110\pm0.02)$mm 圆柱面；有两处同轴度要求，精度等级为 IT7 ~ IT8。表面粗糙度要求较高，有五处要求 $R_a1.6\mu m$，其余要求 $R_a3.2\mu m$。加工这些部位的时候应采用粗加工、精加工两个加工阶段，粗加工后停车并进行工件的测量，需要调整刀补的地方及时调整，然后进行精加工。

（二）方案分析

方案一　首先以毛坯右端为粗基准，依次粗、精加工倒角，长度 32mm、$\phi60^{+0.02}_{0}$mm 的圆柱面；长度 5mm、$\phi86\sim\phi105$mm 的圆锥面；长度 58mm、$\phi105\sim\phi160$mm 的圆锥面。调头以 $\phi60^{+0.02}_{0}$mm 的圆柱面为精基准，加工倒角，长度 32mm、$\phi66^{+0.24}_{+0.22}$mm 的圆柱面；倒角，长度 10mm、$\phi(74\pm0.02)$mm 的圆柱面；长度 50mm、$R40$mm 的圆弧面；长度 32mm、$R35$mm 的圆弧面；长度 12mm、$\phi106^{+0.02}_{0}$mm 的圆柱面；长度 22mm、$\phi(110\pm0.02)$mm 的圆柱面及长度 8mm、$\phi130\sim\phi160$mm 的圆锥面。

方案二　首先加工两端中心孔，以两中心孔为定位基准，加工右端轮廓，包括倒角，长度 32mm、$\phi66^{+0.24}_{+0.22}$mm 的圆柱面；倒角，长度 10mm、$\phi(74\pm0.02)$mm 的圆柱面；长度 50mm、$R40$mm 的圆弧面；长度 32mm、$R35$mm 的圆弧面；长度 12mm、$\phi106^{+0.02}_{0}$mm 的圆柱面；长度 22mm、$\phi(110\pm0.02)$mm 的圆柱面及长度 8mm、$\phi130\sim\phi160$mm 的圆锥面。调头，加工左端轮廓，包括倒角，长度 32mm、$\phi60^{+0.02}_{0}$mm 的圆柱面；长度 5mm、$\phi86\sim\phi105$mm 的圆锥面；长度 58mm、$\phi105\sim\phi160$mm 的圆锥面。

两个方案比较：

方案确定的步骤：选择采用工序集中还是工序分散、选择表面加工方法、划分加工阶段、选定定位基准（包括粗基准和精基准）、安排加工顺序。

因为是数控加工，属于半自动化加工，适合采用工序集中。由图样加工部位分析可知，该零件属于回转件外轮廓加工，适合采用车削加工。由图样精度和表面粗糙度可知，应采用粗车、精车的加工阶段。两种方案都采用了工序集中的原则，也都采用数控车削加工，且分为粗车、精车两个阶段。

两种方案选用的定位基准和加工顺序却不相同，方案一以毛坯右端为粗基准，粗精加工左端外轮廓，然后调头，以 $\phi60^{+0.02}_{0}$mm 的圆柱面为精基准定位夹紧，粗、精加工右端剩余外轮廓，该方案精基准选择虽然符合基准重合原则，设计基准和定位基准都是中心线，可以避免基准不重合定位误差，但 $\phi60^{+0.02}_{0}$mm 的圆柱比较细，且为悬臂支撑，易产生振动，使加工精度难以保证。方案二以两端中心孔定位，加工完成所有的轮廓，既符合基准重合原则，又符合基准统一原则，这样避免了基准转换，很好地保证了各加工表面的位置精度，而且两中心孔定位属于两端支撑，受力情况好，不易产生振动，且中心孔自身精度高。综合考虑，这两种方案都能满足定位夹紧和加工的要求，但方案二更合理，所以选用方案二。

（三）夹具分析

车床常用夹具及其适用场合见表1-5。

该项目的零件为一般轴套类零件，查表1-5，可以选择的夹具有三爪自定心卡盘和顶尖，但三爪自定心卡盘一般用于外圆柱或内圆柱孔定位，而顶尖适用于中心孔定位。本项目的加工方案已经确定使用两端中心孔作为定位基准，所以可以直接使用两顶尖，其定位、装夹简单，定位精度比较高。

（四）刀具、材料、切削用量分析

刀具、切削用量应根据工件材料来选择，几种常用工件材料的车削刀具及切削用量见表1-6。

被加工材料为45钢，调质处理，根据工件直径为60～160mm，粗加工时 $a_p=2\sim3$mm，$v_c=80\sim120$m/min，$f=0.2\sim0.4$mm/r，由公式计算可得 $n=200\sim600$r/mim，$v_f=40\sim240$mm/min；半精、精加工时 $a_p=0.2\sim0.6$mm，$v_c=120\sim150$m/min，$f=0.05\sim0.1$mm/r，由公式计算可得 $n=600\sim1200$r/mim，$v_f=30\sim60$mm/min。根据具体情况从上述范围中选取合适的数值，粗加工时，$n=500$r/min，$v_f=100$mm/min；精加工时，$n=900$r/min，$v_f=50$mm/min。在加工时，主轴转速及进给速度可通过操作面板上的“倍率”按钮随时调整。

刀具需用硬质合金车刀（YT15刀具）：加工圆弧应用45°外圆刀；加工无圆弧端时选用90°外圆刀。

（五）实体构造

1. 先绘制零件实体的外形线

用连续线按点坐标输入方式绘制直线和斜线图形，用两点圆弧绘制 $R40$mm、$R30$mm 的圆弧，最后用点画线型绘制中心线。

项目链接

点坐标输入方式

有两种：a，b 或 Xa，Zb。

其中 a、b 分别为 X、Z 坐标值。

例：20，30 或 X20，Z30

注意：

1）使用 a，b 时，前面的 0 不能省略，后面的 0 可以省略，例 0，19 不能直接输入 19，只能输入 0，19；但 19，0 可以直接输入 19。

2）用 Xa，Zb 时，可以单独使用，如 19，0 可以直接输入 X19；而 0，19 直接输入 Z19。

该零件的各个坐标点如下：（0，0）、（33，0）、（33，－32）、（37，－32）、（37，－42）、（45，－42）、（45，－92）、（50，－94）、（50，－124）、（53，－126）、（53，

-136)、(55, -138)、(55, -158)、(65, -158)、(80, -166)、(52.5, -224)、(43, -229)、(30, -229)、(30, -261)、(0, -261)。

项目链接

直线绘制

主菜单“绘图”→“直线”→十种菜单命令（代表十种画线方式）。

H水平线：画水平线，与X轴平行，先指定起点，再找终点，或输入长度，确定Y轴坐标。

M连续线：连续折线，与E任意线段画法相同，只是可连续画很多线条，按“ESC”退出。

E任意线段：端点画线，两点决定一直线，直接输入两端点坐标。

（1）绘制直线图形

1）“绘图”→“直线”→“连续线”，输入（0，0）、（33，0）、（33，-32）、（37，-32）、（37，-42）、（45，-42）。

2）“绘图”→“直线”→“连续线”，输入（45，-92）、（50，-94）。

3）“绘图”→“直线”→“连续线”，输入（50，-124）、（53，-126）、（53，-136)、(55, -138)、(55, -158)、(65, -158)、(80, -166)、(52.5, -224)、(43, -229)、(30, -229)、(30, -261)、(0, -261)。

项目链接

设置线型和线宽

从辅助菜单中选 Style/Width ，打开线型和线宽的对话框，设置如图5-2所示。

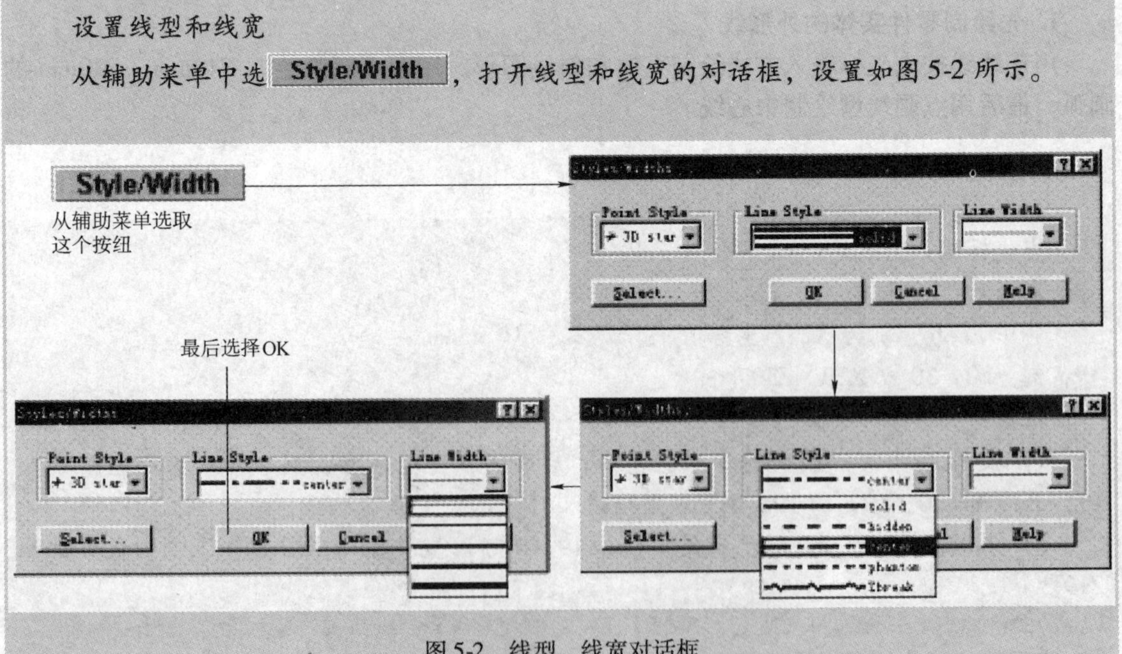

图5-2　线型、线宽对话框

（2）将线型改成点画线型，绘制中心线　“绘图”→“直线”→“水平线”，输入Z10，再输入Z-271，D坐标0。

项目链接

圆弧绘制

主菜单“绘图”→“圆弧”→“两点圆弧”，输入两端点坐标，再输入半径，选择要保留的圆弧段。

两点画弧：端点是所画圆上的端点，定位、定形要用半径，但即使是同一半径，仍存在四种可能，要在其中选择保留一个。

（3）绘制图形中的圆弧

1）“绘图”→“圆弧”→“两点圆弧”，输入圆弧半径40，再输入两端点坐标（45，－42）、（45，－92），选择要保留段。

2）“绘图”→“圆弧”→“两点圆弧”，输入圆弧半径35，再输入两端点坐标（50，－94）、（50，－124），选择要保留段。

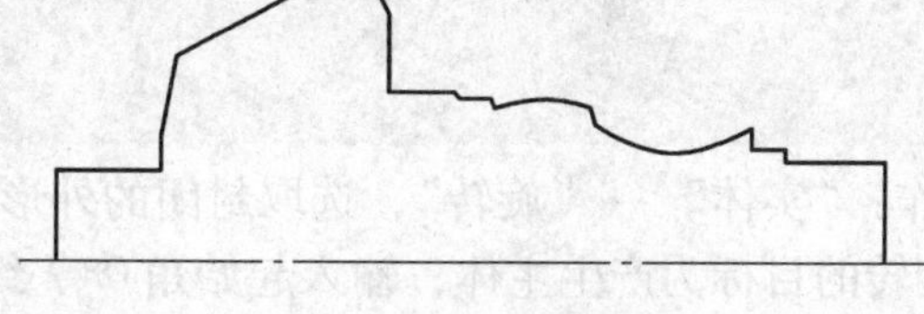

图5-3　齿轮轴外形线（1）

绘制的齿轮轴外形线如图5-3所示。

2. 绘制曲面和实体

因为上面的外形线不封闭，可以先绘制成曲面，再转换成实体，即先以中心线作为旋转轴、其余线形为外形线绘制旋转曲面，再用“从曲面生成实体”命令将曲面转换成实体。

项目链接

绘制旋转曲面

由一条封闭的母线绕着固定轴线旋转而成的曲面：

绘制操作：主菜单“绘图”→“曲面”→“旋转”，选取要旋转的图素，“执行”，选择旋转轴，输入起始角度、终止角度，“执行”。

起始角度、终止角度的计算：以水平向右方向为0°，起始线、终止线和水平向右的线所成的夹角。

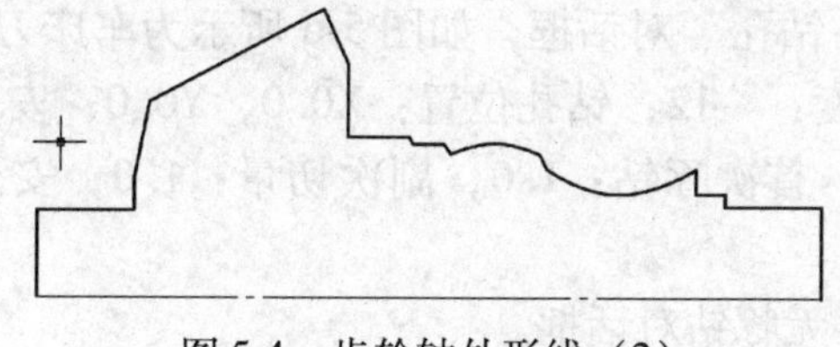

图5-4　齿轮轴外形线（2）

操作："绘图"→"曲面"→"旋转"，选取实线外形线为旋转的图素，"执行"，选择中心线为旋转轴，输入起始角度0°、终止角度360°，"执行"。

另一种方法是将齿轮轴外形线绘制成图5-4所示的图形，直接以中心线作为旋转轴、封闭线形为外形绘制旋转实体。

项目链接

绘制旋转实体

由一条封闭的母线绕着固定轴线旋转而成的实体：

绘制操作："实体"→"旋转"，选择旋转图素，选择旋转轴"执行"→"旋转的目标"（产生主体、切割主体、增加凸缘）→"旋转角度设定"（起始角、终止角）→"是否产生薄壁"→"薄壁的厚度"→"确定"。

起始角、终止角的角度同曲面。

注意：旋转实体的图素必须是封闭图形，否则不能旋转成实心实体；可以旋转成薄壁实体。

操作："实体"→"旋转"，选取封闭的外形线为旋转图素，选择中心线为旋转轴，"执行"，旋转的目标为产生主体，输入起始角0°、终止角360°，不产生薄壁，"确定"。

（六）刀具路径设定

由工艺分析可知，需先加工右端中心孔，调头加工左端中心孔，然后粗车、精车右边外轮廓，最后粗车、精车左端外轮廓。对于自动加工，需调头加工时，应保存为两个文件，并把实体左右调头。

1. 设置钻中心孔的刀具路径

项目链接

设置钻中心孔刀具路径的方法

"刀具路径"→"钻孔"，设置刀具参数，选择中心钻，设定钻头尺寸，设置钻孔参数，"确定"。

应该设置如下参数：

1）设置刀具参数。刀具号码：1；补偿号码：1；切削进给率：0.1；主轴转速：300；主轴最大转速：2000；切削液：喷油；程序号码：0；起始行号：100；行号增量：10；注解：T1。

如图5-5所示为"车床-钻孔"对话框，如图5-6所示为车床刀具对话框（钻孔）。

2）设置钻孔参数。深度：-12；钻孔位置：X0.0，Y0.0；安全高度：5.0；参考高度：2.0；钻孔循环：深孔啄钻；首次啄钻：1.0；副次切量：1.0；安全余量：0.5；暂留时间：1.0。

如图5-7所示为深孔钻-无啄钻对话框。

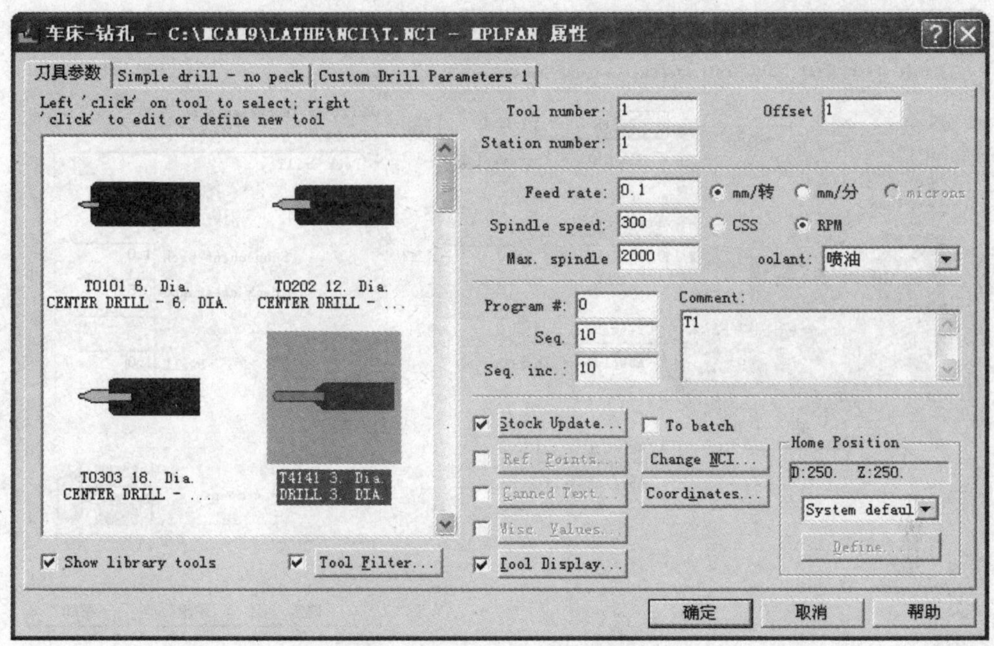

图 5-5 “车床-钻孔”对话框

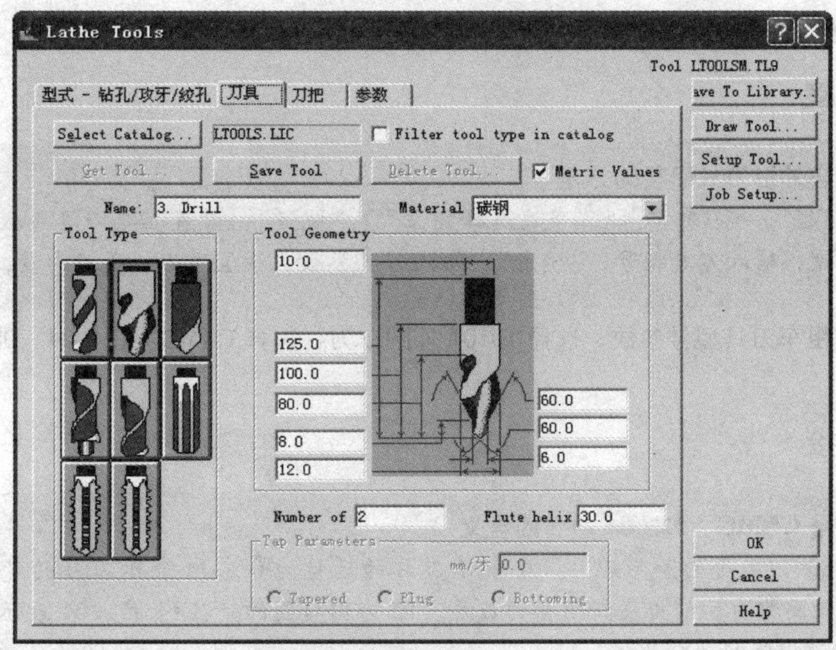

图 5-6 车床刀具对话框（钻孔）

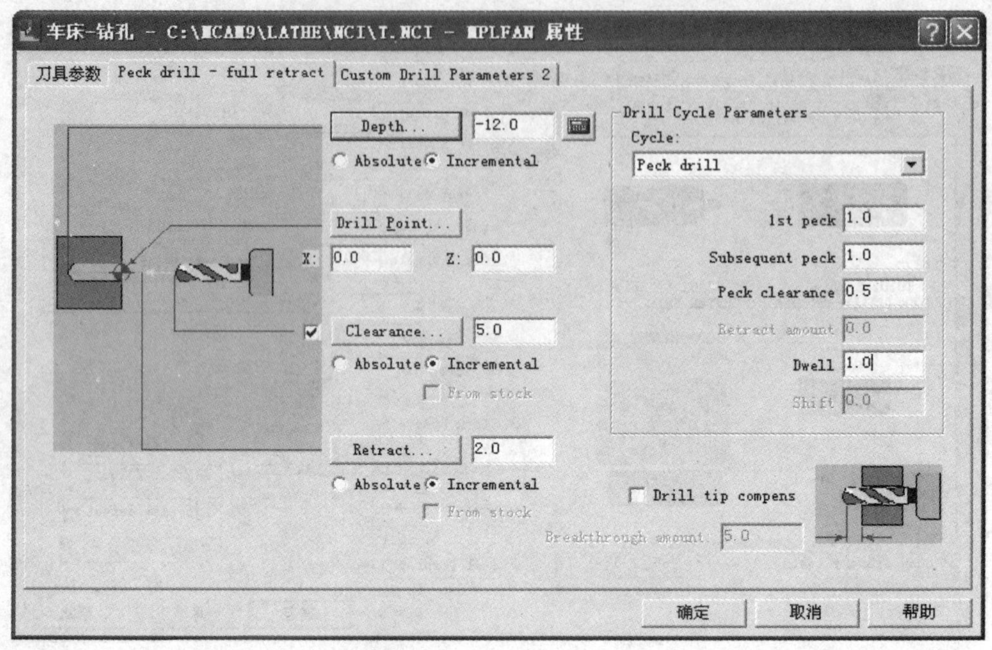

图 5-7　深孔钻-无啄钻对话框

2. 设置粗车外形刀具路径

项目链接

设置粗车外形刀具路径的方法

“刀具路径”→“粗车”，“串连选择图素”，“执行”，设置粗车刀具参数，选择车刀，单击右键，输入刀具型号，“确定”，输入刀具参数，设置进刀、退刀向量，“确定”。

1）设置粗车刀具型号参数。选择 T0101 外圆车刀，选择 CNMG　12　04　08 的刀具型号。

项目链接

刀具型号 CNMG　12　04　08 的含义

C 表示 80°刀尖角的菱形刀片，N 表示刀片的后角为 0°，M 表示刀片的外形精度等级，G 表示双面都有切削刃及断屑槽的刀片，12 为内接圆的直径/长度，04 表示刀片的厚度，08 表示刀尖半径为 0.8mm。

如图 5-8 所示为车床刀具对话框（粗车）。

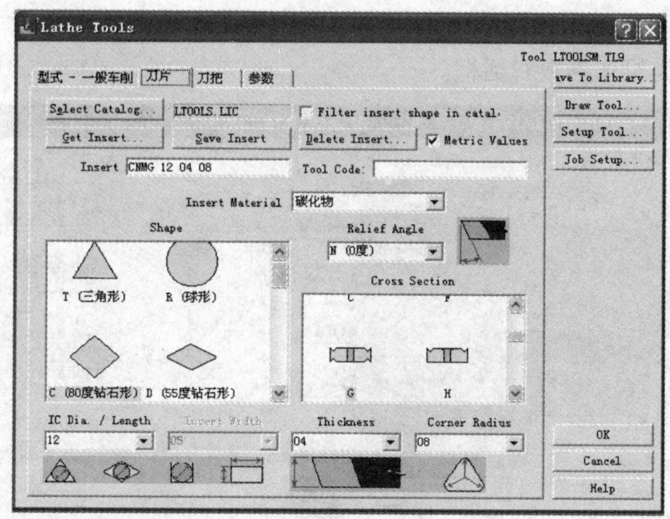

图 5-8　车床刀具对话框（粗车）

2）设置刀具参数。刀具号码：2；补偿号码：2；切削进给率：0.1；主轴转速：400；主轴最大转速：2000；切削液：喷油；程序号码：20；起始行号：200；行号增量：10；注解：T2。

如图 5-9 所示为粗车刀具参数设置对话框。

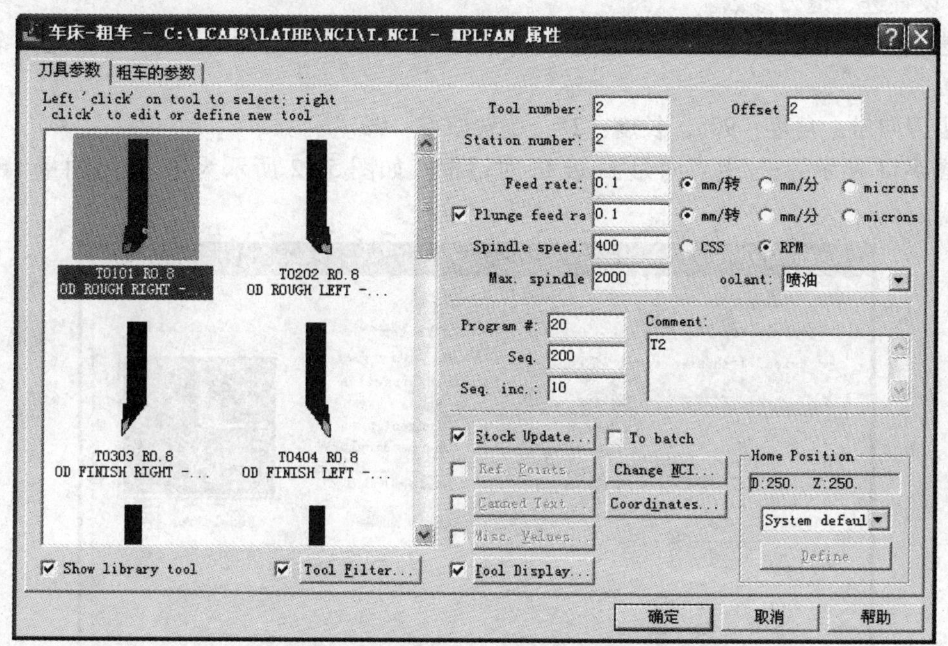

图 5-9　粗车刀具参数设置对话框

3）设置粗车参数。重叠量：0.2；粗车步进：2.0；X 方向余留量：0.5；Z 方向余留量：0.5；进刀延伸量：5；补正位置：右补正；刀具走圆弧在转角处：全走圆角；切削方式：单向；粗车方向/角度：外径/0°。

如图 5-10 所示为粗车参数对话框。

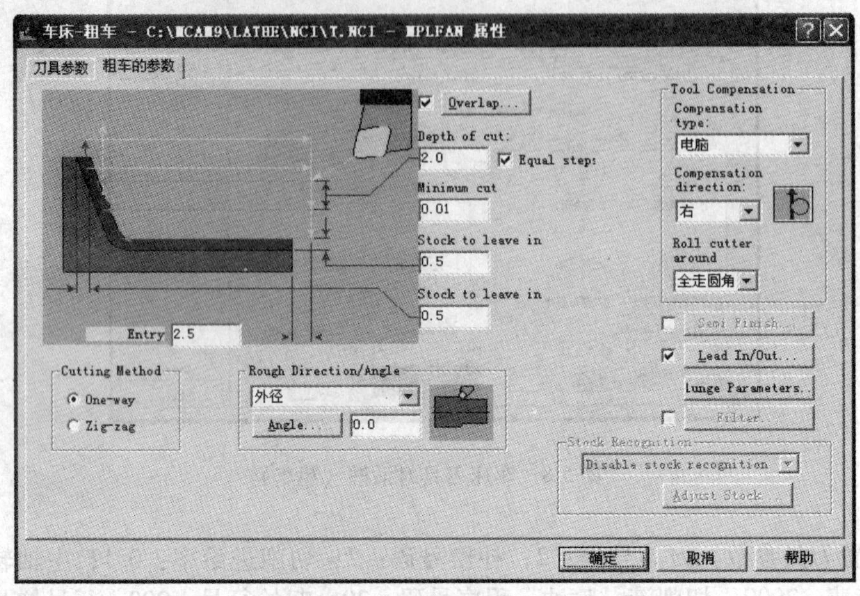

图 5-10　粗车参数对话框

4）设置进、退刀参数。

①进刀向量：角度：180°，长度：2.0，用鼠标移动指针至 9 点钟方向（为 Z 轴负方向）。

②退刀向量：角度：90°，长度：25，旋转倍率：90。

如图 5-11 所示为进/退刀向量 Lead In 对话框。如图 5-12 所示为进/退刀向量 Lead Out 对话框。

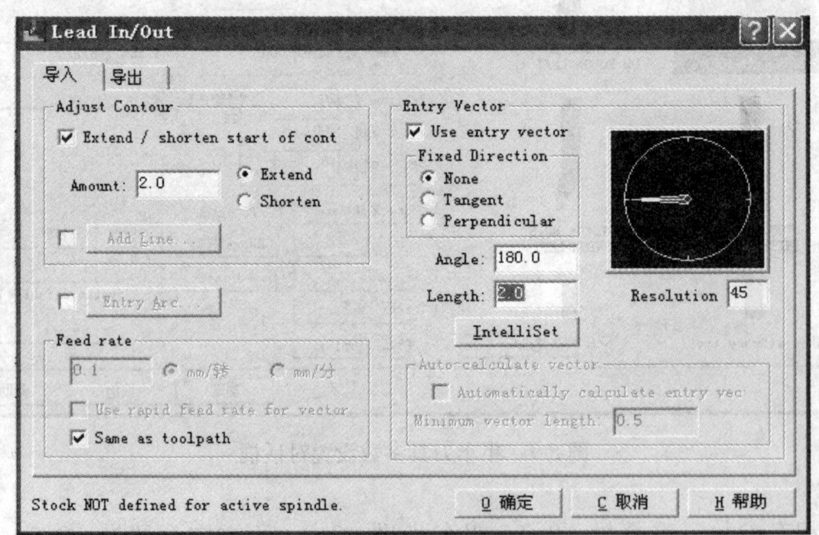

图 5-11　进/退刀向量 Lead In 对话框

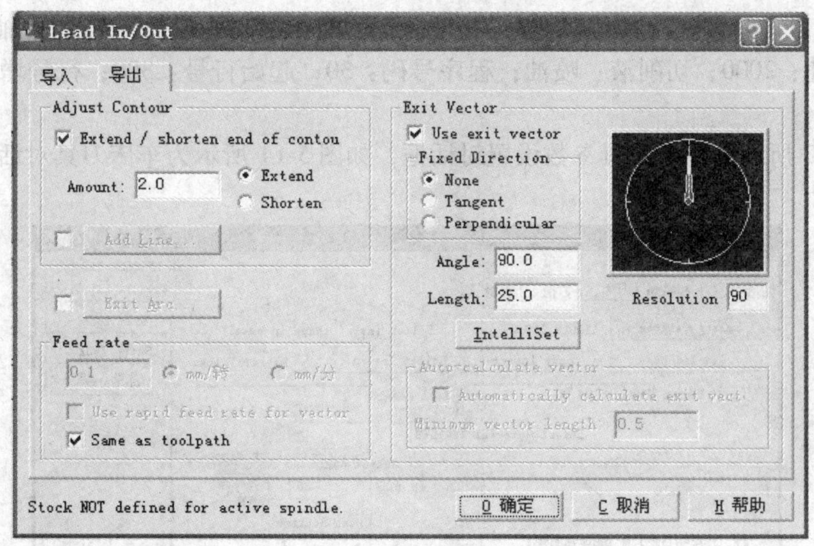

图 5-12　进/退刀向量 Lead Out 对话框

3. 设置精车外形刀具路径

项目链接

设置精车外形刀具路径的方法

"刀具路径"→"精车"，选择图素，"执行"，选择外圆车刀，设定刀片名称，"确定"，设置刀具参数，设置精车参数，设置进、退刀向量，设置进刀参数，"确定"。

1）设置车刀型号参数。选择 T0303 外圆车刀，选择 VNMG 16 04 08 的刀具型号。

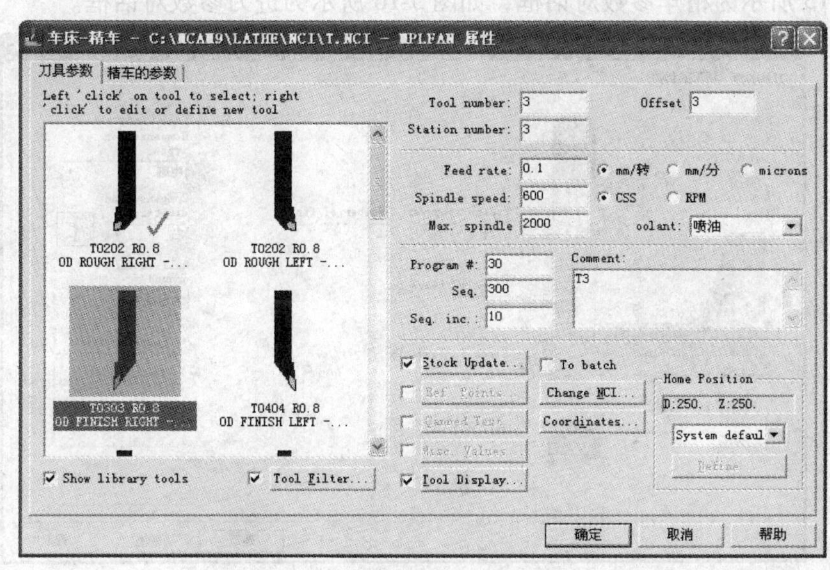

图 5-13　精车刀具参数设置对话框

2）设置刀具参数。刀具号码：3；补偿号码：3；切削进给率：0.1；主轴转速：600；主轴最大转速：2000；切削液：喷油；程序号码：30；起始行号：300；行号增量 ：10；注解：T3。

如图 5-13 所示为精车刀具参数设置对话框，如图 5-14 所示为车床刀具对话框（精车）。

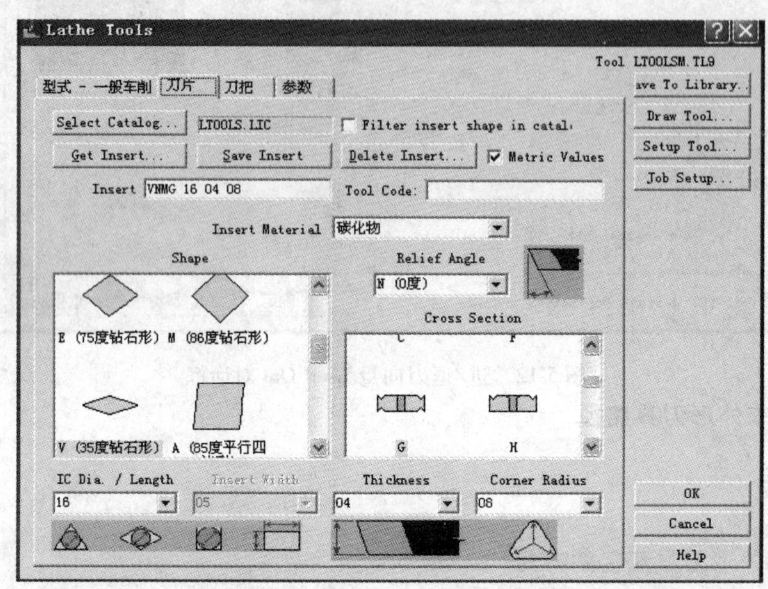

图 5-14　车床刀具对话框（精车）

3）设置精车参数。重叠量：0.2；精车步进：1.0；X 方向余留量：0；Z 方向余留量：0；精修次数：2；其他参数设置同粗加工。

如图 5-15 所示为精车参数对话框，如图 5-16 所示为进刀参数对话框。

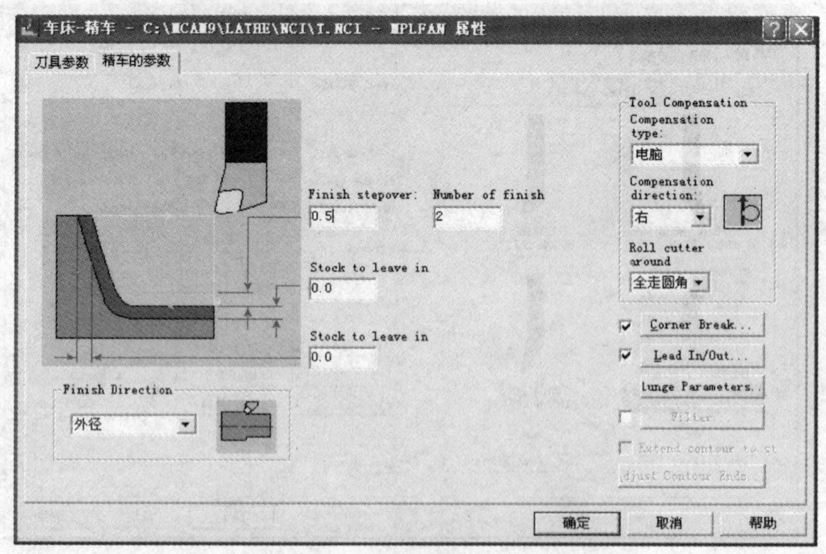

图 5-15　精车参数对话框

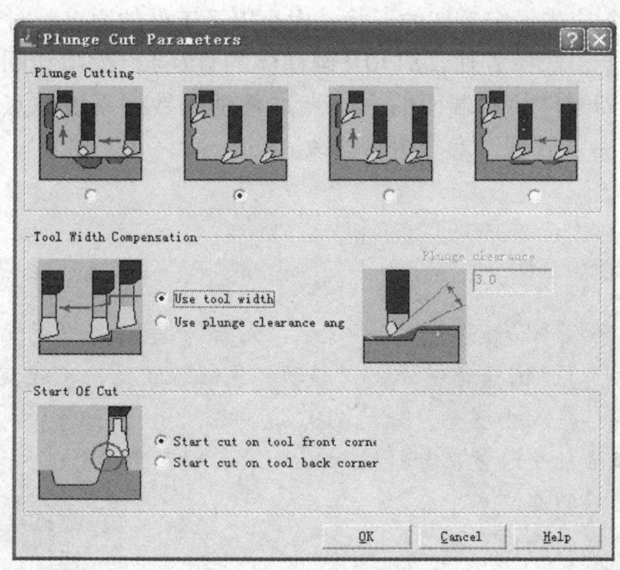

图 5-16　进刀参数对话框

（七）刀具路径检验

项目链接

刀具路径检验的方法

"刀具路径"→"操作管理"，"全选"，"实体验证"，"运行"。

如图 5-17 所示为操作管理对话框，如图 5-18 所示为实体验证结果（右端）。

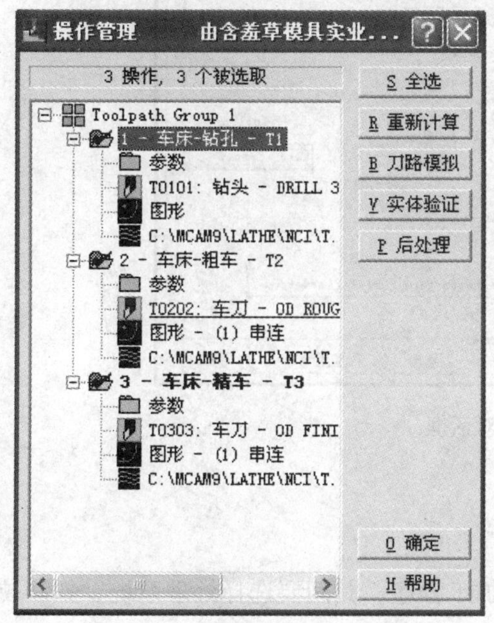

图 5-17　"操作管理"对话框

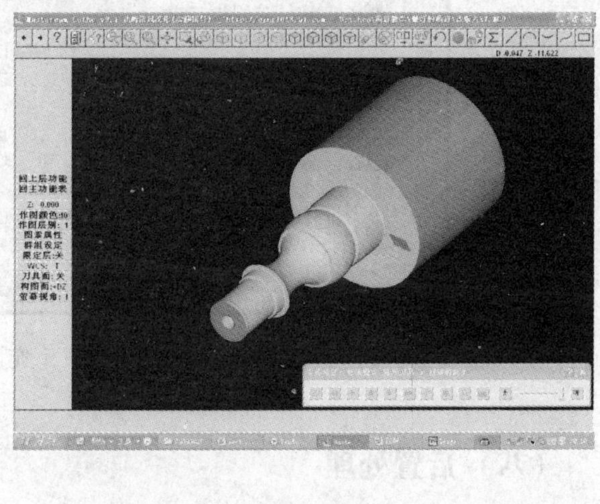

图 5-18　实体验证结果（右端）

刀具路径检验前，应先设定毛坯的形状、大小以及工件的原点。对于该零件，应选择圆柱体毛坯，中心在轴上，选择Z轴，X170（圆柱体的直径），Z270（圆柱体的长度）。将零件的刀具路径原点（即零件的右端面的中心点）移动到数据系统原点。验证如果有错误，可使用“刀具路径”→“管理”命令进行修改。

项目链接

平移

“转换”→“平移”，选择要平移的图素，“执行”，选择平移的方向（直角坐标、极坐标、两点间、两视角），选择处理方式（移动、复制、连接），“确定”。

其中，直角坐标：输入平移量，如：X10，Y-20。

极坐标：输入极坐标平移量，如：输入距离25，输入角度0。

两点间：选择平移的起点和中点。

两视角：选择平移的两视角面。

常用的是两点间。

“转换”→“平移”，选择所有图素为平移的图素，“执行”，选择平移的方向为两点间，选择右端面中心点，选择系统原点，选择处理方式为移动，“确定”。

如图5-19所示为工作设定对话框。

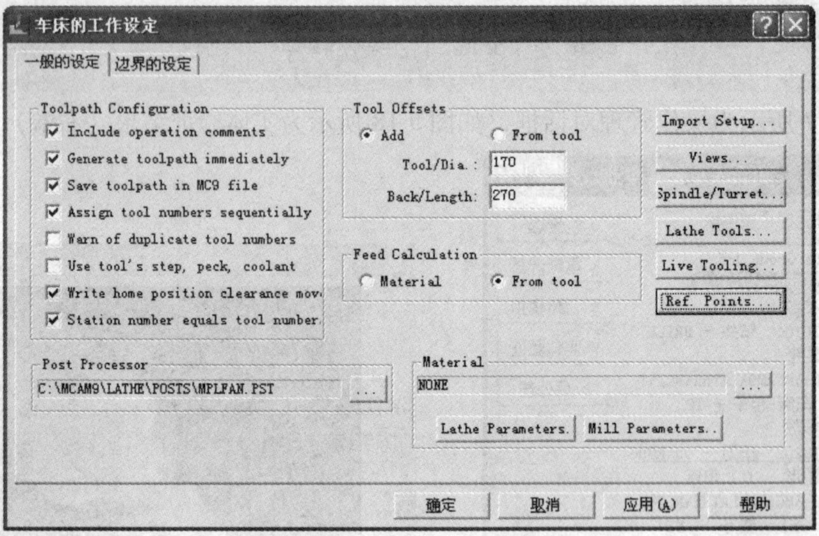

图5-19　工作设定对话框

（八）后置处理

实体验证无误后，进行后置处理，以生成数控加工程序。其间要选择处理系统，如法拉克、西门子等。

项目链接

后置处理的方法

“刀具路径”→“操作管理”，“全选”，“后处理”，“更改后处理程序”，选择储存NC文档，选择储存路径及文件名。

如图5-20所示为“后处理程序”对话框，如图5-21所示为数控程序对话框。

储存程序时，文件名和手动编程的程序名要求一致，用0+四位数表示，如01111。自动生成的程序没有循环指令，都是简单指令。另外，程序中还存在一些和系统不相符的指令，应进行修改，改成相应数控系统的指令。

（九）模拟仿真加工

在模拟仿真软件中直接调用后置处理生成的数控加工程序，进行程序调试，并模拟仿真加工。模拟加工的操作方法和手动编程一样。重点是程序的调试，要修改程序指令与所选系统不一致的地方。

（十）加工另一端

调头设定左端加工刀具路径，设置方式同右端。

零件调头使用“镜像”命令先把零件对调，再用“移动”命令把端面中心点移到系统原点上。

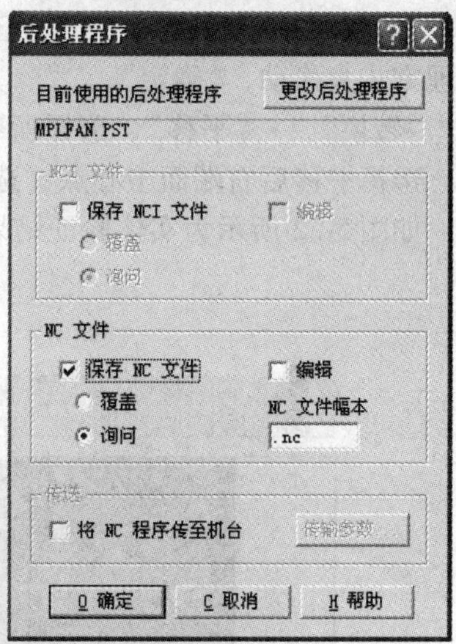

图5-20 “后处理程序”对话框

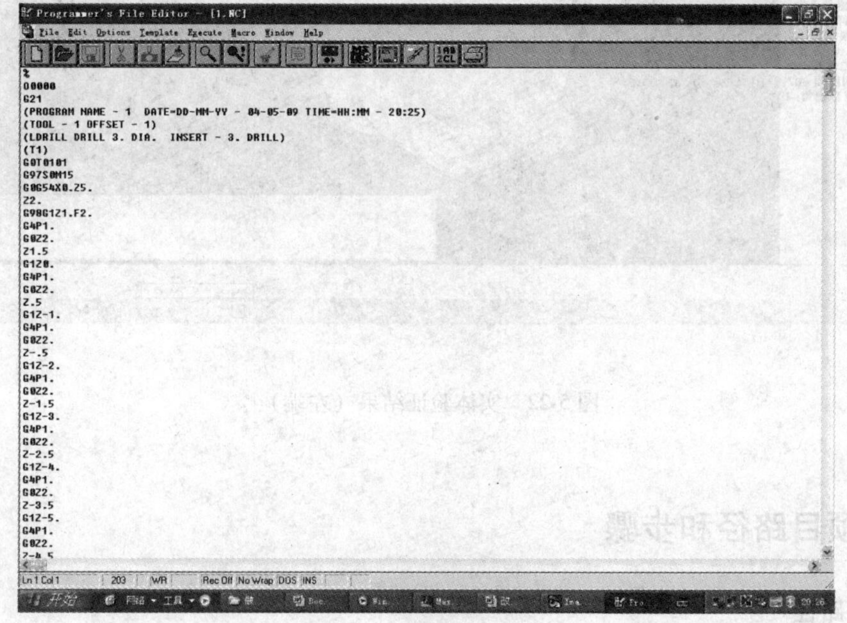

图5-21 数控程序对话框

项目链接

镜像

镜像 Mirror：指定对象＋镜像轴，通常用两点一线定轴。

“转换”→“镜像”，选择要镜像的图素，“执行”，选择对称轴，选择处理方式（移动、复制、连接），“确定”。

“转换”→“镜像”，选择所有图素为镜像的图素，“执行”，选择 X 轴为对称轴，选择处理方式为移动，“确定”。

“转换”→“平移”，选择所有图素为平移的图素，“执行”，选择平移的方向为两点间，选择平移后右端面中心点，选择系统原点，选择处理方式为移动，“确定”。

如图 5-22 所示为实体验证结果（左端）。

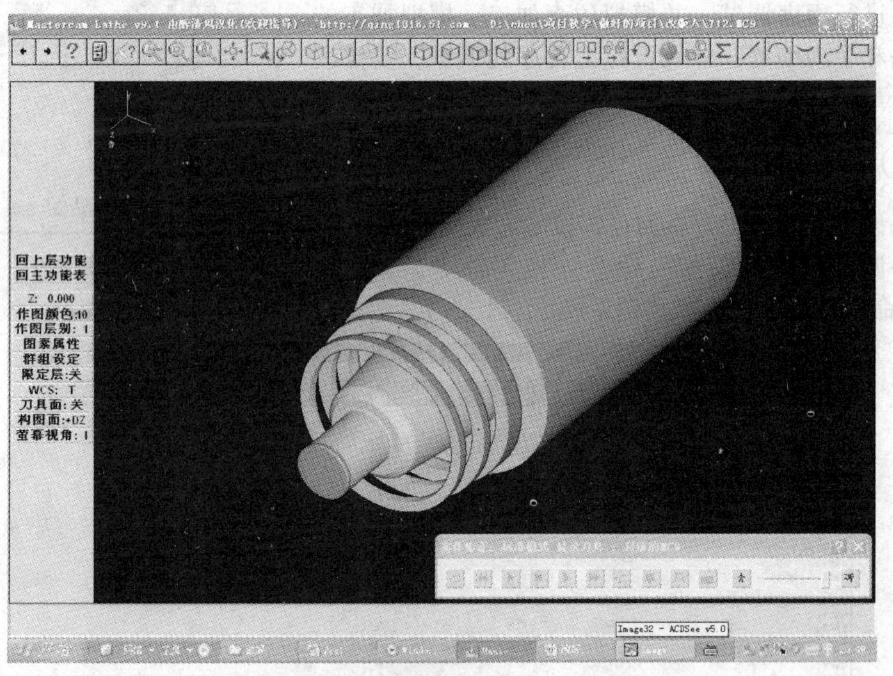

图 5-22 实体验证结果（左端）

三、项目路径和步骤

1. 项目路径

项目实施路径如图 5-23 所示。

2. 项目步骤

1）接受任务。了解项目要求，弄清楚项目任务。（0.1 学时）

2）分析图样。了解图样的加工要求，首先要知道有哪些要加工的表面，属于什么样的表面，再弄清楚尺寸精度、形位精度、表面质量、技术要求等方面的具体要求。（0.5 学时）

3）制定加工工艺。首先根据零件的加工要求，确定出合理的工艺方案，并选定合适的夹具，再根据给定的零件材料及热处理方式，以及加工精度、表面质量的要求，参考刀具及切削用量表，选择出合适的刀具和切削用量。（0.5 学时）

4）构造零件实体。首先启动 MasterCAM 软件的车削系统部分，利用二维绘图命令绘制轴类零件的外形线，再使用三维曲面和实体构造命令，绘制出符合图样尺寸要求的零件实体，并保存文件。（2 学时）

5）设置加工刀具路径。使用刀具路径命令，依次设定各加工刀具路径。刀具路径设定后，要进行实体验证。应首先设定毛坯的形状、大小，及工件的原点，将零件的刀具路径原点移动到系统原点。验证如果有错误，要使用刀具路径下的操作管理命令进行调试，直至完全正确。（2.5 学时）

6）生成数控加工程序。利用刀具路径下的操作管理中的“后处理”命令，进行后置处理，选择法拉克系统，生成数控加工程序，并保存该程序。（0.5 学时）

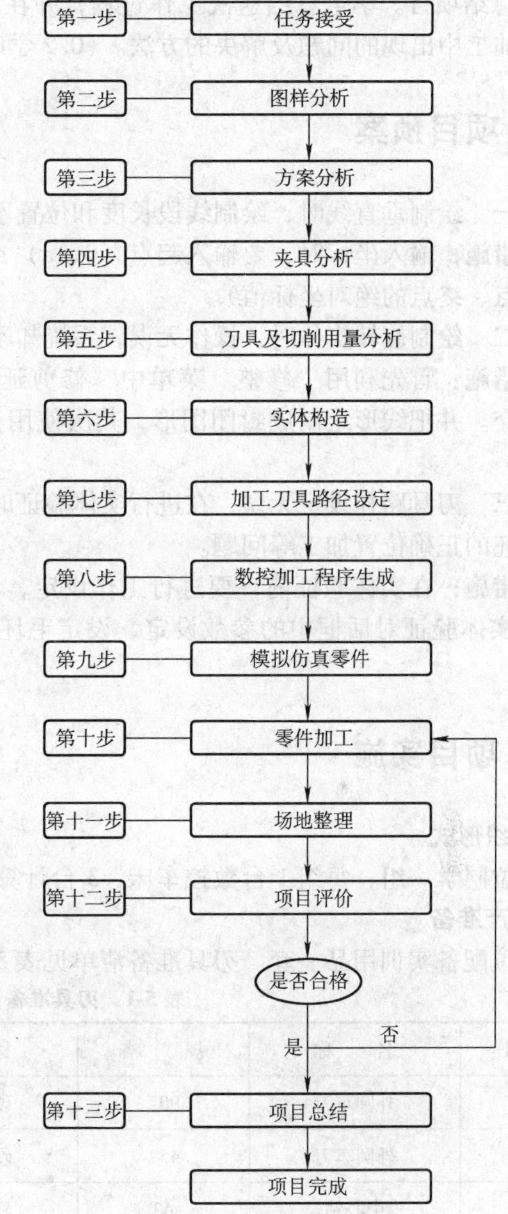

图 5-23　项目实施路径图

7）模拟仿真零件。使用模拟仿真软件系统，直接调用上面保存的数控加工程序，进行模拟加工，并调试程序，直至模拟加工正确。（2 学时）

8）加工零件。将模拟仿真后的数控加工程序传至数控机床，操作数控机床加工零件；并运用和手动编程一样的方法，设定各种补偿值，保证零件加工质量。（5.3 学时）

9）整理场地。归还工卡量具，进行设备保养和场地整洁。（0. 1 学时）

10）评价项目。学生自己检测加工出的零件，然后学生互相检测，指导教师再检测并给定成绩。（0. 3 学时）

11）总结项目。学生总结这次工作过程，并在小组中交流，然后选小组代表在全班介绍，讨论加工中出现的问题及解决的方法。（0. 2 学时）

四、项目预案

问题一　绘制垂直线时，绘制线段长度和位置不符合要求。

解决措施：输入坐标时，要输入起点（0，a）或 Za 和终点（0，b）或 Zb（a、b 分别是线段起点、终点的绝对坐标值）。

问题二　绘制旋转实体时，操作无误，系统却不能生成实体。

解决措施：首先利用“修整”菜单中“修剪延伸的另个物体”命令，使线形所有相交点完全相交。并把线形绘制成封闭图形，其次使用“旋转实体”命令时，一定要选择旋转轴。

问题三　刀具路径设定无误，在进行实体验证时，常出现毛坯尺寸与零件大小不同或刀具不在毛坯的正确位置加工等问题。

解决措施：在实体验证前，要进行工作设定，设定值为零件的大小 + 加工余量；验证时，利用实体验证对话框中的参数设定，设定毛坯的位置坐标关于 Z 轴对称，X 轴右端点为 0。

五、项目实施

1. 组织形式

每三位同学一组，每组 1 台数控车床，3 台计算机。

2. 生产准备

每工位配备实训用品一套。刃具准备清单见表 5-1。

表 5-1　刃具准备清单

序　号	名　称	规　格	材　料	数　量	备　注
1	外圆车刀	90°	硬质合金	1	
2	外圆车刀	45°	硬质合金	1	
3	中心钻	A3	硬质合金	1	

设备选用清单见表 1-8。工具、量具准备清单见表 1-9。

六、项目评价

项目评价见表 5-2。

表 5-2　项目评价表

项目编号			学生加工时间	5.3 学时	学生姓名		总分			
类别	序号	评价项目	评价内容及要求	评分标准	配分	学生自评	学生互评	教师评价	得分	
技术考评	1	外径尺寸	$\phi60^{+0.02}_{0}$ mm	超差 0.01 扣 2 分	10					
	2		$\phi(110 \pm 0.02)$ mm	超差 0.01 扣 2 分	10					
	3		$\phi106^{+0.02}_{0}$ mm	超差 0.01 扣 2 分	10					
	4		$\phi(74 \pm 0.02)$ mm	超差 0.01 扣 2 分	10					
	5		$\phi66^{+0.24}_{+0.22}$ mm	超差 0.01 扣 2 分	10					
	6		一般公差尺寸	超差无分	5					
	7	长度尺寸	(71 ± 0.1) mm	超差无分	5					
	8		(32 ± 0.05) mm（2 处）	超差无分	5					
	9		(261 ± 0.1) mm	超差无分	5					
	10		一般公差尺寸	超差无分	5					
	11	其他尺寸	$C2$	超差无分	5					
	12		$R35$mm、$R40$mm	超差无分	5					
	13		$R_a1.6\mu m$、$R_a3.2\mu m$	每降一级扣 1 分	5					
	14	尺寸检测	自检尺寸正确	不正确无分	5					
	15	完成时间	按时完成任务	不按时完成无分	5					
非技术考评	16	安全生产	遵守机床安全操作规程	不遵守酌情扣 1～5 分						
	17	文明生产	遵守文明生产规则	不遵守酌情扣 1～5 分						
	18	环保生产	遵守环保生产规则	不遵守酌情扣 1～5 分						
	19	其他		酌情扣 1～5 分						

注：1. 发生人身和设备事故时，应立即向指导教师报告，由指导教师组织学生立即报警抢救，并及时向主管领导汇报。

2. 严重违反工艺原则和情节严重的野蛮操作等，由指导教师按实习管理制度进行处理。

七、项目作业（课外完成）

完成如图 5-24 所示齿轮轴 2 的加工工艺方案制定、实体构造与自动编程。

八、项目拓展

1）除给定的两种加工工艺方案外，再拟定一种或两种可行的方案，并对比拟定的方案与给定的方案。

2）外形线除可用连续线绘制外，还可以用极坐标线绘制。试用极坐标线绘制外形线。

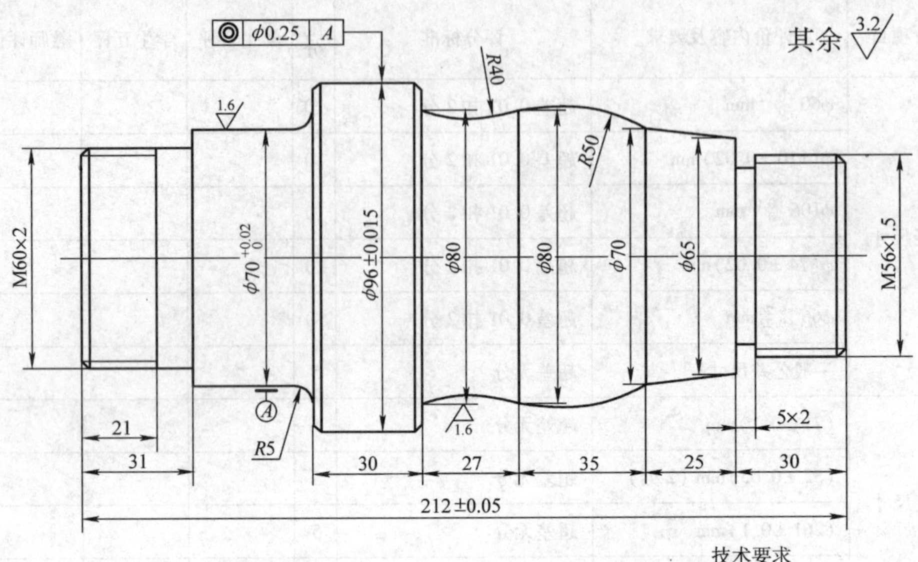

图5-24 齿轮轴2

项目链接

P 极坐标线：

主菜单“绘图”→“直线”→“极坐标线”，先指定起点，输入线的角度，再输入线的长度。

- 定义X轴正向为0°，逆时针为正角度方向，起点为参考点，终点为目标点。
- 在输入角度和长度时，注意阅读提示信息。

学习情境六　内轮廓零件的实体构造与数控车削自动编程加工

一、项目要求

以如图 6-1 所示的汽车差速器的实体构造与自动编程加工为例，使学生学会数控车削零件的实体构造和内轮廓的自动编程加工。

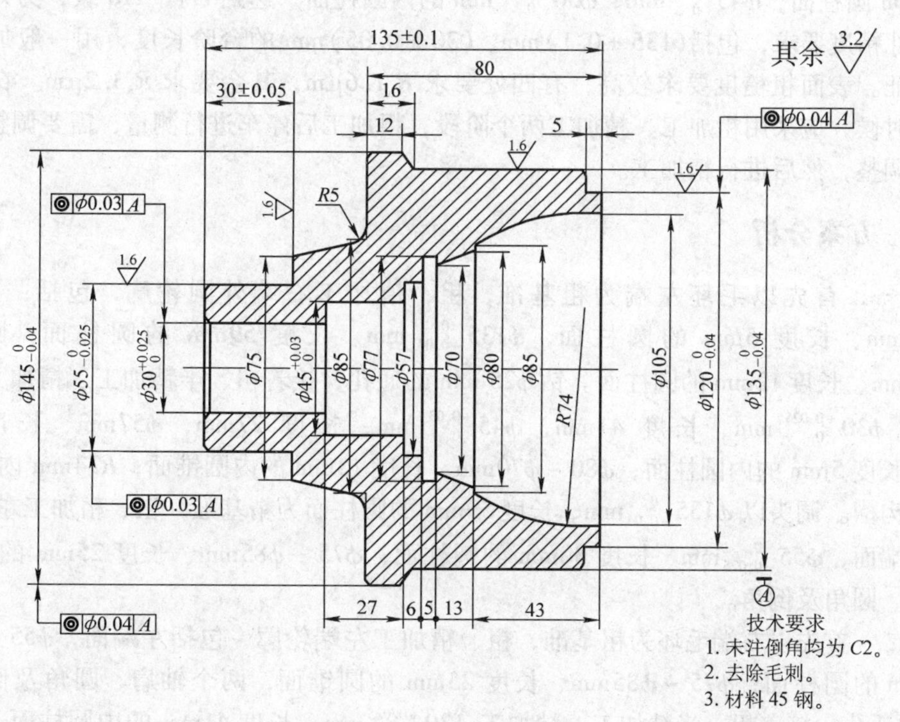

图 6-1　汽车差速器

（1）时间要求　14 学时。

（2）质量要求　使用 MasterCAM 软件设定汽车差速器零件的正确加工刀具路径，然后进行后置处理，生成数控加工程序，并将数控加工程序传至数控车床，加工出合格的零件。

（3）安全、文明、环保要求　按照各项要求进行项目作业。具体内容见情境一项目二。

二、项目分析

（一）图样分析

1. 加工部位

包括$\phi 145_{-0.04}^{0}$mm、$\phi 135_{-0.04}^{0}$mm、$\phi 120_{-0.04}^{0}$mm 圆柱面；圆锥面、右端面及$R74$mm 内圆弧面；$\phi 80 \sim \phi 70$mm 的内圆锥孔；$\phi 77$mm、$\phi 57$mm、$\phi 45_{0}^{+0.03}$mm、$\phi 30_{0}^{+0.025}$mm 的内圆柱孔；$\phi 55_{-0.025}^{0}$mm 圆柱面、$\phi 75 \sim \phi 85$ mm 的圆锥面、左端面、两个轴肩、圆角及倒角。

2. 精度及表面质量分析

在图样中有六处直径尺寸精度较高，包括$\phi 145_{-0.04}^{0}$mm、$\phi 135_{-0.04}^{0}$mm、$\phi 120_{-0.04}^{0}$mm、$\phi 55_{-0.025}^{0}$mm 圆柱面，$\phi 45_{0}^{+0.03}$mm、$\phi 30_{0}^{+0.025}$mm 的内圆柱面，达到 IT7 ~ IT8 级；另外还有两处长度尺寸精度要求，包括(135 ± 0.1)mm、(30 ± 0.05)mm 的台阶长度，用一般加工方法就可以保证。表面粗糙度要求较高，有四处要求 $R_a1.6\mu m$，其余要求 $R_a3.2\mu m$。在加工这些部位的时候，应采用粗加工、精加工两个阶段，粗加工后停车进行测量，需要调整刀补的地方及时调整，然后进行精加工。

（二）方案分析

方案一 首先以毛坯左端为粗基准，粗、精加工右端外圆轮廓，包括：右端面，$\phi 120_{-0.04}^{0}$mm、长度 5mm 的圆柱面，$\phi 135_{-0.04}^{0}$mm、长度 59mm 的圆柱面，圆锥面，$\phi 145_{-0.04}^{0}$mm、长度 12mm 的圆柱面。钻$\phi 25$ mm 的通孔，接着粗、半精加工、精加工内孔轮廓，包括 $\phi 30_{0}^{+0.025}$ mm、长度 41mm，$\phi 45_{0}^{+0.03}$ mm、长度 27mm，$\phi 57$mm、长度 6mm，$\phi 77$mm、长度 5mm 的内圆柱面；$\phi 80 \sim \phi 70$mm、长度 13mm 的内圆锥面；$R74$mm 内圆弧面；再加工内沟槽。调头以$\phi 135_{-0.04}^{0}$mm、长度 59mm 的圆柱面为精基准，粗、精加工左端轮廓，包括：左端面，$\phi 55_{-0.025}^{0}$mm、长度 30mm 的圆柱面；$\phi 75 \sim \phi 85$mm、长度 25mm 的圆锥面，两个轴肩、圆角及倒角。

方案二 首先以右端毛坯为粗基准，粗、精加工左端轮廓，包括左端面，$\phi 55_{-0.025}^{0}$mm、长度 30mm 的圆柱面；$\phi 75 \sim \phi 85$mm、长度 25mm 的圆锥面，两个轴肩、圆角及倒角。钻$\phi 25$mm 的通孔，接着粗、半精加工、精加工 $\phi 30_{0}^{+0.025}$mm、长度 41mm 的内圆柱面。调头以$\phi 55_{-0.025}^{0}$mm、长度 30mm 的圆柱面为精基准，粗、精加工右端外圆轮廓，包括右端面，$\phi 120_{-0.04}^{0}$mm、长度 5mm 的圆柱面；台阶面，$\phi 135_{-0.04}^{0}$mm、长度 59mm 的圆柱面，圆锥面；接着粗、半精加工、精加工内孔轮廓，包括$\phi 45_{0}^{+0.03}$mm、长度 27mm，$\phi 57$mm、长度 6mm，$\phi 77$mm、长度 5mm 的内圆柱面；$\phi 80 \sim \phi 70$mm、长度 13mm 的内圆锥面；$R74$mm 内圆弧面；再加工内沟槽。

两个方案比较：

数控加工属于半自动化加工，适合采用集中工序。由零件图加工部位分析可知，该零件属于回转件内、外轮廓加工，适合车削加工；该零件有外圆面和内孔加工，由零件图样精度和表面质量分析可知，应采用粗车、精车的加工阶段。两种方案都符合工序集中的原则，也都采用数控车削加工，且分为粗车、精车两个阶段。

两种方案选用的定位基准和加工顺序却不相同。方案一以毛坯左端为粗基准，粗、精加工右端外轮廓及内轮廓，然后调头，以 $\phi135_{-0.04}^{0}$mm、长度 59mm 的圆柱面为精基准定位夹紧，粗、精加工左端剩余外轮廓。该方案精基准选择符合基准重合原则，设计基准和定位基准都是中心线，可以避免基准不重合定位误差，且以 $\phi135_{-0.04}^{0}$mm、长度 59mm 的圆柱面定位夹紧，定位面大，定位精度高，受力情况好，不易产生振动，加工精度好；另一方面，所有的内孔面均可以加工完成，同心度好。方案二以右端毛坯为粗基准，粗、精加工左端外轮廓，然后调头加工，以 $\phi55_{-0.025}^{0}$mm、长度 30mm 的圆柱面为精基准定位夹紧，虽然该方案精基准选择也符合基准重合原则，设计基准和定位基准都是中心线，但加紧面较薄，且悬臂支撑，易产生振动，影响加工精度。综合考虑，这两种方案都能满足定位夹紧和加工的要求，但方案一更合理，所以选用方案一。

（三）夹具分析

车床常用夹具及其适用场合见表 1-5。

该项目的零件为一般轴套类零件，查表 1-5，可选择的夹具有三爪自定心卡盘和顶尖，但顶尖只用于中心孔定位，而三爪自定心卡盘一般用于外圆柱或内圆柱孔定位。本项目使用外圆柱面作为定位基准进行加工，所以可以直接使用三爪自定心卡盘，其定位、装夹简单，定位精度比较高。

（四）刀具、材料、切削用量分析

刀具、切削用量应根据工件材料来选择。几种常用材料的刀具及切削用量见表 1-6。

被加工材料为 45 钢，调质处理，工件直径 55 ~ 150mm，查表可得，粗加工时 $a_p = 2 \sim 3$mm，$v_c = 80 \sim 120$m/min，$f = 0.2 \sim 0.4$mm/r，由公式计算可得 $n = 200 \sim 500$r/mim，$v_f = 40 \sim 200$mm/min；半精、精加工时 $a_p = 0.2 \sim 0.6$mm，$v_c = 120 \sim 150$m/min，$f = 0.05 \sim 0.1$ mm/r，由公式计算可得 $n = 700 \sim 1300$r/mim，$v_f = 35 \sim 65$mm/min。根据具体情况从上述范围中选取合适的数值，粗加工时，$n = 300$ r/min，$v_f = 80$mm/min；精加工时，$n = 800$r/min，$v_f = 40$mm/min。在加工时，主轴转速及进给速度可通过操作面板上的“倍率”按钮随时调整。

刀具需用硬质合金车刀（YT15 刀具）：加工内圆弧、内圆柱时，应用 45°内圆弧刀；加工外圆柱面和端面时，应选用 90°外圆刀。

其他材料可查阅《切削手册》。

（五）实体构造

1. 先绘制零件实体的外形线

可以用连续线按坐标输入方式绘制直线和斜线图形，绘制方法在情境五中的项目中已介绍过，可自己根据已学知识绘制。还可以用水平线、垂直线和平行线绘制直线，用任意线段或极坐标线绘制斜线，再用“修整”菜单下的“修剪延伸”命令进行修剪。用两点圆弧绘制 $R74$ 的圆弧。最后，将线型改成点画线型，绘制中心线。

操作：“绘图”→“直线”→“水平线”，输入 Z10、Z-145，D 坐标 0。

项目链接

直线绘制

主菜单“绘图”→“直线”→十种菜单命令（代表十种画线方式）。

P 极坐标线：先指定起点，输入线的角度，再输入线的长度。

◆ 定义 X 轴正向为 0°，逆时针为正角度方向，起点为参考点，终点为目标点。

◆ 在输入角度和长度时，注意阅读提示信息。

P 平行线：平行线，且长度相等。

◆ 方向/距离：用侧面（方位）+距离定位，先输入平行线之间的距离，再用鼠标指定需平行的原始线，最后用鼠标指定平行线的方向（水平线为上、下平行，垂直线为左右平行）。

◆ 经过一点：用点定位，先用鼠标指定平行线或延长线要经过的一点，再用鼠标指定需平行的原始线。

◆ 与圆相切：用与弧相切的方式定位，先用鼠标指定要与平行线或延长线相切的圆或圆弧，再用鼠标指定需平行的原始线。

（1）将线型改成粗实线型，绘制轮廓线

1）“绘制”→“直线”→“平行线”→“方向/距离”，输入 15，选择中心线，选择中心线上方，输入 22.5，选择中心线，选择中心线上方，输入 27.5，选择中心线，选择中心线上方，输入 28.5，选择中心线，选择中心线上方，输入 35，选择中心线，选择中心线上方，输入 37.5，选择中心线，选择中心线上方；输入 38.5，选择中心线，选择中心线上方；输入 40，选择中心线，选择中心线上方，输入 42.5，选择中心线，选择中心线上方，输入 52.5，选择中心线，选择中心线上方，输入 60，选择中心线，选择中心线上方；输入 67.5，选择中心线，选择中心线上方；输入 72.5。

2）“绘制”→“直线”→“垂直线”，输入 X0、X72.5，D 坐标 0。

3）“绘制”→“直线”→“垂直线”，“方向/距离”，输入 5，选择垂直线，选择垂直线左方，输入 43，选择垂直线，选择垂直线左方，输入 56，选择垂直线，选择垂直线左方，输入 61，选择垂直线，选择垂直线左方，输入 64，选择垂直线，选择垂直线左方，输入 67，选择垂直线，选择垂直线左方，输入 68，选择垂直线，选择垂直线左方，输入 80，选择垂直线，选择垂直线左方，输入 94，选择垂直线，选择垂直线左方，输入 105，选择垂直线，选择垂直线左方，输入 133。

项目链接

修剪延伸

“修整”→“修剪延伸”，选择修剪方式（修剪到交点，短的延长，长的修剪）。

◆ 单一物体：被剪对象+界限。

◆ 两个物体：两个一起剪（两物体相交于交点处），注意用鼠标点选修剪对象时的位置（点选位置为保留位置）。

◆三个物体：三个一起剪（两物体分别和第三个物体相交于交点处）。

◆到某一点：修剪或延伸到指定点（该点不一定要在被剪图素上）。

◆多物修整：一次剪很多边，但边界条件只有一个。

◆回复全圆：将弧变整圆（Trim 不只剪，也可修）。

◆分割物体：先选被割对象，再给两边界条件。

◆修整曲面：与生成曲面中的 trim 功能一样。

◆执行修剪延伸 Trim 时，要特别注意选择图素时光标的位置。

（2）修剪图形　“修整”→“修剪延伸”→“两个物体”，选择两两相交的直线以修剪成轮廓线。

（3）绘制图形中的圆弧　“绘图”→“圆弧”→“两点圆弧”，输入圆弧半径 74，输入两端点坐标（42.5，-43）、(52.5，0）。

（4）绘制图形中的两条斜线段　“绘制”→“直线”→“任意线段”，选择斜线段的两个端点。

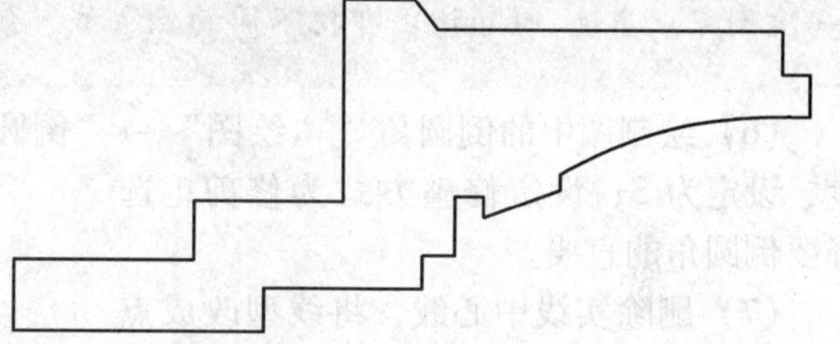

图 6-2　汽车差速器外形线

绘制的汽车差速器外形线如图 6-2 所示。

项目链接

倒角绘制

主菜单“绘图”→“下一页”→“倒角”→倒角的三种方式。

◆单一距离：指绘制 45°倒角，有一个倒角的距离。输入距离，选择是否修剪曲线，确定后选择要倒角的两条直线。

◆不同距离：不知道倒角的角度，知道倒角的两个距离。输入两个距离，选择是否修剪曲线，确定后选择要倒角的两条直线。

◆距离/角度：任意角度的倒角，有一个倒角的距离。输入角度和距离，选择是否修剪曲线，确定后选择要倒角的两条直线。

如图 6-3 所示为“倒角”对话框。

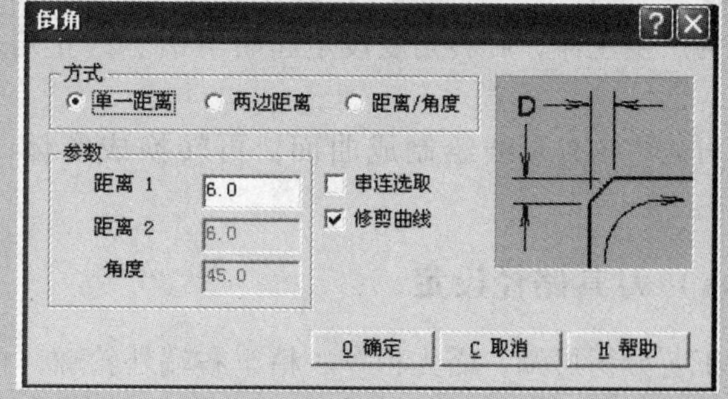

图 6-3　“倒角”对话框

（5）绘制图中的倒角　“绘图”→“下一页”→“倒角”，选择单一距离，输入 2，“确定”，选择要倒角的两条直线，选择要倒角的两条直线……。

项目链接

倒圆角绘制

主菜单“绘图”→“倒圆角”，进入参数设定，设定好后选择倒圆角的两曲线。

倒圆角所需参数——参数解释。

◆圆角半径：倒圆半径 R。

◆圆角角度：有三种状态：S：<180°（small）、L：>180°（large）、F：=360°（全圆）。

◆修整方式：Y/N 选择对被倒圆对象是否进行修剪。

◆串连图素：是较复杂的新概念，注意建立感性认识。在此可将首尾相连的许多图素一次倒完。串连（Chain）即把不同的点、线、弧、曲线等在端点处连接起来。

（6）绘制图中的倒圆角　“绘图”→“倒圆角”→圆角半径中输入 R5，单击圆角角度，设定为 S；设定修整方式为修剪；选择要倒圆角的直线。

（7）删除实线中心线，将线型改成点画线型，绘制中心线　“绘图”→“直线”→“水平线”，输入 Z10、Z-145，D 坐标 0。

绘制的汽车差速器外形线如图 6-4 所示。

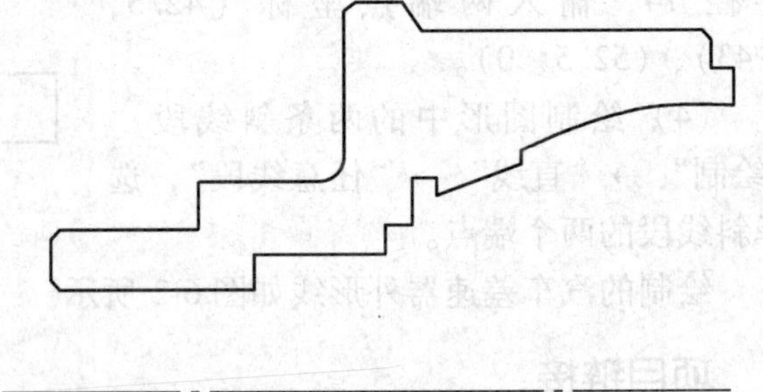

图 6-4　汽车差速器外形线（倒角后）

2. 绘制曲面和实体

直接以中心线作为旋转轴、封闭线形为外形绘制旋转实体。

操作：“实体”→“旋转”，选择旋转图素，选择中心线为旋转轴，“执行”，选择旋转的目标为产生主体，旋转角度设定起始角 0°、终止角 360°，“是否产生薄壁”选择否，“确定”。

也可先将该外形线绘制成曲面，再转换成实体，操作同学习情境五，学生可自行练习。

（六）刀具路径设定

由工艺分析可知，需先粗车、精车右端外轮廓，再加工内孔轮廓，最后调头粗车、精车左端外轮廓。对于自动加工，需调头加工时，应保存两个文件，并把实体左右调头。

外轮廓加工刀具路径设定同学习情境五，设置参数如下：

1. 设置粗车外形刀具路径

1）设置粗车刀具参数。选择 T0101 外圆车刀；选择 CNMG 12 04 08 的刀具型号；刀具号码：1；补偿号码：1；切削进给率：0.1；主轴转速：300；主轴最大转速：2000；切削液：喷油；程序号码：10；起始行号：100；行号增量：2；注解：T1。

2）设置粗车参数。重叠量：0.2；粗车步进：2.0；X 方向余留量：0.5；Z 方向余留量：0.5；进刀延伸量：5；补正位置：右补正；刀具走圆弧在转角处：全走圆角；切削方式：单向；粗车方向/角度：外径。

3）设置进、退刀参数。

①进刀向量：角度：180°，长度：2.0，用鼠标移动指针至9点钟方向（为Z轴负方向）。

②退刀向量：角度：90°，长度：25，旋转倍率：90。

2. 设置精车外形刀具路径

主轴转速：800；主轴最大转速：2000；重叠量：0.2；精车步进：1.0；X方向余留量：0；Z方向余留量：0；进刀进给率：0.1；精修次数：2；精车方向：选择外径。其他参数同粗车外形。

3. 设置钻孔的刀具路径

1）设置刀具参数。选择T4747直径$\phi 25$的钻头，刀具号码：2；补偿号码：2；半径补偿：0；刀长补正：0；刀具直径：25.0；切削进给率：30；主轴转速：300；主轴最大转速：2000；切削液：喷油；程序号码：20；起始行号：200；行号增量：2；注解：T2。

如图6-5所示为“车床-钻孔”对话框，如图6-6所示为车床刀具对话框（钻孔）。

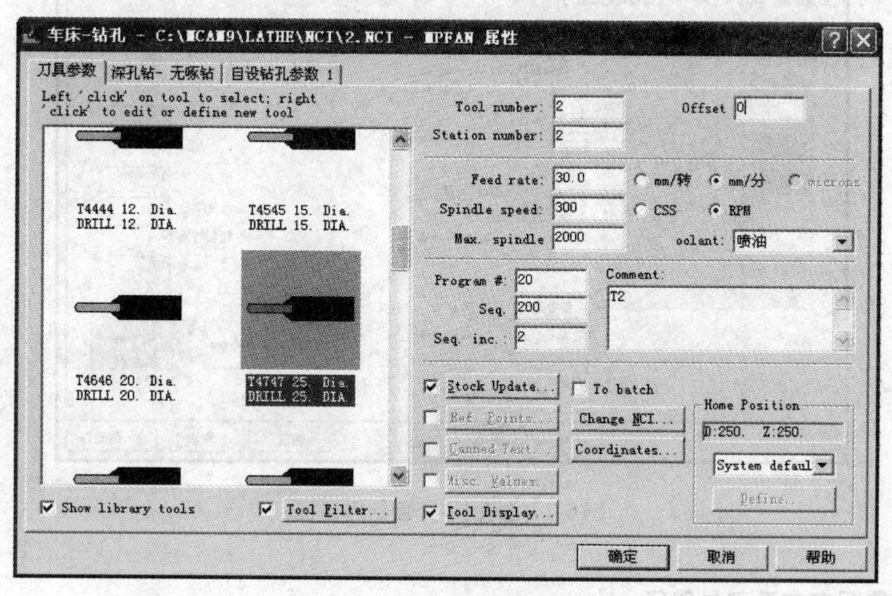

图6-5 “车床-钻孔”对话框

2）设置钻孔参数。安全高度：5.0；参考高度：2.0；要加工的表面：0.0；深度：-80.0；钻孔循环：深孔啄钻；首次啄钻：1.0；副次切量：1.0；安全余量：0.5；暂留时间：1.0。

如图6-7所示为深孔钻-无啄钻对话框。

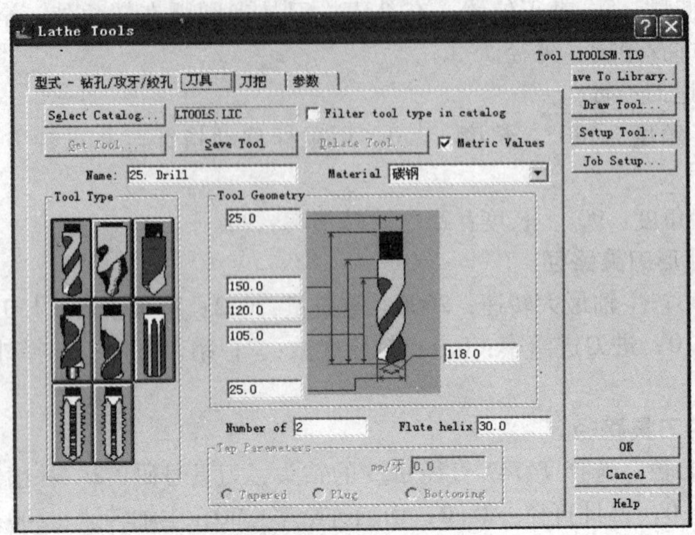

图 6-6　车床刀具对话框（钻孔）

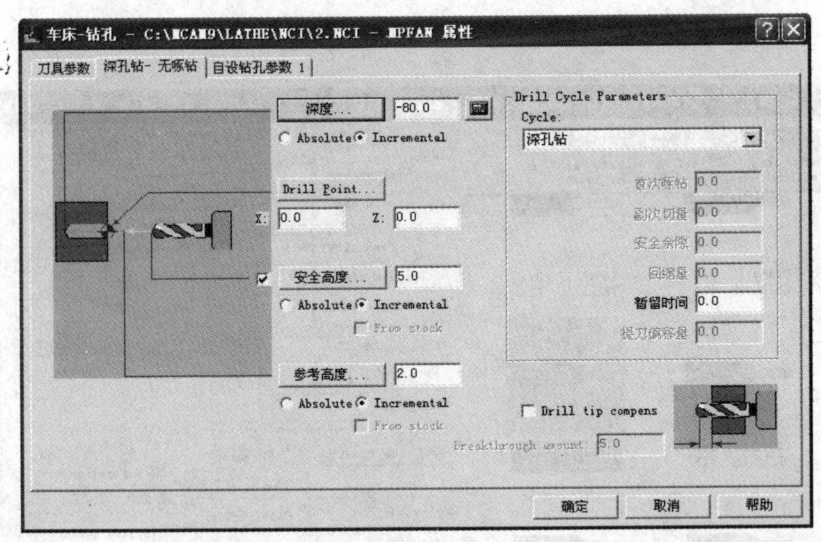

图 6-7　深孔钻-无啄钻对话框

4. 设置粗车内孔刀具路径

项目链接

设置粗车内孔刀具路径的方法

“刀具路径”→“粗车”，“串连选择图素”，“执行”，设置粗车刀具参数，选择内孔车刀，单击右键，输入刀具型号，“确定”，输入刀具参数，输入粗车参数，设置进刀、退刀向量，“确定”。

1）设置粗车内孔刀具参数。选择 T0101 内孔车刀；选择 CCMT　12　04　08 的刀具型号；刀具号码：3；补偿号码：3；切削进给率：0.2；主轴转速：150；主轴最大转速：1000；切削液：喷油；程序号码：3；起始行号：300；行号增量：2；注解：T3。

如图 6-8 所示为粗车内孔刀具参数设置对话框，如图 6-9 所示为车床刀具对话框（粗车内孔）。

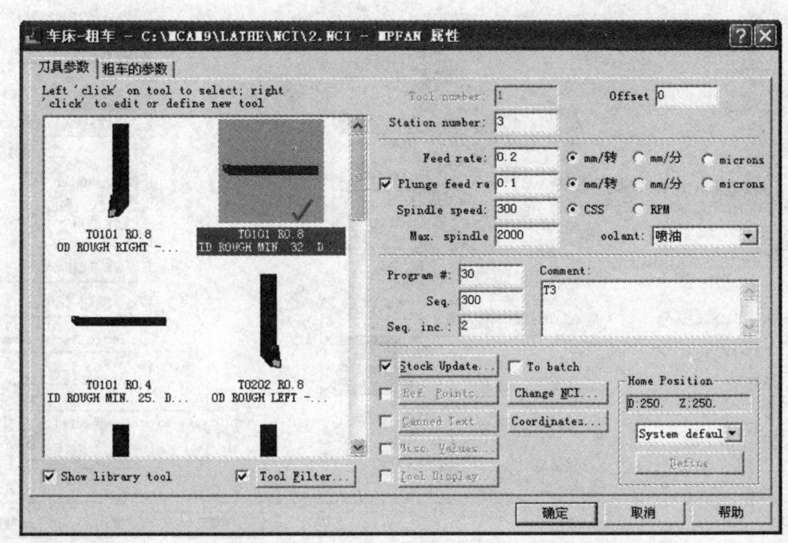

图 6-8　粗车内孔刀具参数设置对话框

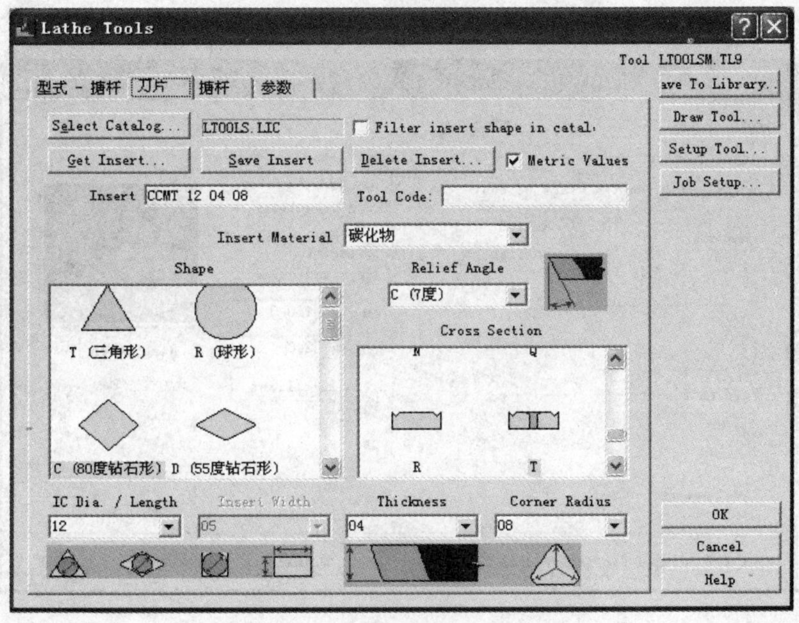

图 6-9　车床刀具对话框（粗轴孔）

2）设置粗车内孔参数。粗车方向/角度：内径/0.0。其他参数同粗车外径。如图6-10所示为粗车内孔参数对话框。

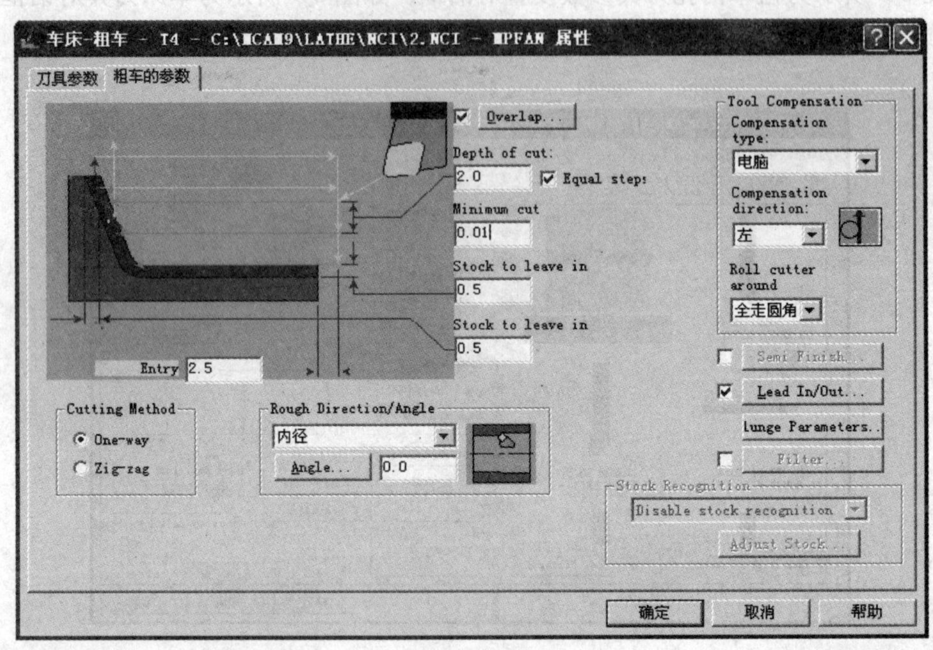

图6-10　粗车内孔参数对话框

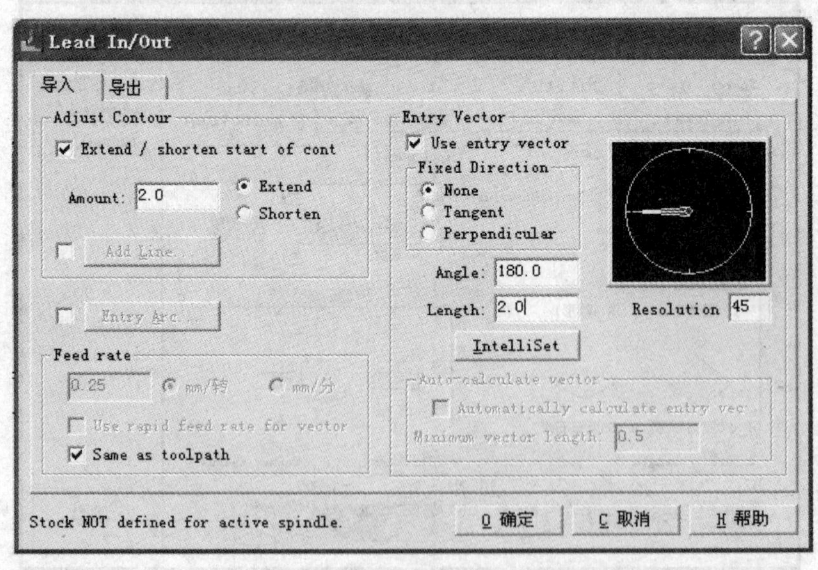

图6-11　进/退刀向量 Lead In 对话框

3）设置进、退刀参数。

①进刀向量：角度：180°，长度：2.0，用鼠标移动指针至9点钟方向（为Z轴负方向）。

②退刀向量：角度：-90°，长度：10，旋转倍率：45。

如图6-11所示为进/退刀向量Lead In对话框，如图6-12所示为进/退刀向量Lead Out对话框。

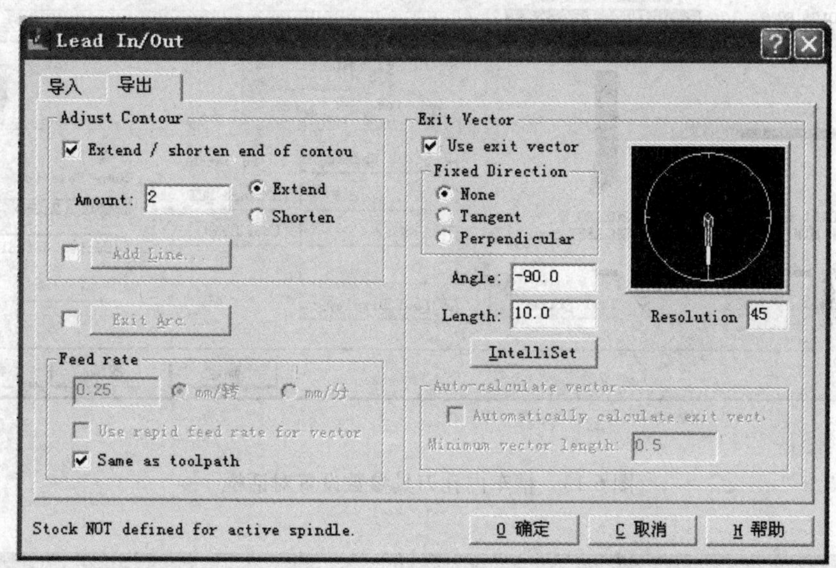

图6-12 进/退刀向量Lead Out对话框

5. 设置精车内孔刀具路径

项目链接

设置精车内孔刀具路径的方法

“刀具路径”→“精车”，选择图素，“执行”，选择内孔车刀，设定刀片名称，“确定”，设置刀具参数，设置精车参数，设置进、退刀向量，设置进刀参数，“确定”。

1）设置精车内孔刀具参数。切削进给率：0.05；主轴转速：800；主轴最大转速：2000；切削液：喷油；程序号码：4；起始行号：400；行号增量：2；注解：T4；其他参数同粗车内孔。

如图6-13所示为精车内孔刀具参数设置对话框。

2）设置精车内孔参数。精车方向：选择内径；其他参数同精车外形。

如图6-14所示为精车内孔参数对话框。

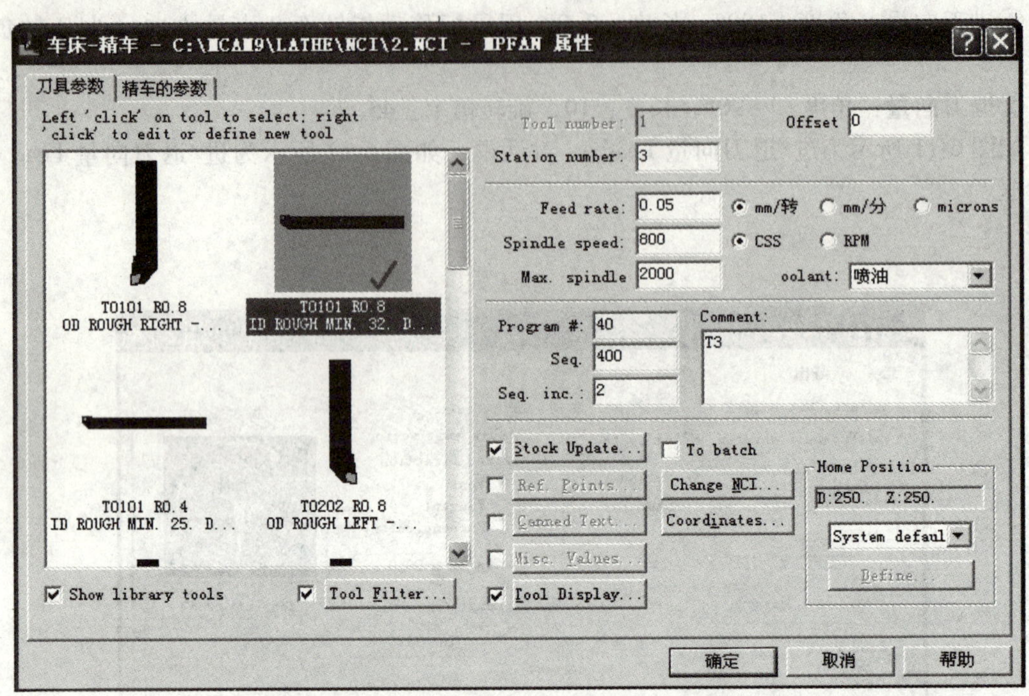

图 6-13　精车内孔刀具参数设置对话框

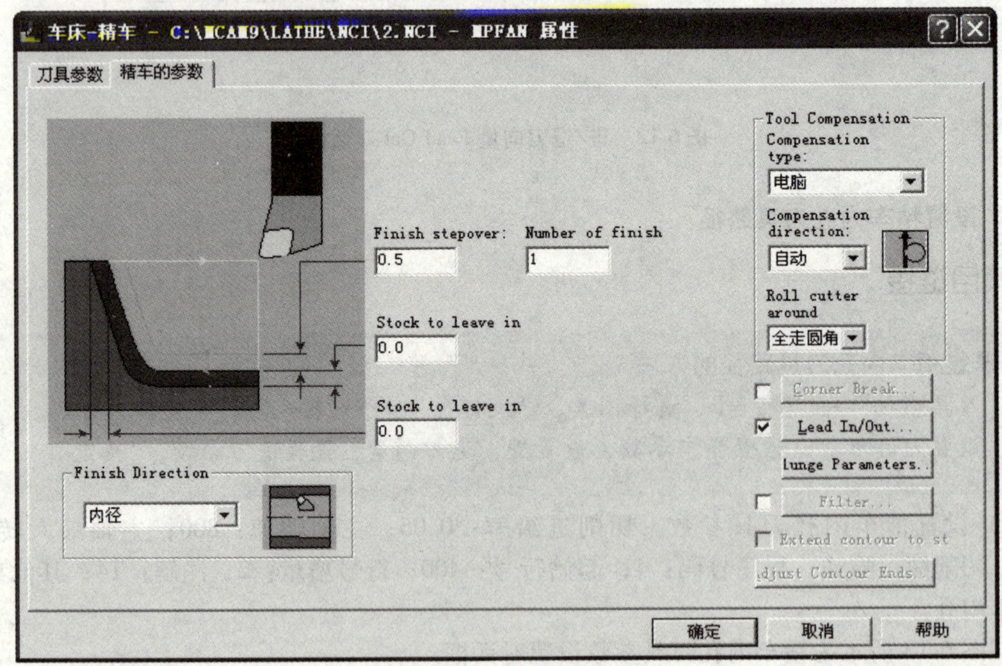

图 6-14　精车内孔参数对话框

6. 设置切削内沟槽刀具路径

项目链接

设置切削内沟槽刀具路径的方法

“刀具路径”→“径向车削”，选择切槽形式，选择图形上的槽，选择切槽刀，设置刀片名称，“确定”，设置刀具参数，设置粗车切槽参数，设置精车切槽参数，设置进刀、退刀量，“确定”。

1）设置刀具参数。选择T0303内沟槽车刀，输入N151.2-400-40-5G的刀具型号。主轴转速：200；主轴最大转速：1000；切削液：喷油；程序号码：50；起始行号：500；行号增量：2；注解：T4。

如图6-15所示为切削内沟槽刀具参数对话框，如图6-16所示为切削内沟槽刀具对话框。

2）设置槽形参数。角度：-90.0°，选择内径沟槽。

如图6-17所示为槽形参数对话框。

3）设置粗车内沟槽参数。安全间隙：5.0；粗车步进量：1.0；提刀偏移：0.5；切槽上方之素材：10；X方向余留量：0.5；Z方向余留量：0.5；暂留时间：0.4s；退刀移动方式：进给率；切槽之壁边：平滑。

如图6-18所示为粗车内沟槽参数对话框。

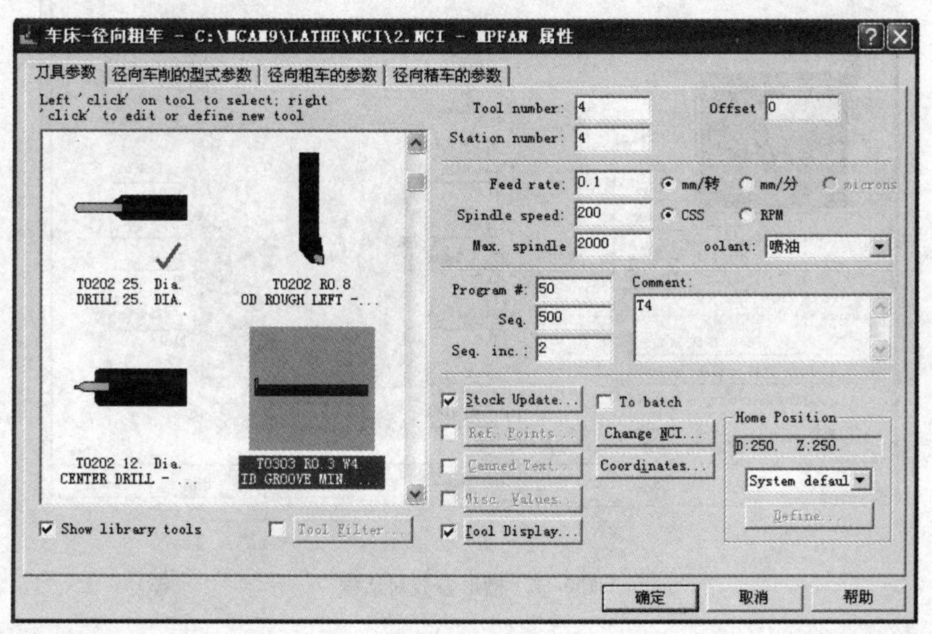

图6-15 切削内沟槽刀具参数对话框

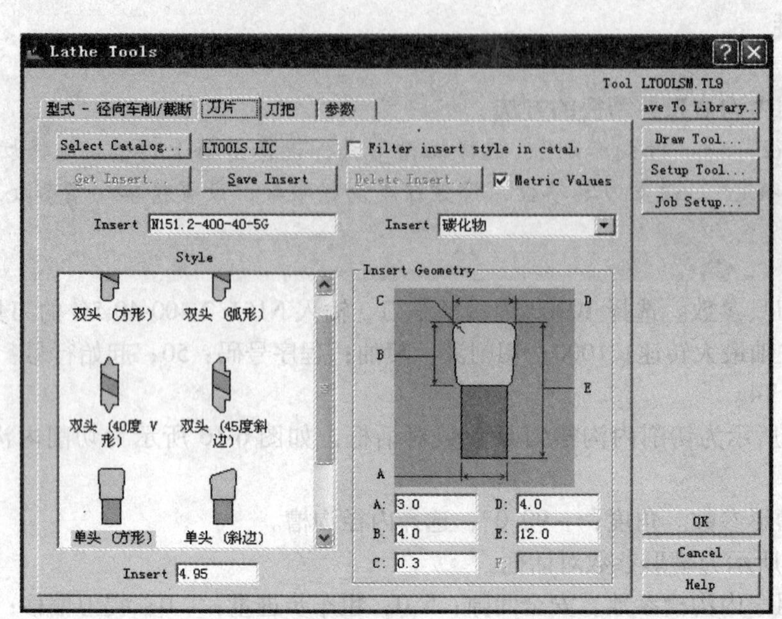

图 6-16　切削内沟槽刀具对话框

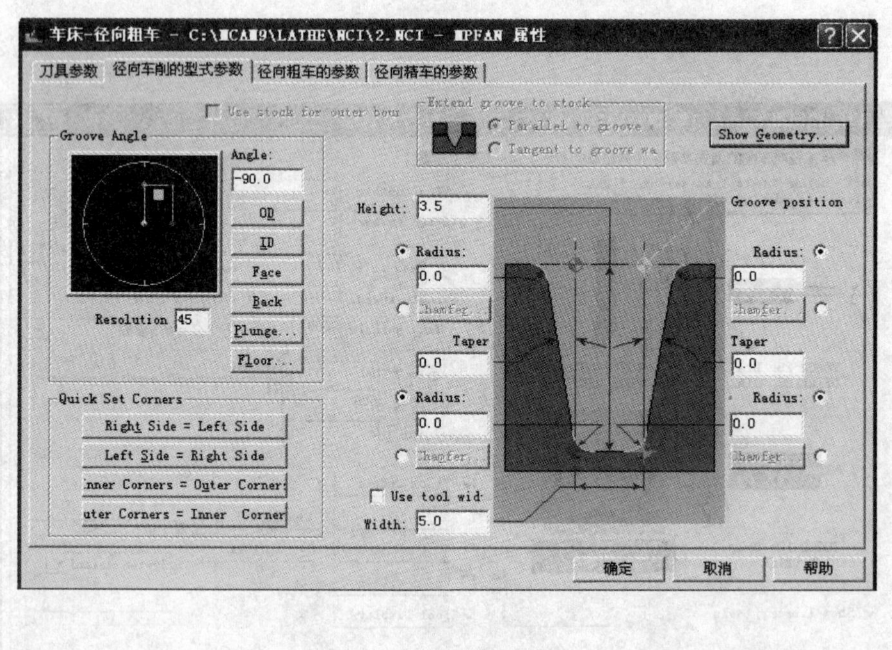

图 6-17　槽形参数对话框

4）设置精车内沟槽参数。选择精修切槽；精修次数：1；精车步进量：0.5；X 方向余留量：0.0；Z 方向余留量：0.0。

如图 6-19 所示为精车内沟槽参数对话框。

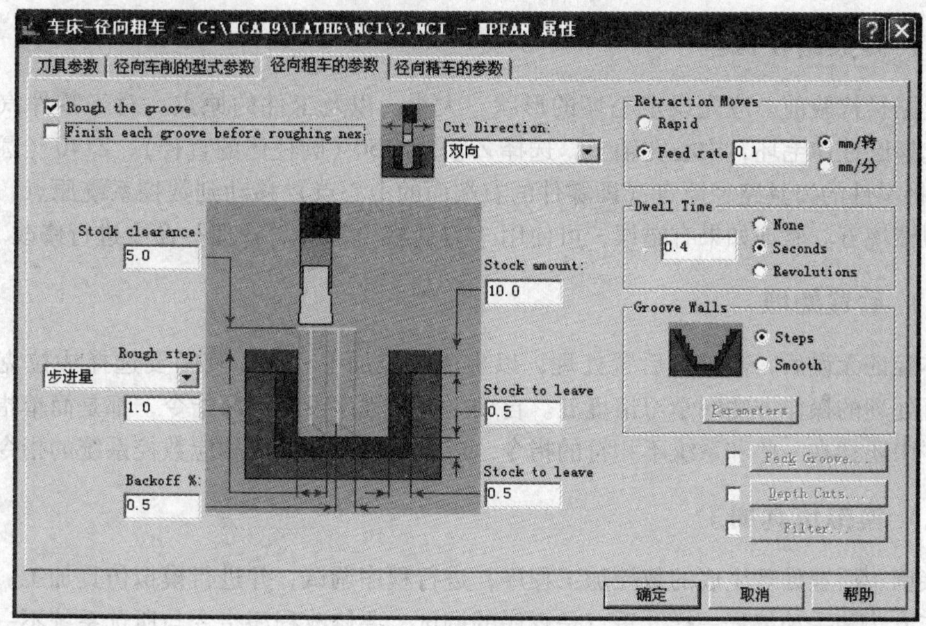

图 6-18　粗车内沟槽参数对话框

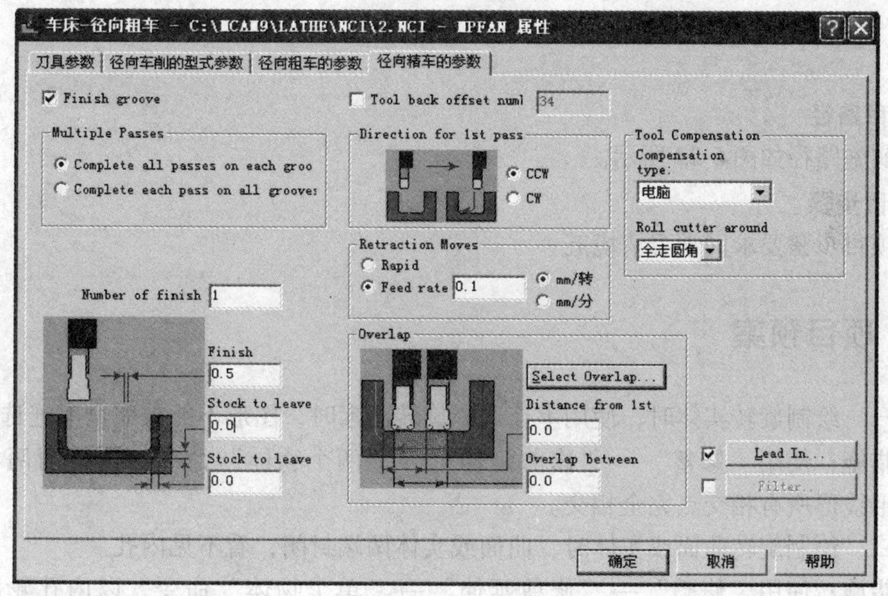

图 6-19　精车内沟槽参数对话框

5）设置进、退刀参数。

①进刀向量：角度：90°，长度：2.0，用鼠标移动指针至 12 点钟方向（为 X 轴负方向）。

②退刀向量：角度：－90°，长度：20，旋转倍率：90，用鼠标移动指针至 6 点钟方向

（为 X 轴正方向）。

（七）刀具路径检验

刀具路径检验前，应先设定毛坯的形状、大小，以及工件的原点。对于零件汽车减速器，应选择圆柱体毛坯，中心在轴上，选择 Z 轴，X150（圆柱体的直径），Z140（圆柱体的长度）。将零件的刀具路径原点（即零件的右端面的中心点）移动到数控系统原点。检验方式同学习情境五。验证如果有错误，可使用“刀具路径”→“管理”命令进行修改。

（八）后置处理

实体验证无误后，需进行后置处理，以生成数控加工程序。其间要选择法拉克处理系统，后置处理的操作方法同学习情境五。自动生成的程序没有循环指令，都是简单指令。另外，程序中还存在一些和系统不相符的指令，应进行修改，改成相应数控系统的指令。

（九）模拟仿真加工

直接调用后置处理生成的数控加工程序，进行程序调试，并进行模拟仿真加工。模拟加工的操作方法和手动编程一样，重点是程序的调试，要修改程序指令与所选系统不一致的地方。

三、项目路径和步骤

1. 项目路径

项目实施路径如图 5-23 所示。

2. 项目步骤

具体项目步骤要求同学习情境五。

四、项目预案

问题一　绘制旋转实体时，使用串连选择旋转图素时，图形不能被完全串连选中。

解决措施：使用“修整”→“修剪延伸”→“两个物体”命令，选择两两相交的图素，使图形线形所有相交点完全相交。

问题二　绘制旋转曲面或实体时，曲面或实体两端封闭，看不见内孔。

解决措施：使用“修整”→“修剪延伸”→“单个物体”命令，以内孔轮廓线为边界，将内孔轮廓线以下的各个垂直线修剪到内孔轮廓边界。

五、项目实施

1. 组织形式

每三位同学一组，每组 1 台数控车床，3 台计算机。

2. 生产准备

每工位配备实训用品一套。刃具准备清单见表6-1。

表6-1　刃具准备清单

序　号	名　称	规　格	材　料	数　量	备　注
1	外圆车刀	90°	硬质合金	1	
2	内切断刀	宽5mm	硬质合金	1	
3	内孔刀	45°	硬质合金	1	
4	钻头	ϕ25mm	高速钢	1	

设备选用清单见表1-8。工具、量具准备清单见表1-9。

六、项目评价

项目评价见表6-2。

表6-2　项目评价表

项目编号			学生加工时间	5.3学时	学生姓名		总分			
类别	序号	评价项目	评价内容及要求	评分标准	配分	学生自评	学生互评	教师评价	得分	
技术考评	1	内、外径尺寸	$\phi145_{-0.04}^{0}$mm	超差0.01扣2分	10					
	2		$\phi135_{-0.04}^{0}$mm	超差0.01扣2分	10					
	3		$\phi120_{-0.04}^{0}$mm	超差0.01扣2分	10					
	4		$\phi55_{-0.025}^{0}$mm	超差0.01扣2分	10					
	5		$\phi45_{0}^{+0.03}$mm	超差0.01扣2分	10					
	6		$\phi30_{0}^{+0.025}$mm	超差0.01扣2分	5					
	7		一般公差尺寸	超差无分	5					
	8	长度尺寸	(135±0.1)mm	超差无分	5					
	9		(30±0.05)mm	超差无分	5					
	10		一般公差尺寸	超差无分	5					
	11	其他尺寸	$C2$	超差无分	5					
	12		$R74$mm、$R5$mm	超差无分	5					
	13		$R_a1.6\mu m$、$R_a3.2\mu m$	每降一级扣1分	5					
	14	尺寸检测	自检尺寸正确	不正确无分	5					
	15	完成时间	按时完成任务	不按时完成无分	5					
非技术考评	16	安全生产	遵守机床安全操作规程	不遵守酌情扣1~5分						
	17	文明生产	遵守文明生产规则	不遵守酌情扣1~5分						
	18	环保生产	遵守环保生产规则	不遵守酌情扣1~5分						
	19	其他		酌情扣1~5分						

注：1. 发生人身和设备事故时，应立即向指导教师报告，由指导教师组织学生立即报警抢救，并及时向主管领导汇报。

2. 严重违反工艺原则和情节严重的野蛮操作等，由指导教师按实习管理制度进行处理。

七、项目作业（课外完成）

完成图 6-20 所示轴套的工艺方案制定、实体构造与自动编程。

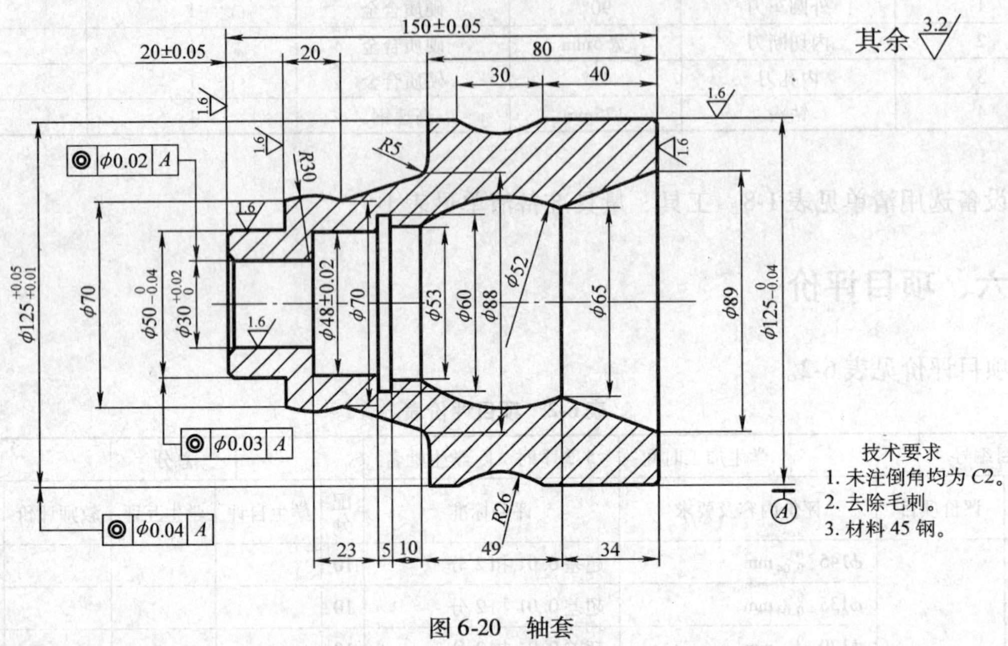

图 6-20 轴套

八、项目拓展

1）除给定的两种加工工艺方案外，再拟定一种或两种可行的方案，并对比拟定的方案与给定的方案。

2）外形线除可用连续线、平行线绘制外，还可以用极坐标线绘制。试用极坐标线绘制外形线。

项目链接

P 极坐标线

主菜单“绘图”→“直线”→“极坐标线”，先指定起点，输入线的角度，再输入线的长度。

- 定义 X 轴正向为 0°，逆时针为正角度方向，起点为参考点，终点为目标点。
- 在输入角度和长度时，注意阅读提示信息。

学习情境七　综合零件的实体构造与数控车削自动编程加工

项目一　内外轮廓综合件的实体构造与数控车削自动编程加工

一、项目要求

以图 7-1 所示轴的实体构造与自动编程加工为例，使学生学会数控车削综合件的实体构造与内外轮廓的自动编程加工。

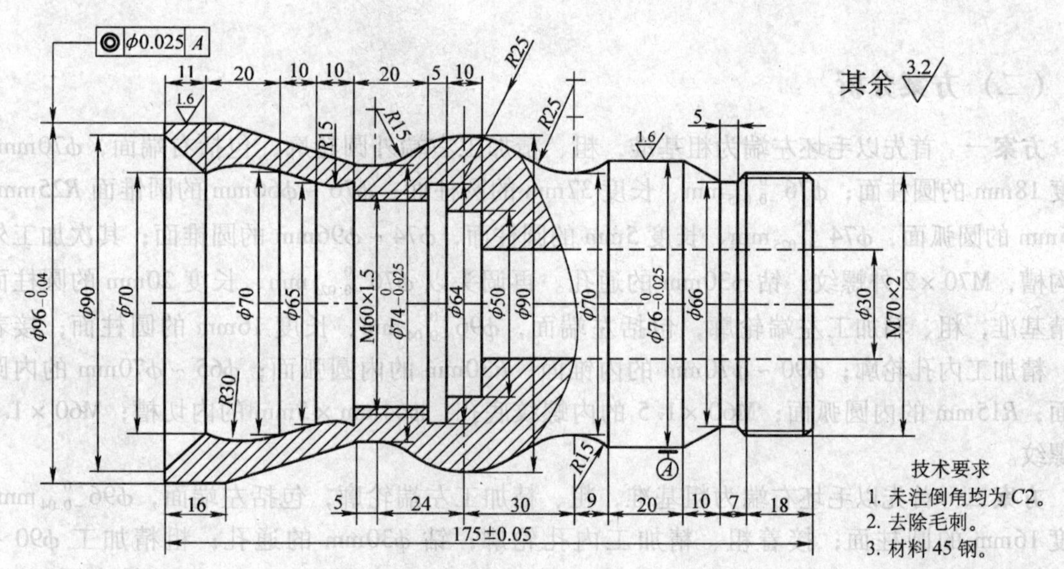

图 7-1　轴

（1）时间要求　16 学时。

（2）质量要求　使用 MasterCAM 软件设定出轴零件的正确加工刀具路径，然后进行后置处理生成数控加工程序，并将数控加工程序传至数控车床，加工出合格的零件。

（3）安全、文明、环保要求　按照各项要求进行项目作业。具体内容见情境一项目二。

二、项目分析

（一）图样分析

1. 加工部位

包括 $\phi96_{-0.04}^{0}$mm、$\phi74_{-0.025}^{0}$mm、$\phi76_{-0.025}^{0}$mm 圆柱面及 $R25$mm、$R15$mm 的圆弧面、圆锥面、切槽、M70×2 外螺纹、右端面，$\phi90$mm 的内圆锥面、$R30$mm、$R15$mm 的内圆弧面、$\phi70\sim\phi65$mm 的内圆锥面、M60×1.5 内螺纹、$\phi64$mm×5mm 的内切槽、$\phi30$mm 的内圆柱面、左端面，轴肩、圆角及倒角。

2. 精度和表面质量分析

在图样中有三处直径尺寸精度较高，精度等级为 IT7～IT8，分别是 $\phi96_{-0.04}^{0}$mm、$\phi74_{-0.025}^{0}$mm、$\phi76_{-0.025}^{0}$mm 圆柱面，还有一处（175±0.05）mm 的长度尺寸精度要求，用一般方法即可保证；另外还有一个同轴度要求较高，精度等级为 IT7～IT8；表面粗糙度要求较高，有两处要求 $R_a1.6\mu m$，其余要求 $R_a3.2\mu m$。在加工这些部位的时候，应采用粗加工、精加工的加工顺序，粗加工后停车进行测量，需要调整刀补的地方及时调整，然后进行精加工。

（二）方案分析

方案一　首先以毛坯左端为粗基准，粗、精加工右端外圆轮廓，包括右端面，$\phi70$mm、长度 18mm 的圆柱面；$\phi76_{-0.025}^{0}$mm、长度 37mm 的圆柱面；$\phi76\sim\phi66$mm 的圆锥面 $R25$mm、$R15$mm 的圆弧面，$\phi74_{-0.025}^{0}$mm、长度 5mm 的圆柱面，$\phi74\sim\phi96$mm 的圆锥面；其次加工外斜沟槽，M70×2 外螺纹；钻 $\phi30$mm 的通孔。再调头以 $\phi76_{-0.025}^{0}$mm、长度 20mm 的圆柱面为精基准，粗、精加工左端轮廓，包括左端面，$\phi96_{-0.04}^{0}$mm、长度 16mm 的圆柱面；接着粗、精加工内孔轮廓；$\phi90\sim\phi70$mm 的内锥面、$R30$mm 的内圆弧面；$\phi65\sim\phi70$mm 的内圆锥面；$R15$mm 的内圆弧面；M60×1.5 的内螺纹底孔；$\phi64$mm×5mm 的内切槽；M60×1.5 内螺纹。

方案二　首先以毛坯右端为粗基准，粗、精加工左端轮廓，包括左端面，$\phi96_{-0.04}^{0}$mm、长度 16mm 的圆柱面；接着粗、精加工内孔轮廓；钻 $\phi30$mm 的通孔；粗精加工 $\phi90\sim\phi70$mm 的内锥面；$R30$mm 的内圆弧面；$\phi65\sim\phi70$mm 的内圆锥面；$R15$mm 的内圆弧面；M60×1.5 的内螺纹底孔；$\phi64$mm×5mm 的内切槽；M60×1.5 内螺纹。再调头以 $\phi96_{-0.04}^{0}$mm、长度 16mm 的圆柱面为精基准，粗、精加工右端轮廓，包括右端面，$\phi70$mm、长度 18mm 的圆柱面；$\phi76_{-0.025}^{0}$mm、长度 37mm 的圆柱面；$R25$mm、$R15$mm 的圆弧面，$\phi74_{-0.025}^{0}$mm、长度 5mm 的圆柱面，$\phi74\sim\phi96$mm 的圆锥面；加工外斜沟槽，M70×2 外螺纹。

两个方案比较：

数控加工属于半自动化加工，适合采用集中工序。由零件图加工部位分析可知，该零件属于回转件内外轮廓综合加工，适合车削加工。由零件图精度和表面质量分析可知，应采用粗车、精车的加工阶段。两种方案都采用了工序集中的原则，也都采用数控车削加工，且分为粗车、精车两个阶段。

但两种方案选用的定位基准和加工顺序却不相同。方案一选用毛坯左端为粗基准，粗、精加工右端外轮廓，然后调头，以 $\phi76_{-0.025}^{\ 0}$mm、长度 20mm 的圆柱面为精基准定位夹紧，粗、精加工左端剩余外轮廓及内轮廓，该方案精基准选择符合基准重合原则，设计基准和定位基准都是中心线，可以避免基准不重合定位误差。以 $\phi76_{-0.025}^{\ 0}$mm、长度 20mm 的圆柱面定位夹紧，定位面大，定位精度高，受力情况好，不易产生振动，加工精度好。另一方面，所有的内孔面均可以加工完成，同心度好。方案二以毛坯右端为粗基准，粗、精加工左端外轮廓及内轮廓，然后调头，以 $\phi96_{-0.04}^{\ 0}$mm、长度 16mm 的圆柱面为精基准定位夹紧，加工其余外轮廓，虽然该方案精基准选择也符合基准重合原则，设计基准和定位基准都是中心线，但加紧面较薄，且悬臂支撑，易产生振动，影响加工精度。综合考虑，这两种方案都能满足定位夹紧和加工的要求，但方案一更合理，所以选用方案一。

（三）夹具分析

车床常用夹具及其适用场合见表 1-5。

该项目的零件为一般规则轴套类零件，查表 1-5。可选择的夹具有三爪自定心卡盘和顶尖，但顶尖只用于中心孔定位，而三爪自定心卡盘一般用于外圆柱或内圆柱孔定位。本项目使用外圆柱面作为定位基准进行加工，所以可以直接使用三爪自定心卡盘，其定位、装夹简单，定位精度比较高。

（四）刀具、材料、切削用量分析

刀具、切削用量的选择应根据工件材料来选择，几种常用材料的刀具及切削用量见表 1-6。

被加工材料为 45 钢，工件直径为 $\phi40 \sim \phi100$mm，根据 $n = 1000v_c/\pi d$、$v_f = nf$，查表并计算可得，粗加工时可采用 $n = 300 \sim 950$r/mim，$v_f = 30 \sim 160$mm/min，$a_P = 2 \sim 3$mm；精加工时可采用 $n = 400 \sim 1200$r/mim，$v_f = 20 \sim 60$mm/min，$a_P = 0.2 \sim 0.6$mm。根据具体情况从上述范围中选取合适的数值，粗加工时，$n = 500$r/min，$v_f = 100$mm/min；精加工时，$n = 800$r/min，$v_f = 30$mm/min。在加工时，主轴转速及进给速度可通过操作面板上的“倍率”按钮随时调整。

刀具需用硬质合金车刀（YT15 刀具）：加工内圆弧、内圆柱时，应用 45°内圆弧刀；加工外圆柱面和端面时，应选用 90°外圆刀；加工外圆弧面，应选用 45°外圆刀。切内、外槽时，分别选用宽 5mm 的内、外切槽刀，加工 60°的内、外螺纹时，分别选用 60°的内、外螺纹刀。

是其他材料可查阅《切削手册》。

（五）实体构造

1. 先绘制零件实体的外形线

可以用连续线按坐标输入方式绘制直线和斜线图形，也可以用水平线、垂直线和平行线绘制直线，用任意线段或极坐标线绘制斜线，再用“修整”菜单下的“修剪延伸”命令修剪图形，用两点圆弧绘制圆弧。

将线型改成点画线型，绘制中心线。

操作："绘图"→"直线"→"水平线"，输入Z10、Z－185，D坐标0。

将线型改成粗实线型，绘制其他线形。

(1) 绘制轮廓线

1)"绘图"→"直线"→"连续线"，输入（15，0）、（35，0）、（35，－18）、（33，－20）、（33，－25）、（38，－35）、（38，－55）。

2)"绘图"→"直线"→"连续线"，输入（37，－118）、（37，－123）、（48，－159）、（48，－175）、（45，－175）、（35，－164）。

3)"绘图"→"直线"→"连续线"，输入（35，－144）、（32.5，－134）。

4)"绘图"→"直线"→"连续线"，输入（32.5，－124）、（29.2，－124）、（29.2，－104）、（32，－104）、（32，－99）、（25，－99）、（25，－89）、（15，－89）、（15，0）。

5)"绘图"→"圆弧"→"点半径圆"，输入半径25，输入中点坐标（60，－64），"上层功能表"，输入半径15，输入中点坐标（52，－118），"上层功能表"。

6)"绘图"→"圆弧"→"切弧"，输入圆弧半径25，选择$R15$、$R25$的圆弧，选择要保留的圆弧。

7)"绘图"→"圆弧"→"两点圆弧"，输入圆弧半径30，输入两端点坐标（35，－164）、（35，－144），"上层功能表"，输入圆弧半径15，输入两端点坐标（32.5，－134）、（32.5，－124）。

(2) 修剪图形 "修整"→"修剪延伸"→"一个物体"，选择一条线为边界，选择要修剪为图素，……。

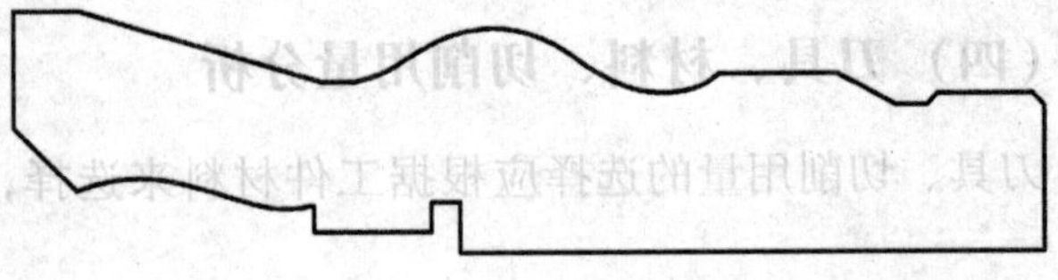

图7-2 轴外形线

(3) 绘制图中的倒角"绘图"→"下一页"→"倒角"，选择单一距离，输入2，选择修剪曲线"确定"，选择要倒角的两条直线，选择要倒角的两条直线，……。

绘制的轴外形线如图7-2所示。

2. 绘制曲面和实体

直接以中心线作为旋转轴，封闭线形为外形线绘制旋转实体。

操作："实体"→"旋转"，选择旋转图素，选择中心线为旋转轴，"执行"，选择旋转的目标为产生主体，旋转角度设定起始角0°、终止角360°，"是否产生薄壁"选择否，"确定"。

也可先将该外形线绘制成曲面，再转换成实体，操作同学习情境五，学生可自行练习。

（六）刀具路径设定

由工艺分析可知，需先粗车、精车右端外轮廓，再加工内孔轮廓，最后调头粗车、精车左端外轮廓。对于自动加工，需调头加工时，应保存为两个文件，并把实体左右调头。

刀具路径设定方法同学习情境五和学习情境六。

1. 设置粗车外形刀具路径

1）设置粗车刀具参数。选择 T0101 外圆车刀；选择 CNMG 12 04 08 的刀具型号；刀具号码：1；补偿号码：1；切削进给率：0.1；主轴转速：500；主轴最大转速：2000；切削液：喷油；程序号码：10；起始行号：100；行号增量：2；注解：T1。

2）设置粗车参数。重叠量：0.2；粗车步进：2.0；X 方向余留量：0.5；Z 方向余留量：0.5；进刀延伸量：5；补正位置：右补正；刀具走圆弧在转角处：全走圆角；进刀进给率：0.2；切削方式：单向，粗车方向/角度：外径/0°。

3）设置进、退刀参数。

①进刀向量：角度：180°，长度：2.0，用鼠标移动指针至 9 点钟方向（为 Z 轴负方向）。

②退刀向量：角度：90°，长度：25，旋转倍率：90。

2. 设置精车外形刀具路径

主轴转速：800；主轴最大转速：2000；重叠量：0.2；精车步进：1.0；X 方向余留量：0；Z 方向余留量：0；进刀进给率：0.05；精修次数：2；精车方向：选择外径。其他参数同粗车外形。

3. 设定钻孔的刀具路径

1）设置刀具参数。选择 T4747 直径 ϕ30mm 的钻头；刀具号码：2；补偿号码：2；半径补偿：0；刀长补正：0；刀具直径：30.0；切削进给率：0.1；主轴转速：300；主轴最大转速：2000；切削液：喷油；程序号码：20；起始行号：200；行号增量：2；注解：T2。

2）设定钻孔参数。安全高度：100.0；参考高度：2.0；要加工的表面：0.0；深度：-190.0。

4. 设置粗车内孔刀具路径

1）设置粗车内孔刀具参数。选择 T1616 外圆车刀；选择 CCMT 12 04 08 的刀具型号；刀具号码：3；补偿号码：3；切削进给率：0.2；主轴转速：300；主轴最大转速：1000；切削液：喷油；程序号码：30；起始行号：300；行号增量：2；注解：T3。

2）设置粗车内孔参数。粗车方向/角度：内径/0.0。其他参数同粗车外形。

3）设置进、退刀参数（同粗车外形）。

5. 设置精车内孔刀具路径

精车方向：选择内径。其他选项同精车外形。

6. 设置切内沟槽刀具路径

选择 T0303 内沟槽车刀；输入 N151.2-400-40-5G 的刀具型号。

1）设置刀具参数。主轴转速：300；主轴最大转速：1000；切削液：喷油；程序号码：40；起始行号：400；行号增量：2；注解：T4。

2）设置槽形参数。角度：-90.0，选择内径沟槽。

3）设置粗车内沟槽参数。安全间隙：5.0；粗车步进量：1.0；提刀偏移：0.5；切槽上方之素材：10；X 方向余留量：0.5；Z 方向余留量：0.5；暂留时间：0.4s；退刀移动方式：进给率；切槽壁边：平滑。

4）设置精车内沟槽参数。选择精修切槽；精修次数：1；精车步进量：0.5；X 方向余留量：0.0；Z 方向余留量：0.0。

5）设置进、退刀参数。

①进刀向量：角度：90°，长度：2.0，用鼠标移动指针至12点钟方向（为X轴负方向）。

②退刀向量：角度：-90°，长度：10，旋转倍率：90，用鼠标移动指针至6点钟方向（为X轴正方向）。

7. 设置内、外螺纹加工刀具路径

项目链接

设置内、外螺纹加工刀具路径的方法

“刀具路径”→“下一页”→“车螺纹”，设置车螺纹刀具参数，选择螺纹刀，设定刀具尺寸，设置螺纹形状参数，设置螺纹车削参数，“确定”。

（1）设置外螺纹加工刀具路径　选择T3636外螺纹刀；输入R166.0G-16UN01-100的刀具型号。

1）设置刀具参数。主轴转速：300；主轴最大转速：2000；切削液：喷油；程序号码：50；起始行号：500；行号增量：2；注解：T5。

如图7-3所示为车螺纹对话框，如图7-4所示为刀片对话框。

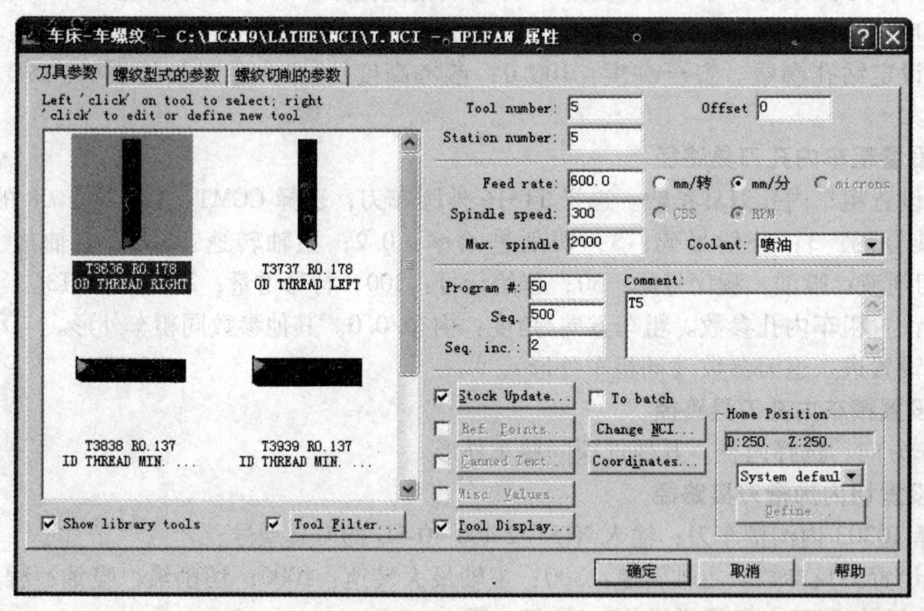

图7-3　车螺纹对话框

2）设置外螺纹形状参数。角度：60.0°；导程：2；螺纹外径：70；结束位置：-20；起始位置：0；螺纹的方向：外径；选择“运用通用公式计算”按钮计算螺纹内径值。

如图7-5所示为外螺纹形状参数对话框，如图7-6所示为运用公式计算对话框。

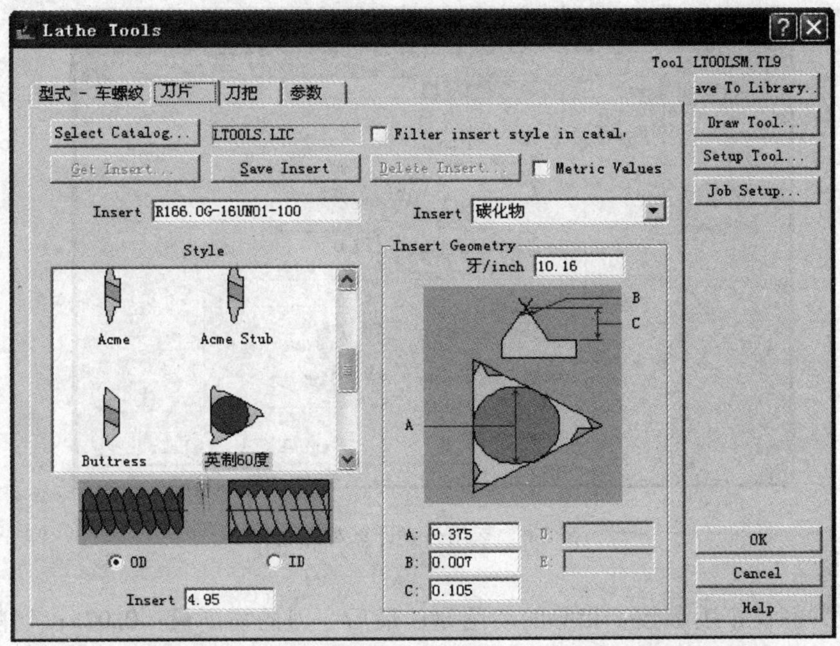

图 7-4　刀片对话框

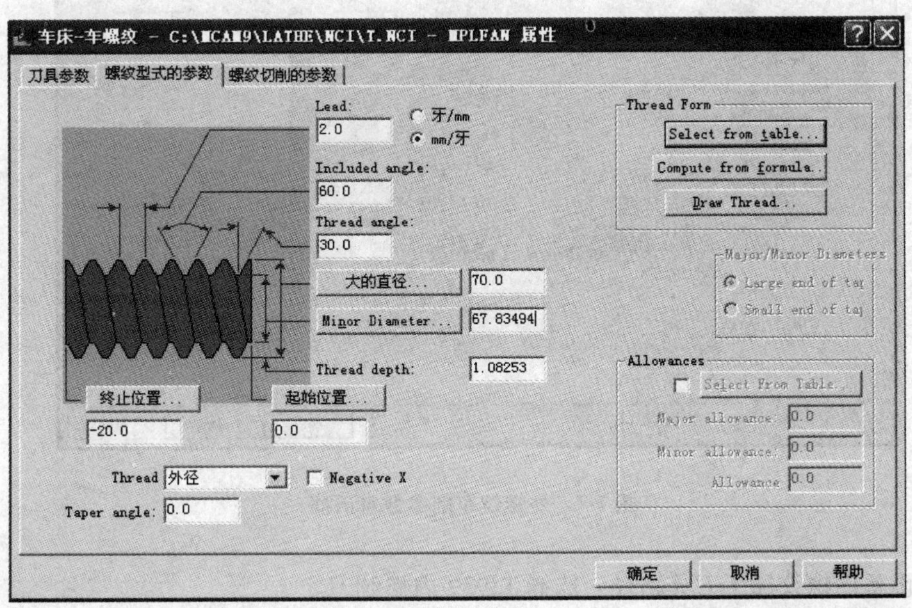

图 7-5　外螺纹形状参数对话框

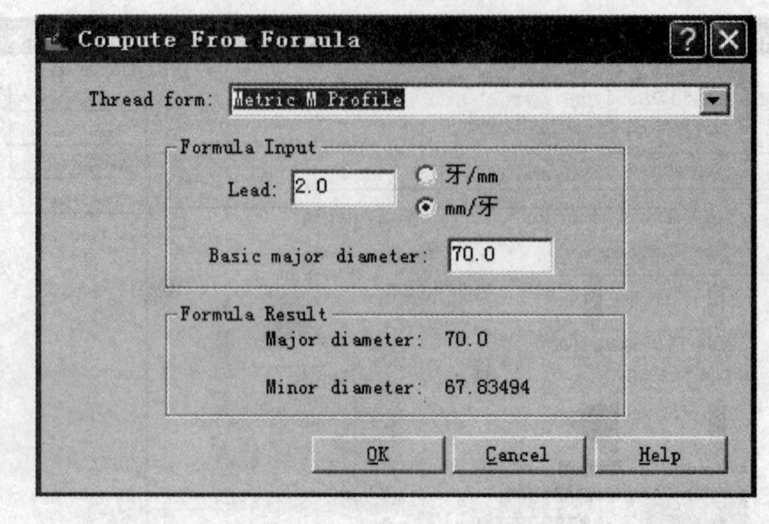

图 7-6 运用公式计算对话框

3）设置外螺纹车削参数。相等的切削量；最后一刀的切削量：0.025；切削次数：7；起始的牙数：1；最后深度的修光次数：2。

如图 7-7 所示为外螺纹车削参数对话框。

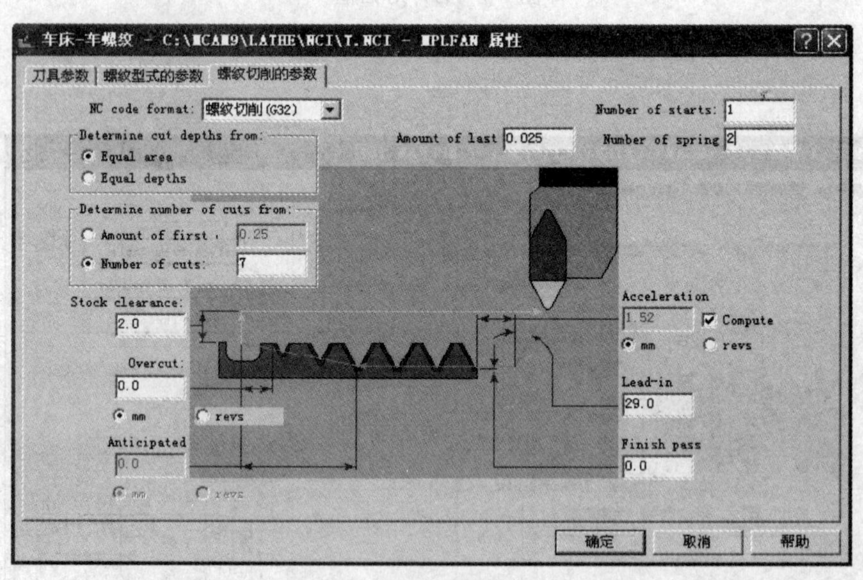

图 7-7 外螺纹车削参数对话框

（2）设置内螺纹加工刀具路径 选择 T3939 内螺纹刀。

1）设置刀具参数。主轴转速：300；主轴最大转速：2000；切削液：喷油；程序号码：60；起始行号：600；行号增量：2；注解：T6。

2）设置内螺纹形状参数。角度：60.0°；导程：1.5；螺纹外径：60；终止位置：-71；

起始位置：-51；螺纹的方向：内径；选择“运用通用公式计算”按钮计算螺纹内径值。其余设置同外螺纹形状参数。

如图 7-8 所示为内螺纹形状参数对话框。

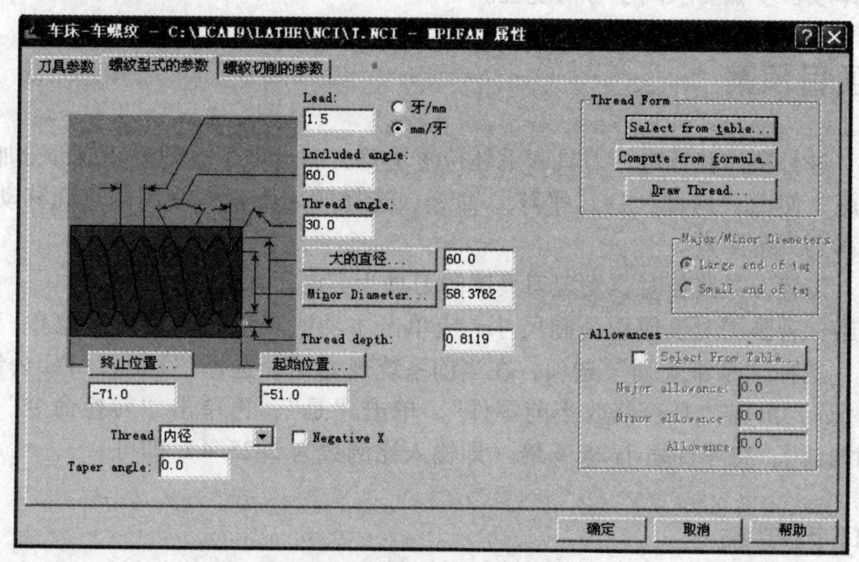

图 7-8　内螺纹形状参数对话框

（七）刀具路径检验

刀具路径检验前，应先设定毛坯的形状、大小，以及工件的原点。对于该零件，应选择圆柱体毛坯，中心在轴上，选择 Z 轴，X100（圆柱体的直径），Z185（圆柱体的长度）。将零件的刀具路径原点（即零件的右端面的中心点）移动到数控系统原点。验证方法同学习情境五。验证如果有错误，可使用“刀具路径”→“管理”命令进行修改。

（八）后置处理

操作方法同学习情境五。

（九）模拟仿真加工

操作方法同学习情境五。

三、项目路径和步骤

1. 项目路径

项目实施路径如图 5-23 所示。

2. 项目步骤

4）绘制零件实体。（2.5 学时）

5）设置加工刀具路径。（3 学时）

6）生成数控加工程序。（1 学时）

8）加工零件。（5.8 学时）

其他具体项目步骤要求同学习情境五。

四、项目预案

问题一　进行实体验证时，刀具和毛坯位置不符，刀具加工不到毛坯或部分加工。

解决措施：使用“修整”→“平移”命令，选择所用图素，使用两点间移动，将右断面的中心点移到系统原点。

问题二　设置刀具路径时，发现刀具库的刀具为英制尺寸。

解决措施：若画图时没使用公制尺寸，应单击主功能表里的“萤幕”菜单，打开“萤幕”对话框，选择“系统规划”选项，在当前系统规划档处选择“Lathe. CFG 公制”选项，并单击“确定”，出现“是否修改当前零件”，单击“是”；再单击“转换命令”菜单，选择“等比例缩放”，将零件缩小 25.4 倍（即输入比例数为 1/25.4）即可。

五、项目实施

1. 组织形式

每三位同学一组，每组 1 名数控车床，3 台计算机。

2. 生产准备

每工位配备实训用品一套。刃具准备清单见表 7-1。

表 7-1　刃具准备清单

序　号	名　称	规　格	材　料	数　量	备　注
1	外圆车刀	90°	硬质合金	1	
2	外圆车刀	45°	硬质合金	1	
3	外切断刀	宽 5mm	硬质合金	1	
4	外螺纹刀	60°	硬质合金	1	
5	内螺纹刀	60°	硬质合金	1	
6	内孔刀	45°	硬质合金	1	
7	内切断刀	宽 5mm	硬质合金	1	
8	钻头	ϕ30mm	高速钢	1	

设备选用清单见表 1-8。工具、量具准备清单见表 1-9。

六、项目评价

项目评价见表 7-2。

表 7-2　项目评价表

<table>
<tr><td colspan="3">项目编号</td><td></td><td>学生加工时间</td><td>5.8 学时</td><td colspan="2">学生姓名</td><td>总分</td><td></td></tr>
<tr><td>类别</td><td>序号</td><td>评价项目</td><td>评价内容及要求</td><td>评分标准</td><td>配分</td><td>学生自评</td><td>学生互评</td><td>教师评价</td><td>得分</td></tr>
<tr><td rowspan="14">技术考评</td><td>1</td><td rowspan="6">内、外径尺寸</td><td>$\phi96_{-0.04}^{0}$ mm</td><td>超差 0.01 扣 2 分</td><td>10</td><td></td><td></td><td></td><td></td></tr>
<tr><td>2</td><td>$\phi74_{-0.025}^{0}$ mm</td><td>超差 0.01 扣 2 分</td><td>10</td><td></td><td></td><td></td><td></td></tr>
<tr><td>3</td><td>$\phi76_{-0.025}^{0}$ mm</td><td>超差 0.01 扣 2 分</td><td>10</td><td></td><td></td><td></td><td></td></tr>
<tr><td>4</td><td>M70 × 2</td><td>超差无分</td><td>5</td><td></td><td></td><td></td><td></td></tr>
<tr><td>5</td><td>M60 × 1.5</td><td>超差无分</td><td>5</td><td></td><td></td><td></td><td></td></tr>
<tr><td>6</td><td>一般公差尺寸</td><td>超差无分</td><td>10</td><td></td><td></td><td></td><td></td></tr>
<tr><td>7</td><td rowspan="2">长度尺寸</td><td>(175 ± 0.05) mm</td><td>超差无分</td><td>10</td><td></td><td></td><td></td><td></td></tr>
<tr><td>8</td><td>一般公差尺寸</td><td>超差无分</td><td>10</td><td></td><td></td><td></td><td></td></tr>
<tr><td>9</td><td rowspan="4">其他尺寸</td><td>C2</td><td>超差无分</td><td>5</td><td></td><td></td><td></td><td></td></tr>
<tr><td>10</td><td>R30mm、R15mm</td><td>超差无分</td><td>5</td><td></td><td></td><td></td><td></td></tr>
<tr><td>11</td><td>R25mm、R15mm</td><td>超差无分</td><td>5</td><td></td><td></td><td></td><td></td></tr>
<tr><td>12</td><td>$R_a1.6\mu m$、$R_a3.2\mu m$</td><td>每降一级扣 1 分</td><td>5</td><td></td><td></td><td></td><td></td></tr>
<tr><td>13</td><td>尺寸检测</td><td>自检尺寸正确</td><td>不正确无分</td><td>5</td><td></td><td></td><td></td><td></td></tr>
<tr><td>14</td><td>完成时间</td><td>按时完成任务</td><td>不按时完成无分</td><td>5</td><td></td><td></td><td></td><td></td></tr>
<tr><td rowspan="4">非技术考评</td><td>15</td><td>安全生产</td><td>遵守机床安全操作规程</td><td>不遵守酌情扣 1 ~ 5 分</td><td></td><td></td><td></td><td></td><td></td></tr>
<tr><td>16</td><td>文明生产</td><td>遵守文明生产规则</td><td>不遵守酌情扣 1 ~ 5 分</td><td></td><td></td><td></td><td></td><td></td></tr>
<tr><td>17</td><td>环保生产</td><td>遵守环保生产规则</td><td>不遵守酌情扣 1 ~ 5 分</td><td></td><td></td><td></td><td></td><td></td></tr>
<tr><td>18</td><td>其他</td><td></td><td>酌情扣 1 ~ 5 分</td><td></td><td></td><td></td><td></td><td></td></tr>
</table>

注：1. 发生人身和设备事故时，应立即向指导教师报告，由指导教师组织学生立即报警抢救，并及时向主管领导汇报。

2. 严重违反工艺原则和情节严重的野蛮操作等，由指导教师按实习管理制度进行处理。

七、项目作业（课外完成）

完成图 7-9 所示轴的工艺方案制定、实体构造与自动编程。

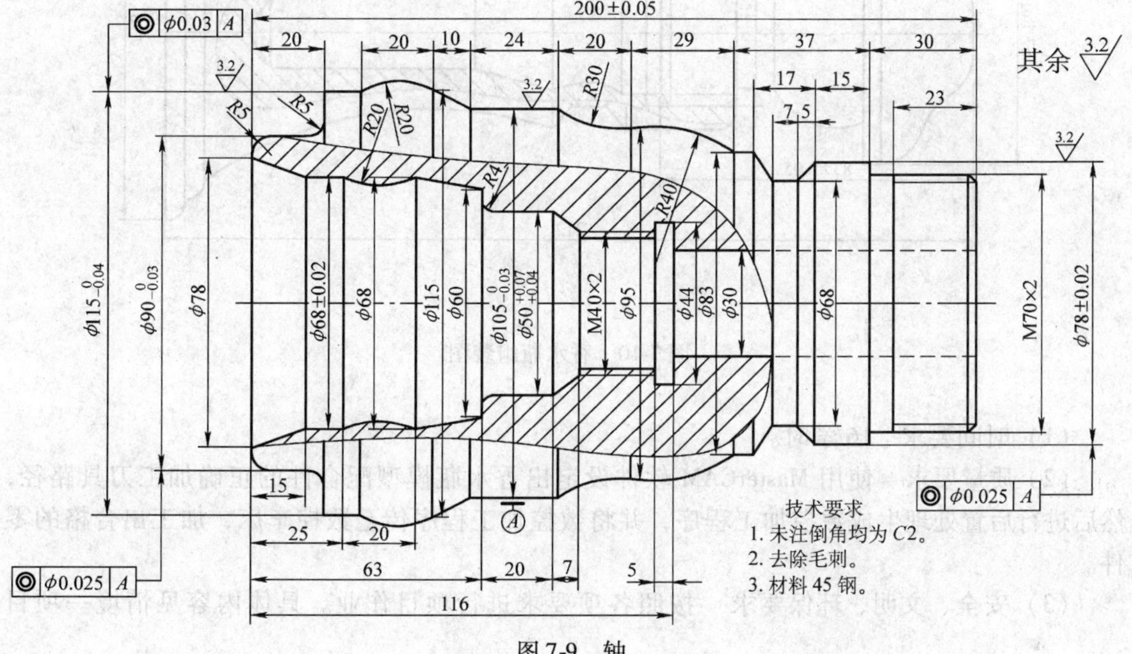

图 7-9　轴

八、项目拓展

1）除给定的两种加工工艺方案外，再拟定一种或两种可行的方案，并对比拟定的方案与给定的方案。

2）外形线除可用连续线、平行线绘制外，还可以用极坐标线绘制。试用极坐标线绘制外形线。

项目二　配合件的实体构造与数控车削自动编程加工

一、项目要求

以图7-10、图7-11、图7-12所示的香水瓶模型配合件的实体构造与自动编程加工为例，使学生学会数控车削配合件的实体构造与自动编程加工。

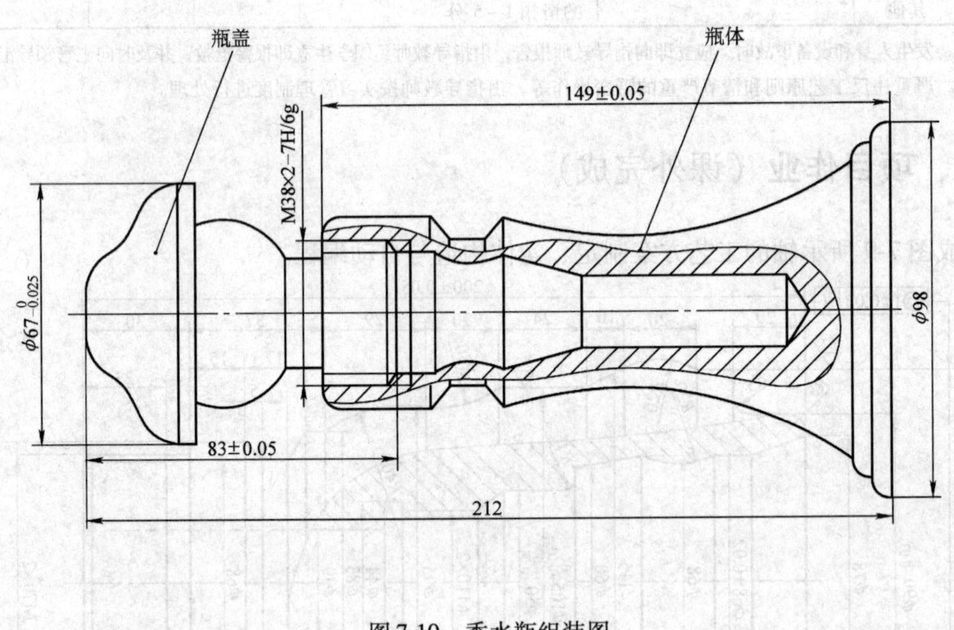

图7-10　香水瓶组装图

（1）时间要求　16学时。

（2）质量要求　使用MasterCAM软件设定出香水瓶模型配合件的正确加工刀具路径，然后进行后置处理生成数控加工程序，并将数控加工程序传至数控车床，加工出合格的零件。

（3）安全、文明、环保要求　按照各项要求进行项目作业。具体内容见情境一项目二。

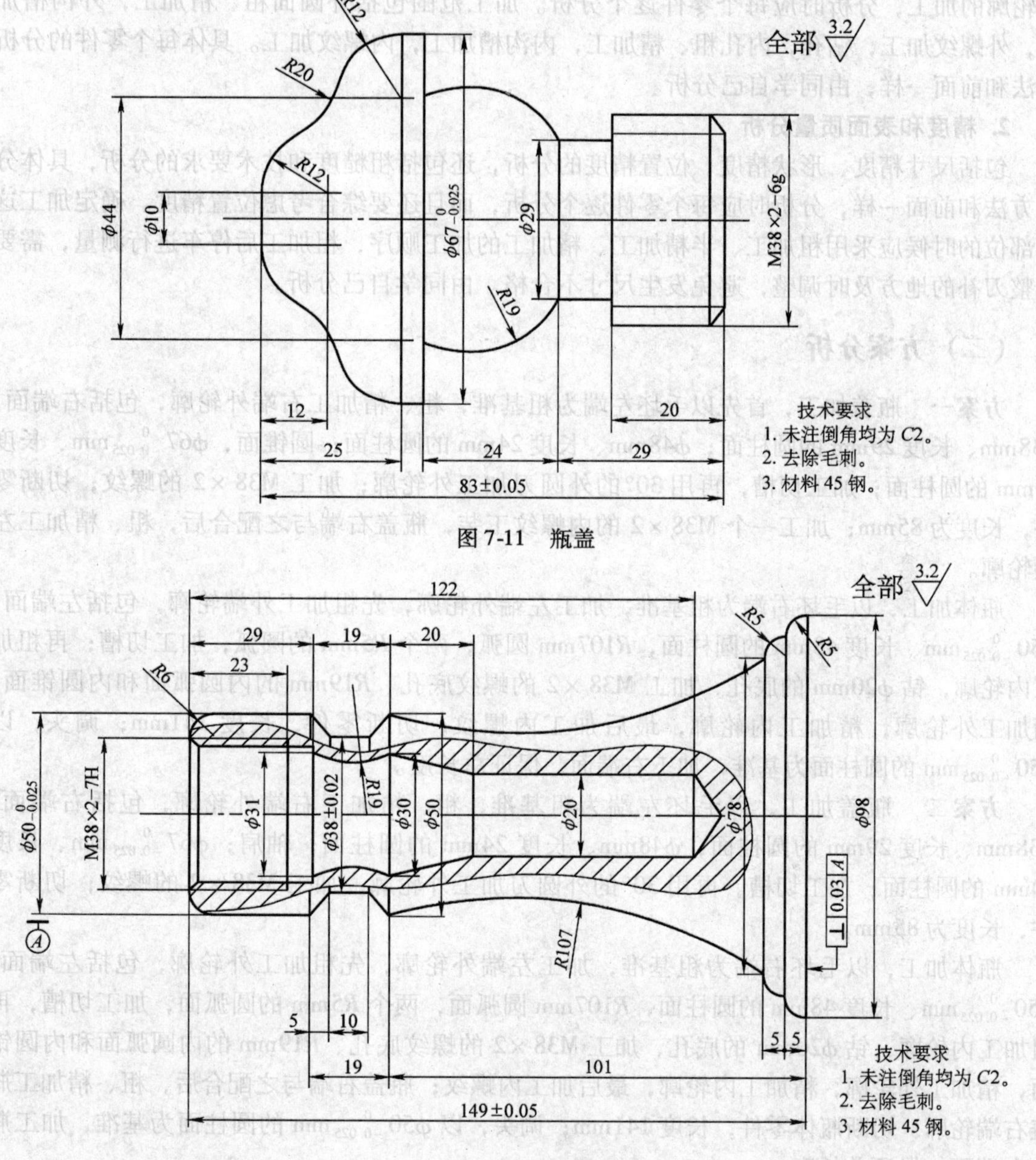

图 7-11 瓶盖

图 7-12 瓶体

二、项目分析

（一）图样分析

1. 加工部位

该零件是内外轮廓综合加工的配合零件，不只是一个零件的加工，且每个零件包括内、外轮廓的加工，分析时应每个零件逐个分析。加工范围包括外圆面粗、精加工，外沟槽加工，外螺纹加工，钻孔，内孔粗、精加工，内沟槽加工，内螺纹加工。具体每个零件的分析方法和前面一样，由同学自己分析。

2. 精度和表面质量分析

包括尺寸精度、形状精度、位置精度的分析，还包括粗糙度和技术要求的分析，具体分析方法和前面一样，分析时应每个零件逐个分析，而且还要综合考虑位置精度。确定加工这些部位的时候应采用粗加工、半精加工、精加工的加工顺序，粗加工后停车进行测量，需要调整刀补的地方及时调整，避免发生尺寸不合格。由同学自己分析。

（二）方案分析

方案一　瓶盖加工，首先以毛坯左端为粗基准，粗、精加工右端外轮廓，包括右端面，$\phi38$mm、长度29mm的圆柱面；$\phi48$mm、长度24mm的圆柱面；圆锥面，$\phi67_{-0.025}^{0}$mm、长度30mm的圆柱面；加工切槽，再用30°的外圆刀加工外轮廓；加工M38×2的螺纹；切断零件，长度为85mm；加工一个M38×2的内螺纹工装，瓶盖右端与之配合后，粗、精加工左端轮廓。

瓶体加工，以毛坯右端为粗基准，加工左端外轮廓，先粗加工外端轮廓，包括左端面，$\phi50_{-0.025}^{0}$mm、长度48mm的圆柱面，$R107$mm圆弧，两个$R5$mm的圆弧，加工切槽；再粗加工内轮廓，钻$\phi20$mm的底孔，加工M38×2的螺纹底孔、$R19$mm的内圆弧面和内圆锥面，精加工外轮廓，精加工内轮廓，最后加工内螺纹；切断零件，长度141mm；调头，以$\phi50_{-0.025}^{0}$mm的圆柱面为基准，加工右端面，保证总长度。

方案二　瓶盖加工，以毛坯左端为粗基准，粗、精加工右端外轮廓，包括右端面，$\phi38$mm、长度29mm的圆柱面；$\phi48$mm、长度24mm的圆柱面；轴肩；$\phi67_{-0.025}^{0}$mm、长度30mm的圆柱面；加工切槽。再用30°的外圆刀加工外轮廓，加工M38×2的螺纹；切断零件，长度为85mm。

瓶体加工，以毛坯右端为粗基准，加工左端外轮廓，先粗加工外轮廓，包括左端面，$\phi50_{-0.025}^{0}$mm、长度48mm的圆柱面，$R107$mm圆弧面，两个$R5$mm的圆弧面，加工切槽，再粗加工内轮廓，钻$\phi20$mm的底孔，加工M38×2的螺纹底孔、$R19$mm的内圆弧面和内圆锥面，精加工外轮廓，精加工内轮廓，最后加工内螺纹；瓶盖右端与之配合后，粗、精加工瓶盖右端轮廓；切断瓶体零件，长度141mm；调头，以$\phi50_{-0.025}^{0}$mm的圆柱面为基准，加工瓶体右端面，保证总长度。

两种方案比较：

数控加工属于半自动化加工，适合采用集中工序。由零件图加工部位分析可知，该配合零件都属于回转件内、外轮廓加工，适合车削加工。该配合零件有外圆面和内孔面加工，由零件图精度和表面质量分析可知，应采用粗车、精车的加工阶段。两种方案都采用了工序集中的原则，也都采用数控车削加工，且分为粗车、精车两个阶段。

两种方案选用的定位基准和加工顺序基本相同，不同的是，方案一在加工瓶盖右端时，制作一个内螺纹的小工装，方案二则以瓶体左端内螺纹直接作为瓶盖的工装进行加工。比较两种方案，方案一适合用于批量生产，方案二更适合用于单件小批量生产，本项目要求单件小批量，因此更适合采用方案二。

（三）夹具分析

车床常用夹具及其适用场合见表 1-5。

该项目的配合零件都为一般轴套类零件，查表 1-5，可选择的夹具有三爪自定心卡盘和顶尖，但顶尖只用于中心孔定位，而三爪自定心卡盘一般用于外圆柱或内圆柱孔定位。本项目的加工方案已经确定使用外圆柱面作为定位基准进行加工，所以可以直接使用三爪自定心卡盘，其定位、装夹简单，定位精度比较高。

（四）刀具、材料、切削用量分析

刀具、切削用量应根据工件材料来选择，几种常用材料的刀具及切削用量见表 1-6。

根据被加工材料、工件的直径，选择 v_c、f 的取值，再由计算公式 $n = 1000v_c/\pi d$、$v_f = nf$，计算出粗精加工的 n、v_f 的取值范围，然后根据具体情况选取合适的 n、v_f 数值。加工时，根据需要随时可以进行修调。刀具需用硬质合金车刀（YT15 刀具）：加工内圆弧、内圆柱时，应用 45°内圆弧刀；加工外圆柱面和端面时，应选用 90°外圆刀；加工外圆弧时，应选用 30°外圆刀；切槽、切断时，选用宽 5mm 切槽刀；加工内、外螺纹时，选用 60°的内、外螺纹刀。

（五）实体构造

1. 绘制零件实体的外形线

可以用连续线，按坐标输入方式绘制直线和斜线图形，也可以用水平线、垂直线和平行线绘制直线，用任意线段或极坐标线绘制斜线，再用“修整”菜单下的“修剪延伸”命令修剪图形，用两点圆弧绘制圆弧。

将线型改成点画线型，绘制中心线。

将线型改成粗实线型，绘制其他线形。

绘制的瓶盖、瓶体的外形线如图 7-13、图 7-14 所示。

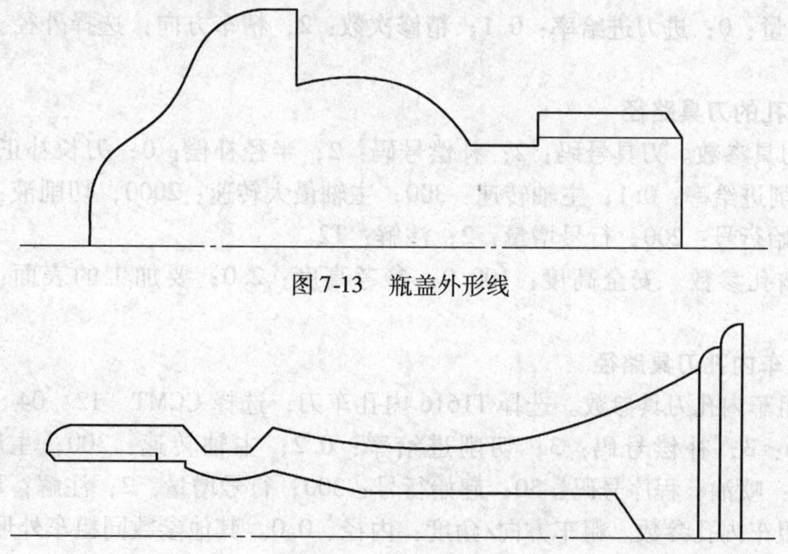

图 7-13　瓶盖外形线

图 7-14　瓶体外形线

2. 绘制曲面和实体

直接以中心线作为旋转轴，封闭线形为外形线绘制旋转实体。

操作："实体"→"旋转"，选择旋转图素，选择中心线为旋转轴，"执行"，选择旋转的目标为产生主体，旋转角度设定起始角0°、终止角360°，"是否产生薄壁"选择否，"确定"。

也可将瓶盖、瓶体两个外形线先绘制成曲面，再转换成实体。由同学自己练习。

（六）刀具路径设定

由工艺分析可知，需先粗车、精车瓶盖右端外轮廓，然后切断，粗、精加工瓶体左端内外轮廓，瓶盖与瓶体配合后，加工瓶盖左端轮廓，切断瓶体，最后调头粗车、精车瓶体右端面。对于自动加工，需调头加工时，应保存两个文件，并把实体左右调头。

加工顺序按上面确定的方式，加工路径设定参数如下（对瓶盖瓶体都适用）：

1. 设置粗车外形刀具路径

1）设置粗车刀具参数。选择T0101内孔车刀；选择CNMG　12　04　08的刀具型号；刀具号码：1；补偿号码：1；切削进给率：0.1；主轴转速：300；主轴最大转速：2000；切削液：喷油；程序号码：0；起始行号：10；行号增量：10；注解：T1。

2）设置粗车参数。重叠量：0.2；粗车步进：2.0；X方向余留量：0.5；Z方向余留量：0.5；进刀延伸量：5；补正位置：右补正；刀具走圆弧在转角处：全走圆角；进刀进给率：0.1；切削方式：单向；粗车方向/角度：外径。

3）设置进、退刀参数。

①进刀向量：角度：180°，长度：2.0，用鼠标移动指针至9点钟方向（为Z轴负方向）。

②退刀向量：角度：90°，长度：25，旋转倍率：90。

2. 设置精车外形刀具路径

主轴转速：600；主轴最大转速：2000；重叠量：0.2；精车步进：1.0；X方向余留量：0；Z方向余留量：0；进刀进给率：0.1；精修次数：2；精车方向：选择外径。其他参数同粗车外形。

3. 设定钻孔的刀具路径

1）设置刀具参数。刀具号码：2；补偿号码：2；半径补偿：0；刀长补正：0；刀具直径：20.0；切削进给率：0.1；主轴转速：300；主轴最大转速：2000；切削液：喷油；程序号码：20；起始行号：200；行号增量：2；注解：T2。

2）设定钻孔参数。安全高度：100.0；参考高度：2.0；要加工的表面：0.0；深度：-122.0。

4. 设置粗车内孔刀具路径

1）设置粗车内孔刀具参数。选择T1616内孔车刀；选择CCMT　12　04　08的刀具型号；刀具号码：3；补偿号码：3；切削进给率：0.2；主轴转速：300；主轴最大转速：1000；切削液：喷油；程序号码：30；起始行号：300；行号增量：2；注解：T3。

2）设置粗车内孔参数。粗车方向/角度：内径、0.0。其他参数同粗车外形。

3）设置进、退刀参数（同粗车外形）。

5. 设置精车内孔刀具路径

精车方向：选择内径。其他参数同精车外形。

6. 设置切内、外沟槽刀具路径

1）选择 T1818 外沟槽车刀和 T3434 内沟槽车刀，输入 N151. 2-400-40-5G 的刀具型号。

2）设置刀具参数。主轴转速：300；主轴最大转速：1000；切削液：喷油；程序号码：40；起始行号：400；行号增量：10；注解：T4。

3）设置槽形参数。角度：90. 0°，选择外径沟槽，或角度：－90. 0°，选择内径沟槽。

4）设置粗车槽参数。安全间隙：5. 0；粗车步进量：1. 0；提刀偏移：0. 5；切槽上方原料余量：10；X 方向余留量：0. 5；Z 方向余留量：0. 5；暂留时间：0. 4s；退刀移动方式：进给率；切槽壁边：平滑。

5）设置精车槽参数。选择精修切槽；精修次数：1；精车步进量：0. 5；X 方向余留量：0. 0；Z 方向余留量：0. 0。

6）设置进、退刀参数。

①进刀向量：角度：90°，长度：2. 0，用鼠标移动指针至 12 点钟方向（为 X 轴负方向）。

②退刀向量：角度：－90°，长度：2，旋转倍率：90，用鼠标移动指针至 6 点钟方向（为 X 轴正方向）。

7. 设置内、外螺纹加工刀具路径

（1）设置外螺纹加工刀具路径　选择 T3636 外螺纹刀，输入 R166. 0G-16UN01-100 的刀具型号。

1）设置刀具参数。主轴转速：300；主轴最大转速：2000；切削液：喷油；程序号码：50；起始行号：500；行号增量：2；注解：T5。

2）设置螺纹形状参数。角度：60. 0°；导程：1. 5；螺纹外径：38；结束位置：－24；起始位置：0；螺纹的方向：外径。选择“运用通用公式计算”按钮计算螺纹内径值。

3）设置螺纹车削参数。相等的切削量；最后一刀的切削量：0. 025；切削次数：7；起始的牙数：1；最后深度的修光次数：2。

（2）设置内螺纹加工刀具路径　选择 T3939 内螺纹刀。

1）设置刀具参数。主轴转速：300；主轴最大转速：2000；切削液：喷油；程序号码：60；起始行号：600；行号增量：10；注解：T6。

2）设置螺纹形状参数。角度：60. 0°；导程：1. 5；螺纹外径：38；结束位置：－24；起始位置：0；螺纹的方向：内径。选择“运用通用公式计算”按钮计算螺纹内径值。

具体操作由学生自己做出。

（七）刀具路径检验

刀具路径检验前，应先设定毛坯的形状、大小，以及工件的原点。对于该配合零件，都应选择圆柱体毛坯，中心在轴上，选择 Z 轴；瓶盖 X75（圆柱体的直径），Z90（圆柱体的长度）；瓶体 X100（圆柱体的直径），Z160（圆柱体的长度）。运用边界盒，将零件的刀具路径原点（即零件的右端面的中心点）移动到数控系统原点。验证方法同学习情境五。验证如果有错误，可使用“刀具路径”→“管理”命令进行修改。

（八）后置处理

实体验证无误后，进行后置处理，以生成数控加工程序。其间选择法拉克处理系统，自动生成数控加工程序。程序中存在一些和系统不相符的指令，应进行修改，改成相应数控系统的指令。

（九）模拟仿真加工

直接调用后置处理生成的数控加工程序，进行程序调试，并模拟仿真加工。模拟加工的操作方法和手动编程一样，重点是程序的调试，要修改程序指令与所选系统不一致的地方。

三、项目路径和步骤

1. 项目路径

项目实施路径如图 5-23 所示。

2. 项目步骤

4）绘制零件实体。(2.5 学时)

5）设置加工刀具路径。(3 学时)

6）生成数控加工程序。(1 学时)

8）加工零件。(5.8 学时)

其他具体项目步骤要求同学习情境五。

四、项目预案

问题一 进行实体验证时，毛坯尺寸和需要的大小不一致。

解决措施：在进行实体验证前，应先选择“刀具路径”→“工件设定”命令，设定毛坯的直径和长度；或在实体验证时，选择“实体验证”对话框中的“参数设定”按钮，在打开的“实体验证参数设定”对话框中设定工件的直径和长度。

问题二 加工零件时，加工外形或内孔，沟槽部分被加工或损坏。

解决措施：使用“绘图”命令在沟槽上绘制直线，并且在选择加工线形时，选择绘制的直线，而不选沟槽。

五、项目实施

1. 组织形式

每三位同学一组；每组 1 台数控车床，3 台计算机。

2. 生产准备

每工位配备实训用品一套。刃具准备清单见表 7-3。

表 7-3　刃具准备清单

序　号	名　称	规　格	材　料	数　量	备　注
1	外圆车刀	90°	硬质合金	1	
2	外圆车刀	30°	硬质合金	1	
3	外沟槽车刀	宽 5mm	硬质合金	1	
4	内孔车刀	45°	硬质合金	1	
5	内沟槽车刀	宽 5mm	硬质合金	1	
6	钻头	ϕ20mm	高速钢	1	
7	外螺纹刀	60°	硬质合金	1	
8	内螺纹刀	60°	硬质合金	1	

设备选用清单见表 1-8。工、量具准备清单见表 1-9。

六、项目评价

项目评价见表 7-4。

表 7-4　项目评价表

项目编号			学生加工时间		5.8 学时	学生姓名			总分	
类别	序号	评价项目	评价内容及要求	评分标准	配分	学生自评	学生互评	教师评价	得分	
技术考评	1	内、外径尺寸	$\phi67_{-0.025}^{\ 0}$ mm	超差 0.01 扣 2 分	10					
	2		$\phi50_{-0.025}^{\ 0}$ mm	超差 0.01 扣 2 分	10					
	3		$\phi(38 \pm 0.02)$ mm	超差 0.01 扣 2 分	10					
	4		一般公差尺寸	超差无分	10					
	5	长度尺寸	(83 ± 0.05) mm	超差无分	10					
	6		(149 ± 0.05) mm	超差无分	10					
	7		一般公差尺寸	超差无分	5					
	8	其他尺寸	$C2$	超差无分	5					
	9		螺纹配合	超差无分	10					
	10		$R_a1.6\mu m$、$R_a3.2\mu m$	每降一级扣 1 分	10					
	11	尺寸检测	自检尺寸正确	不正确无分	5					
	12	完成时间	按时完成任务	不按时完成无分	5					
非技术考评	13	安全生产	遵守机床安全操作规程	不遵守酌情扣 1 ~ 5 分						
	14	文明生产	遵守文明生产规则	不遵守酌情扣 1 ~ 5 分						
	15	环保生产	遵守环保生产规则	不遵守酌情扣 1 ~ 5 分						
	16	其他		酌情扣 1 ~ 5 分						

注：1. 发生人身和设备事故时，应立即向指导教师报告，由指导教师组织学生立即报警抢救，并及时向主管领导汇报。

2. 严重违反工艺原则和情节严重的野蛮操作等，由指导教师按实习管理制度进行处理。

七、项目作业（课外完成）

完成图 7-15、图 7-16、图 7-17 所示香水瓶的工艺方案制定、实体构造与自动编程。

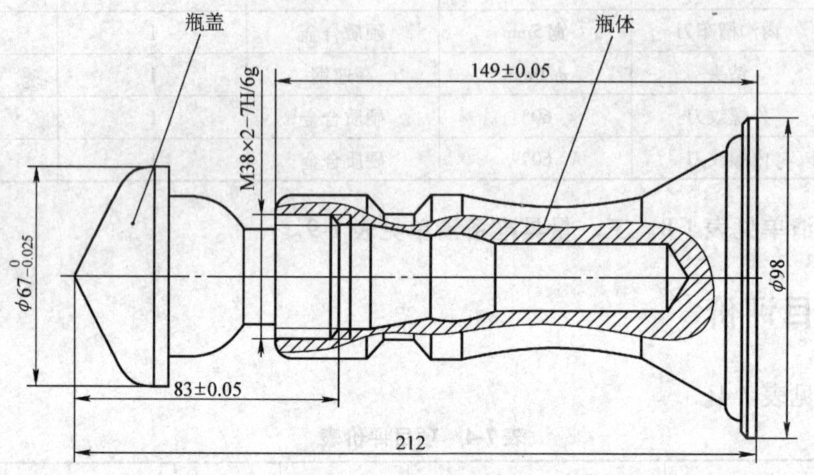

图 7-15　香水瓶组装图 2

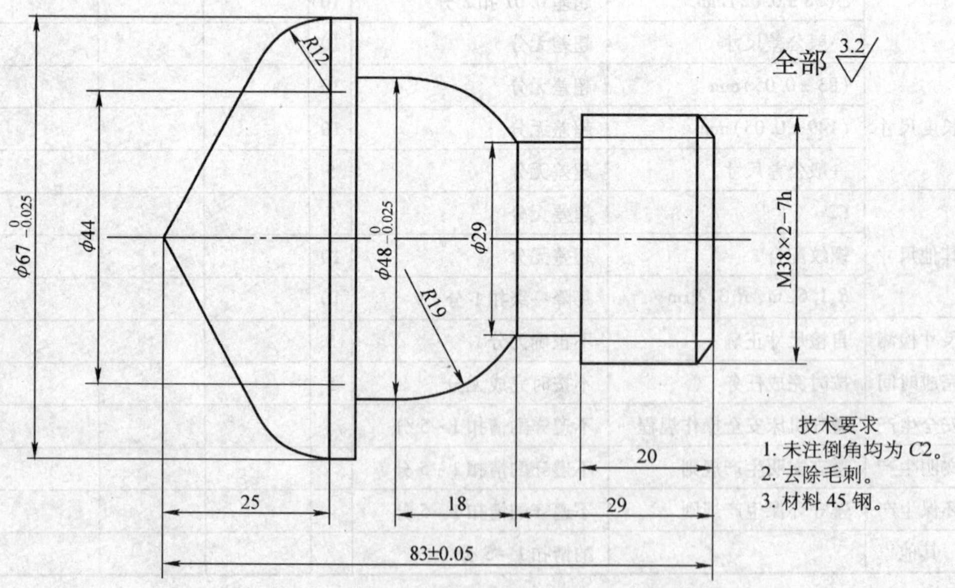

图 7-16　瓶盖 2

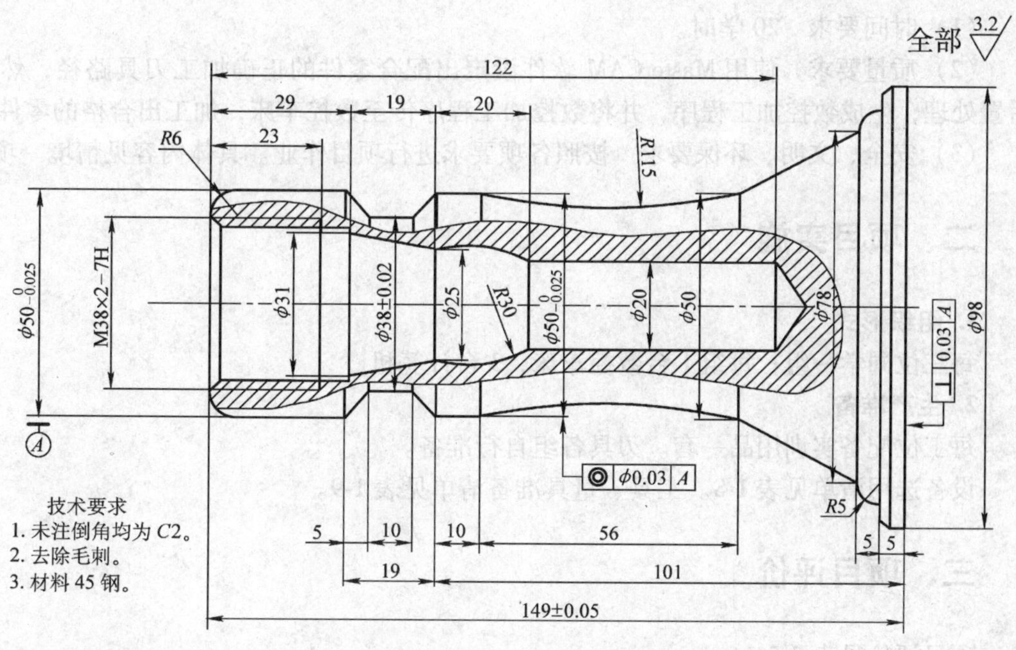

图 7-17　瓶体 2

八、项目拓展

1）除给定的两种加工工艺方案外，再拟定一种或两种可行的方案，并对比拟定的方案与给定的方案。

2）外形线除可用连续线、平行线绘制外，还可以用极坐标线绘制。试用极坐标线绘制外形线。

项目三　自行设计配合件的实体构造与数控车削自动编程加工

一、项目要求

由学生独立设计数控车削配合件，并完成配合件的实体构造和自动编程加工。

1. 零件难度要求

1）零件设计为配合件。

2）配合件加工部位包括：外圆柱加工、外圆锥加工、外圆弧加工、外切槽加工、外螺纹加工、内圆柱加工、内圆锥加工、内圆弧加工、内切槽加工、内螺纹加工、钻孔加工。

3）加工精度等级达到7级精度。

2. 项目总体要求

（1）时间要求　20 学时。

（2）质量要求　使用 MasterCAM 软件设定出配合零件的正确加工刀具路径，然后进行后置处理，生成数控加工程序，并将数控加工程序传至数控车床，加工出合格的零件。

（3）安全、文明、环保要求　按照各项要求进行项目作业。具体内容见情境一项目二。

二、项目实施

1. 组织形式

每三位同学一组；每组 1 台数控车床，3 台计算机。

2. 生产准备

每工位配备实训用品一套。刀具各组自行准备。

设备选用清单见表 1-8。工具、量具准备清单见表 1-9。

三、项目评价

项目评价见表 7-5。

表 7-5　项目评价表

项目编号		学生加工时间		5.8 学时	学生姓名		总分	
类别	序号	评价项目	评价内容及要求	评分标准	配分	学生自评	学生互评	教师评价	得分
技术考评	1	配合件设计	设计新颖、合理	不正确酌情扣 1 ~ 15 分	20				
	2	加工方案	合理	不合理酌情扣 1 ~ 10 分	10				
	3	绘制零件实体	绘制正确	不正确酌情扣 1 ~ 5 分	20				
	4	设定加工刀具路径	正确	不正确酌情扣 1 ~ 10 分	20				
	5	零件加工	加工零件不超差	超差酌情扣 1 ~ 20 分	20				
非技术考评	6	尺寸检测	自检尺寸正确	不正确无分	5				
	7	完成时间	按时完成任务	不按时完成无分	5				
	8	安全生产	遵守机床安全操作规程	不遵守酌情扣 1 ~ 5 分					
	9	文明生产	遵守文明生产规则	不遵守酌情扣 1 ~ 5 分					
	10	环保生产	遵守环保生产规则	不遵守酌情扣 1 ~ 5 分					
	11	其他		酌情扣 1 ~ 5 分					

注：1. 发生人身和设备事故时，应立即向指导教师报告，由指导教师组织学生立即报警抢救，并及时向主管领导汇报。

2. 严重违反工艺原则和情节严重的野蛮操作等，由指导教师按实习管理制度进行处理。

学习领域三

典型零件的加工中心手工编程与加工

学习情境八　外轮廓零件的加工中心编程与加工

项目一　仿真软件（华中世纪星）加工中心介绍与使用

一、数控铣床坐标系

1. 机床坐标系

机床坐标系是数控机床上用于确定运动的位移和方向而设置的坐标系。标准机床坐标系中的坐标轴X、Y、Z的相互关系由右手笛卡儿直角坐标系确定，如图1-1所示，大拇指的指向为X轴的正方向，食指指向为Y轴的正方向，中指指向为Z轴的正方向。

Z轴定义为机床主轴或平行于主轴的坐标轴。如果机床有一系列主轴，则选尽可能垂直于工件装夹面的主轴为Z轴；其正方向定义为从工作台到刀具夹持的方向，即刀具远离工作台的运动方向。

X坐标平行于工件的装夹平面；一般在水平面内确定X轴的方向时要考虑两种情况：

1）如果工件做旋转运动，则刀具离开工件的方向为X坐标的正方向。

2）如果刀具做旋转运动，则分为两种情况：Z坐标水平时，观察者沿刀具主轴向工件看时，+X运动方向指向右方；Z坐标垂直时，观察者面对刀具主轴向立柱看时，+X运动方向指向右方。Y轴的正方向则根据X轴和Z轴的方向按右手螺旋法则确定。相应地，旋转坐标轴A、B和C的正方向可在X、Y、Z坐标轴的正方向上按右手螺旋前进的方向来确定。

图8-1所示为典型卧式数控铣床的坐标系。

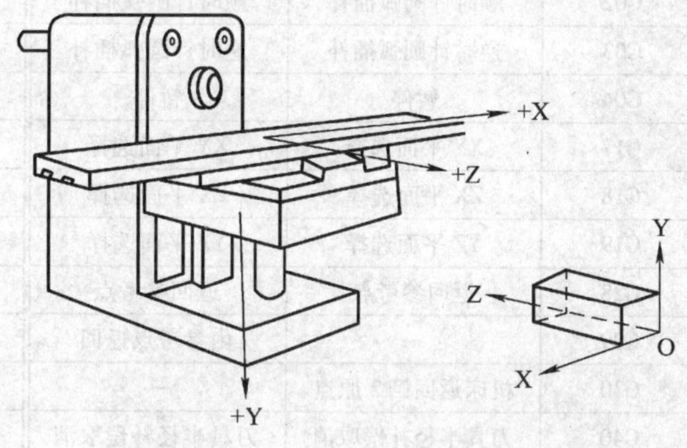

图8-1　卧式数控铣床的坐标系

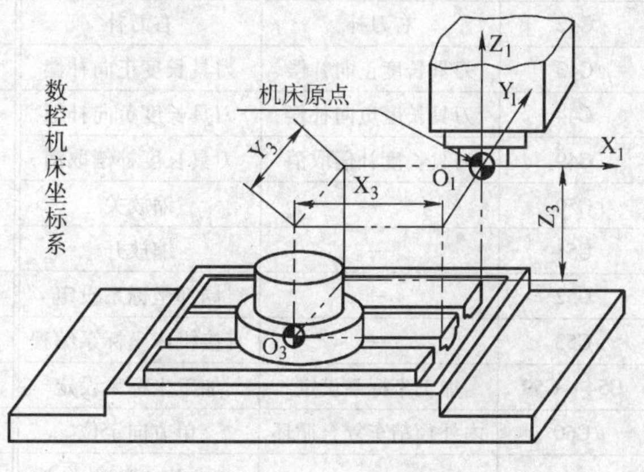

图8-2　加工中心编程坐标系

2. 编程坐标系

编程坐标系是编程人员根据零件图及加工工艺等建立的坐标系。

编程原点是根据零件图及加工工艺要求选定的编程坐标系原点。它应尽量选择在零件的设计基准或工艺基准上。编程坐标系中各轴的方向应与所使用的数控机床的坐标轴方向一致。图 8-2 中以 O_3 为编程原点建立的坐标系即为编程坐标系。

二、常用编程指令

1. 常见程序格式（同数控车削编程格式）

2. 常用编程指令（以华中世纪星 HNC-21M 系统为例）

（1）辅助功能（M 功能）（同数控车床）

（2）主轴功能（S 功能）（同数控车床）

（3）进给速度（F 功能）（同数控车床）

（4）刀具功能（T 功能） T 代码用于选刀，其后的两位数字表示选择的刀具号，如 T01、T02。

（5）加工中心进给控制指令 见表 8-1。

表 8-1 进给控制指令

G 功能字	FANUC 系统	华中系统	G 功能字	FANUC 系统	华中系统
G00	快速移动点定位	快速移动点定位	G64	—	连续方式
G01	直线插补	直线插补	G65	宏程序调用	子程序调用
G02	顺时针圆弧插补	顺时针圆弧插补	G68	—	旋转变换
G03	逆时针圆弧插补	逆时针圆弧插补	G69	—	旋转取消
G04	暂停	暂停	G73	深孔钻循环	深孔钻循环
G17	XY 平面选择	XY 平面选择	G74	逆攻螺纹循环	逆攻螺纹循环
G18	ZX 平面选择	ZX 平面选择	G76	精镗循环	精镗循环
G19	YZ 平面选择	YZ 平面选择	G80	固定循环取消	固定循环取消
G28	返回参考点	返回参考点	G81	定心钻循环	定心钻循环
G29	—	由参考点返回	G82	钻孔循环	钻孔循环
G30	机床返回第 2 原点	—	G83	深孔钻循环	深孔钻循环
G40	刀具半径补偿取消	刀具半径补偿取消	G84	攻螺纹循环	攻螺纹循环
G41	左刀补	左刀补	G85	镗孔循环	镗孔循环
G42	右刀补	右刀补	G86	镗孔循环	镗孔循环
G43	刀具长度正向补偿	刀具长度正向补偿	G87	反镗循环	反镗循环
G44	刀具长度负向补偿	刀具长度负向补偿	G88	镗孔循环	镗孔循环
G49	刀具长度补偿取消	刀具长度补偿取消	G89	镗孔循环	镗孔循环
G50	—	缩放关	G90	绝对值编程	绝对值编程
G51	—	缩放开	G91	增量值编程	增量值编程
G52	—	局部坐标系设定	G92	工件坐标系设定	工件坐标系设定
G53	—	直接机床坐标系编程	G94	每分钟进给量	每分钟进给量
G54 ~ G59	加工坐标系设定	加工坐标系设定	G95	每转进给量	每转进给量
G60	内外径精车复合循环	单方向定位	G98	固定循环返回起始点	固定循环返回起始点
G61	—	精确停止校验方式	G99	固定循环返回到 R 点	固定循环返回到 R 点

三、模拟仿真软件基本使用方法介绍

1. 数控加工仿真系统—加工中心华中世纪星系统操作面板

加工中心华中世纪星系统操作面板主要包括显示器、MDI 键盘、“急停”按钮、功能键和机床控制面板几部分，界面如图 8-3 所示。

2. 数控加工仿真系统—选择机床与数控系统界面

单击“选项”→“选择机床和系统”，进入数控加工仿真系统—选择机床与数控系统界面，如图 8-4 所示。

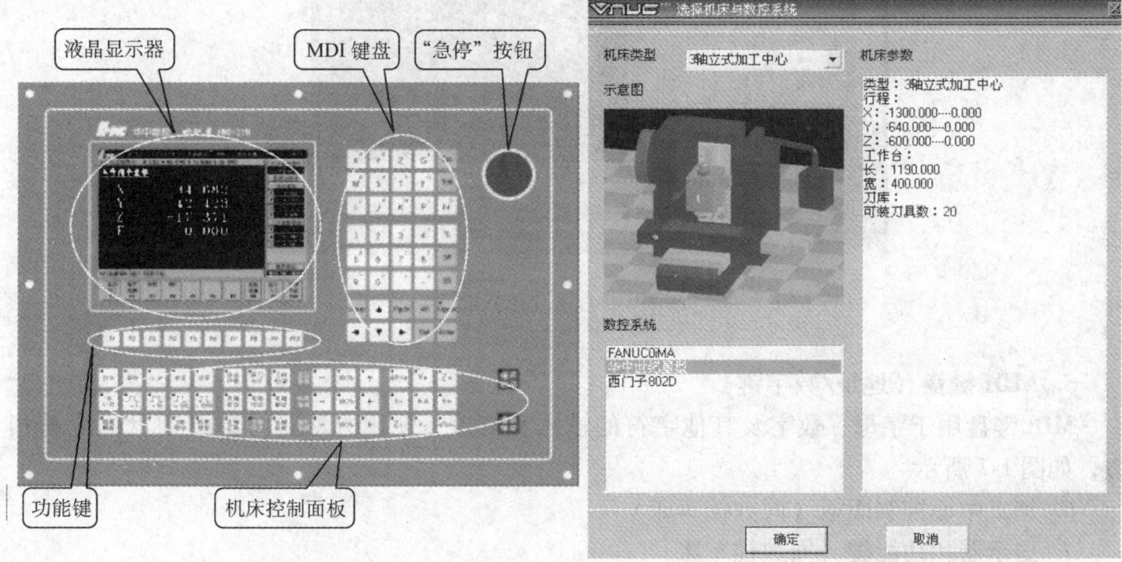

图 8-3 加工中心华中世纪星系统操作面板　　　　图 8-4 选择机床与数控系统界面

3. 数控加工仿真系统—刀具选择界面

单击“工艺流程”→“加工中心刀库”，进入数控加工仿真系统—刀具选择界面，如图 8-5 所示。

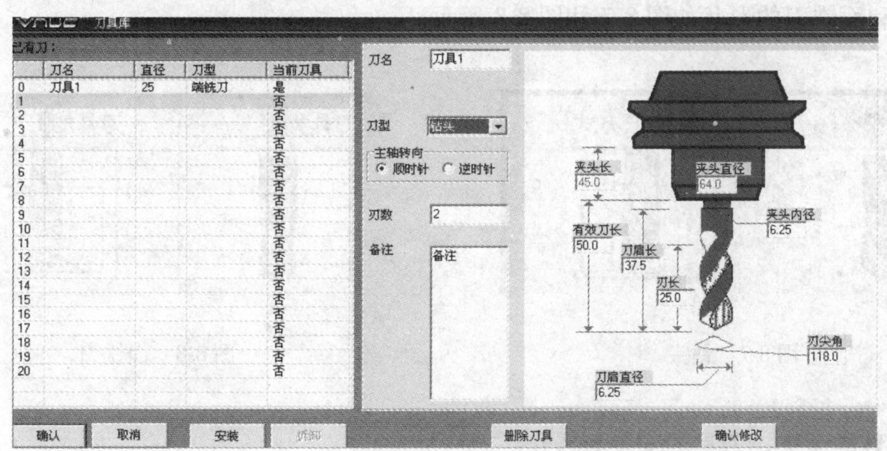

图 8-5 刀具选择界面

4. 数控加工仿真系统—毛坯选择界面

单击“工艺流程”→“毛坯”，进入数控加工仿真系统—毛坯选择界面，如图 8-6 所示。

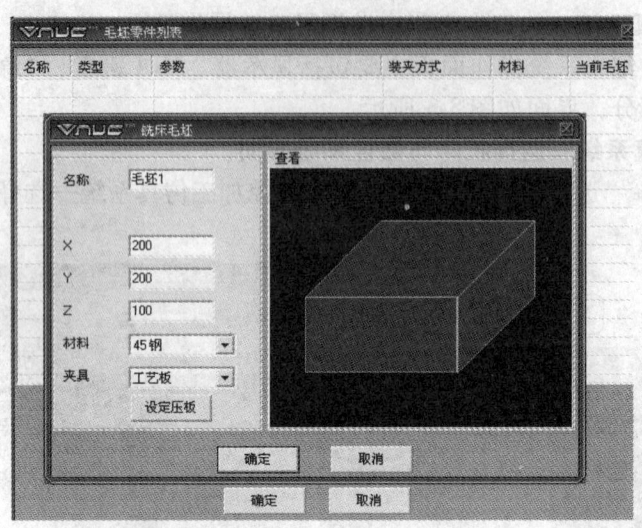

图 8-6　毛坯选择界面

5. MDI 键盘（地址/数字键）

MDI 键盘用于字母、数字及其他字符的输入和修改，使用方法与计算机键盘相应键相似，如图 1-7 所示。

6. 加工中心控制面板（同数控车床）

7. 显示器和功能键（同数控车床）

四、加工中心模拟对刀方法介绍

1. 常用数控刀具的几何形状

钻头和面铣刀的形状如图 8-7 和图 8-8 所示。

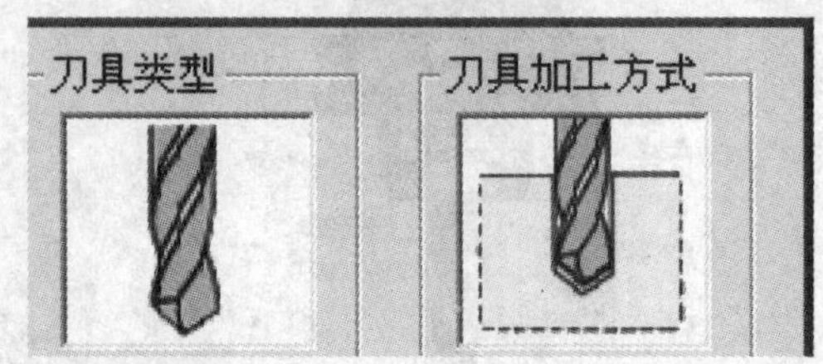

图 8-7　钻头

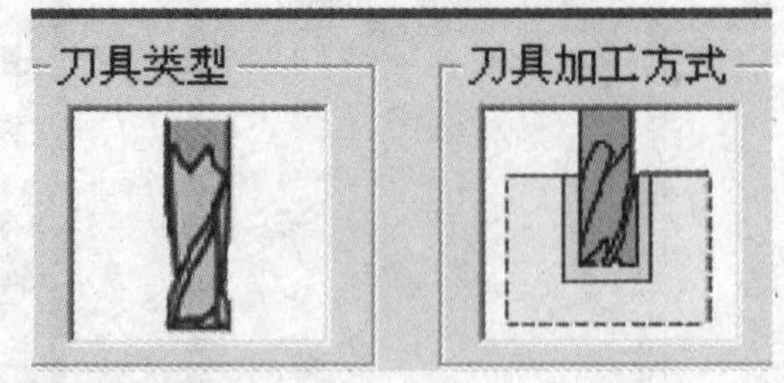

图 8-8　面铣刀

2. 工件的装夹、刀具的安装与操作

（1）工件装夹　加工中心的夹具主要有铣床用三爪自定心卡盘和机用平口虎钳。在工件安装时，首先根据工件的尺寸和形状合理选择铣床用三爪自定心卡盘或是机用平口虎钳，再根据其材料及切削余量的大小调整好夹具的夹持直径、行程和夹紧力。工件要留有一定的夹持长度，其伸出长度要考虑零件的加工长度及必要的安全距离。

（2）刀具的安装　根据工件及加工工艺的要求选择恰当的刀具后，首先将刀具安装在弹簧夹套上，然后将带有刀具的弹簧夹套安装到刀柄上，再将刀柄安装到加工中心主轴上。如需多刀加工，则需要将装好刀具的刀柄安装到机床刀库中，等待调用。刀具安装时要注意以下几点：

①安装前保证刀具外表面和刀柄的内孔面清洁，无损伤。

②将刀具安装到主轴上时，应保证刀具与主轴同轴。

③安装刀具时需注意切削刃的悬出长度应该大于零件的最大加工深度。

（3）自动换刀　加工中心具有自动换刀装置，可通过程序指令使刀库自动转位。通过“MDI”和“自动”按钮，均可换刀，也可通过面板手动控制换刀。

（4）对刀　对刀的目的是确定程序原点在机床坐标系中的位置。对刀点可以设定在零件、夹具或机床上，对刀时应使对刀点与刀位点重合。虽然每把刀具的刀位点不在同一点上，但通过刀补，可使刀具的刀位点都重合在某一理想位置上。编程人员只需按工件的轮廓编制加工程序即可，而不用考虑不同刀具长度和刀位点的影响。

下面简述加工中心的对刀方法。

1）X、Y 方向的对刀。X、Y 方向的对刀实质就是确定工件坐标系原点在机床坐系中的 X 坐标值和 Y 坐标值。如图 8-9 和图 8-10 所示，对刀步骤如下：

①在工作台上安装好毛坯（见图 8-9）。

②在主轴上安装好基准工具（见图 8-10）。

图 8-9　毛坯

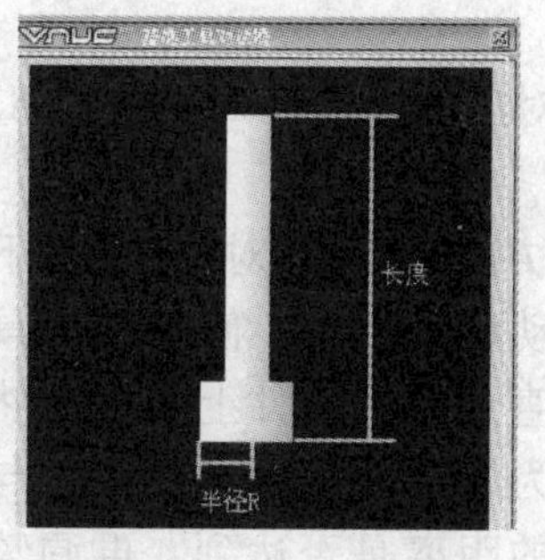

图 8-10　基准工具

③手动移动工作台及主轴，使基准工具与工件右端面接触，记录下刚好接触时（即寻边器指示灯闪烁时），操作屏幕上显示的 X 方向的机床坐标值 X1；再使寻边器与工件左端面接触，同样记录下刚接触时操作屏幕上显示的机床坐标值 X2；然后计算出 X =（X1 + X2）/2 的数值（见图 8-11 和图 8-12）。

④选取 G54 ~ G59 中的某一坐标系作为工件坐标系，如选取 G54，则将 X 数值输入到

G54 工件坐标系中，此时工件坐标系的 X 向基准（零点）已经确定下来。

⑤工件坐标系的 Y 方向基准的确定方法同上面的步骤③。先计算出 Y =（Y1 + Y2）/2 的数值，再同步骤④将 Y 的数值输入到 G54 工件坐标系中（见图 8-13 和图 8-14）。

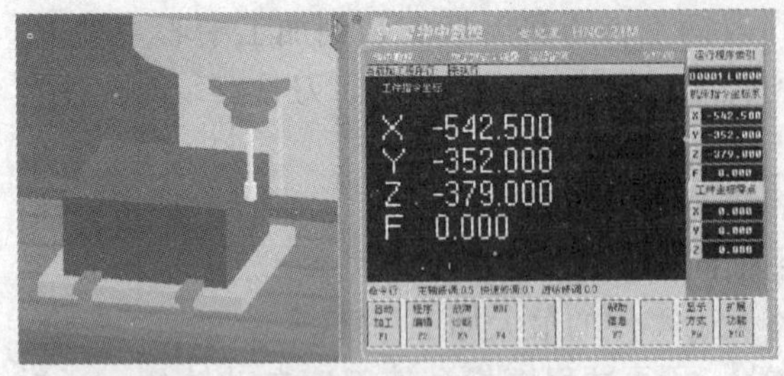

图 8-11　基准工具与工件右端面接触

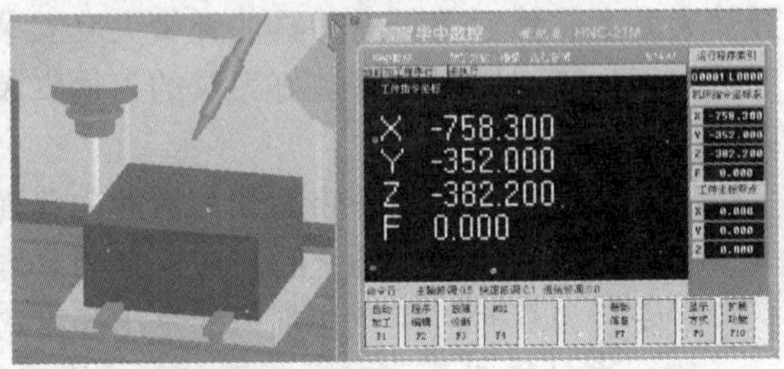

图 8-12　基准工具与工件左端面接触

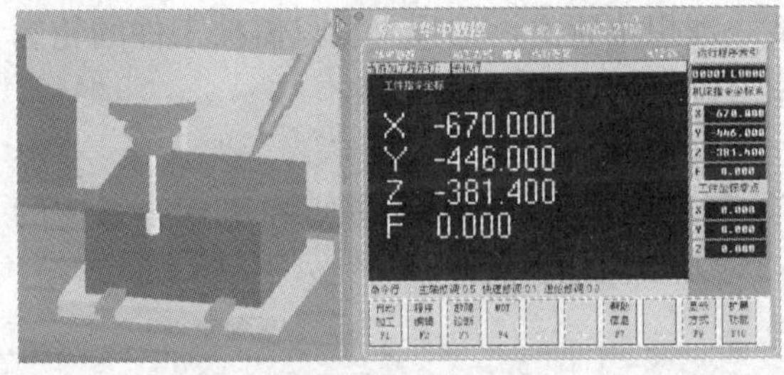

图 8-13　基准工具与工件前面接触

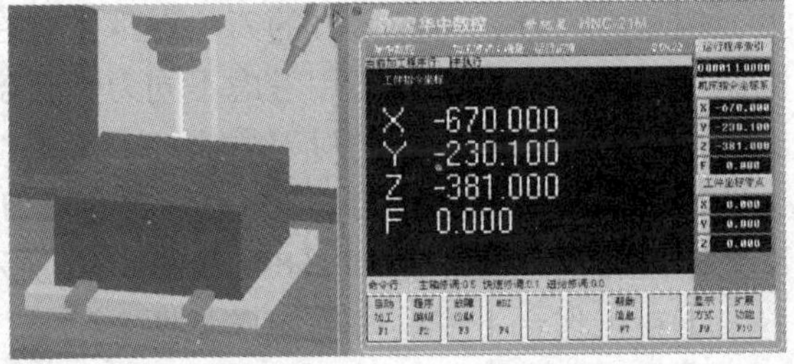

图 8-14　基准工具与工件后面接触

⑥校对工件坐标系 G54 中的 X、Y 坐标偏置值无误。到此刀具 X、Y 方向的对刀已完成。

2）Z 方向的对刀。对刀步骤如下：

①手动移动主轴，使基准工具向下移动，直到接近工件上表面，然后选用厚度为 1mm 的塞尺检验工件与基准工具间的距离是否达到，再调整基准工具的位置，直到间距为 1mm。记录下机床坐标系的数值 Z1，并计算 Z = Z1 − 1（见图 8-15）。

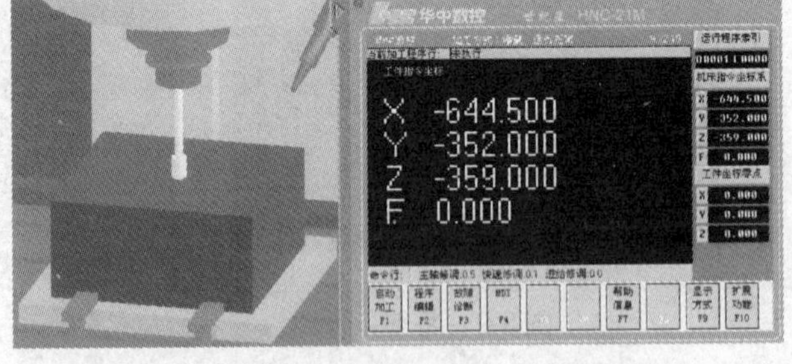

图 8-15　基准工具与工件上表面接触

②将 Z 数值输入到 G54 工件坐标系中。

③依次测量出刀库中其他刀具与基准工具的长度差，将每一把刀具的长度差分别输入到对应刀具号的长度补偿值中（见图 8-16）。

到此为止，G54 工件坐标系已正确建立，并正确输入了加工原点在机床坐标系中的 X、Y、Z 坐标值（见图 8-17）。

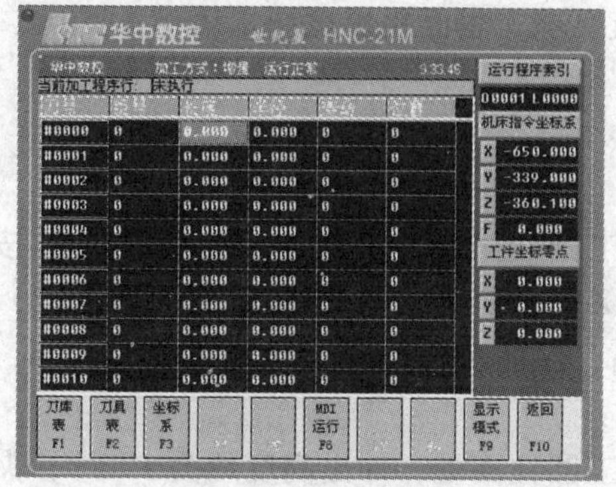

图 8-16　长度补偿表

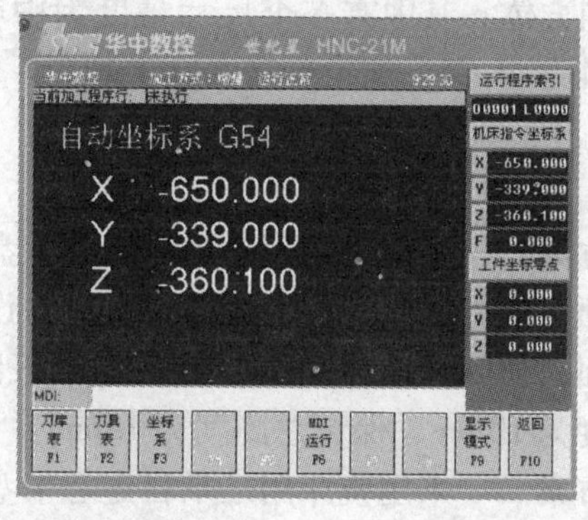

图 8-17　G54 坐标系中原点的 X、Y、Z 数值

项目二　底座零件的加工中心编程与加工

一、项目要求

以图 8-18 所示底座加工为例，使学生学会制定用加工中心加工零件的外轮廓的工艺方案，编制合理的数控加工程序并仿真调试，最后加工出合格的零件。

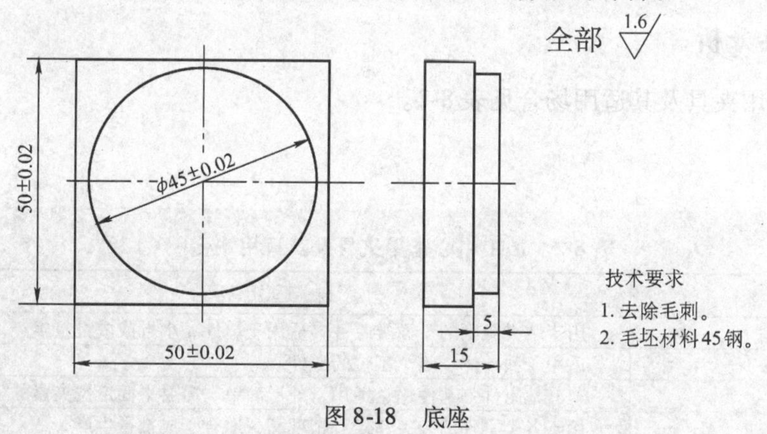

图 8-18　底座

（1）时间要求　8 学时。

（2）质量要求　底座零件加工后符合图样要求。

（3）安全、文明、环保要求　按照各项要求进行项目作业。具体内容见情境一项目二。

二、项目分析

（一）图样分析

该零件的加工为外表面加工，主要包括由 ϕ45mm × 5mm 圆柱和 50mm × 50mm × 10mm

的正四方体。其中有多个尺寸精度为中等公差等级要求，表面粗糙度要求为 $R_a1.6\mu m$。零件材料为 45 钢，加工后需去除毛刺。

（二）方案分析

方案一 采用铣床用三爪自定心卡盘装夹不加工圆柱面处，伸出高度约为 17mm，按照自上而下的方法，先将上表面铣平，并设上平面为 Z 向的零点。首先加工 $\phi(45\pm0.02)$mm 外圆面，切削深度为 5mm，然后加工正四方体侧面，保证对边尺寸为（50 ± 0.02）mm，切削深度为 10mm，保证总高度为 15mm。

方案二 采用铣床用三爪自定心卡盘装夹不加工圆柱面处，伸出高度约为 17mm，夹持毛坯，按照自下而上的加工方法，先将上表面铣平，并设该上表面为 Z 向的零点。首先加工正四方体侧面，保证对边尺寸为（50 ± 0.02）mm，切削深度方向分两次加工，最终保证总高为 15mm，然后加工 $\phi(45\pm0.02)$mm 外圆，切削深度为 5mm。

以上两方案中，方案二先加工四边形时，切削深度相对方案一而言较深，加工时对刀具的受力较大，容易产生让刀的现象，精加工余量如果掌握不好，则很难保证零件的加工精度；而且加工路线相对方案一来讲比较长。

方案一自上而下加工，走刀路线相对比较短；切削深度相对要浅一些；对刀具的受力影响不大，避免了让刀的现象；容易保证四方体侧面和圆柱面的对边尺寸精度；能够比较好地满足加工要求。经过比较分析，选择方案一更合理。

（三）夹具分析

加工中心常用夹具及其适用场合见表 8-2。

项目链接

表 8-2 加工中心常用夹具及其适用场合

夹具名称	适用场合
台虎钳	用于装夹规则的平面类零件，适用于单件、小批或成批量生产
分度头	适用于回转体、多个工位的零件
压板	与其他附件一起使用，适用于外形简单、需要平面定位夹紧的工件
专用夹具	用于各类零件的装夹；定心精度高，适合于成批量生产
组合夹具	用于装夹箱体类、壳类零件的加工。适用于中、小批量的生产
铣床用三爪自定心卡盘	用于装夹轴类、盘类及圆柱棒料等零件

毛坯为圆柱类棒料，零件加工时需要限制工件的四个自由度，装夹时用铣床用三爪自定心卡盘进行装夹。装夹时保证装夹后露出高度高于工件的有效高度。通过对刀将工件坐标系零点建立在工件的上表面中心位置上。使用铣床用三爪自定心卡盘装夹方便，定位可靠，定位精度高，可满足该零件的加工项目要求。

（四）刀具及切削用量选择

刀具、切削用量应根据工件材料来选择。几种常用材料的刀具及切削用量分别见表 8-3 和表 8-4。

项目链接

表 8-3 铣刀每齿进给量

工件材料	每齿进给量 f_z/(mm/z)			
	粗铣		精铣	
	高速钢铣刀	硬质合金铣刀	高速钢铣刀	硬质合金铣刀
钢	0.10~0.15	0.10~0.25	0.02~0.05	0.10~0.15
铸铁	0.12~0.20	0.15~0.30	0.02~0.05	0.10~0.15

表 8-4 铣削时的切削速度

工件材料	硬度 HBW	切削速度 v_c/(mm/min)	
		高速钢铣刀	硬质合金铣刀
钢	<225	18~42	66~150
	225~325	12~36	54~120
	325~425	6~21	36~75
铸铁	<190	21~36	66~150
	190~260	9~18	45~90
	260~320	4.5~10	21~30

其中

$$v_f = nZf_z$$

$$n = 1000v_c/\pi d$$

式中 v_f——进给量（mm/min）；

n——主轴转速（r/min）；

d——刀具的直径（mm）。

铣刀一般为一体刀具，所以一般为高速钢刀具。由于加工材料为45钢，根据材料特性，粗加工时可采用 $n=300\sim600$r/min，$v_f=80\sim200$mm/min，$a_P=5\sim10$mm；半精、精加工时可采用 $n=600\sim1200$r/min，$v_f=30\sim60$mm/min，$a_P=0.2\sim0.6$mm；根据具体情况的变化可随时改变速度。

刀具类型要根据加工工件表面的类型来选择。常用铣刀的类型及其适用的加工表面见表8-5。

项目链接

表 8-5 刀具类型表

刀具类型	适用的加工表面	备注
面铣刀	加工大的平面	
立铣刀（平铣刀）	只能加工侧面	
键槽铣刀（三面两刃铣刀）	加工侧面和底面及封闭的凹槽	
球刀	加工曲率变化大的曲面	
圆角刀（圆鼻子刀）	加工曲面	

按照本项目要求，并结合表8-5，可以选用 ϕ16mm 立铣刀对各个表面进行加工。通过计算选取：粗加工时，n=500r/min，v_f=100mm/min；精加工时，n=900r/min，v_f=50mm/min。主轴转速及进给速度的改变可通过操作面板上的“倍率”按钮来调整。

（五）程序分析

项目链接

常用指令介绍

G01/G00 格式：G01/G00　X _ Y _

X、Y——插补终点坐标。

圆弧插补格式：G02/G03　X _ Y _ R _

X、Y——圆弧终点坐标。

R——圆弧半径。

G41/G42　G01/G00　X _ Y _ D _

X、Y——刀补建立的终点坐标。

D——刀具半径补偿值。

建立刀具半径补偿时，必须在 X 或 Y 方向有移动量，才能使刀补建立成功。

刀具半径补偿值中的最大值必须小于零件轮廓的最小曲率半径。

1. 工件坐标原点的确定

如图8-19所示，加工工件时以O点为坐标原点，建立工件坐标系。

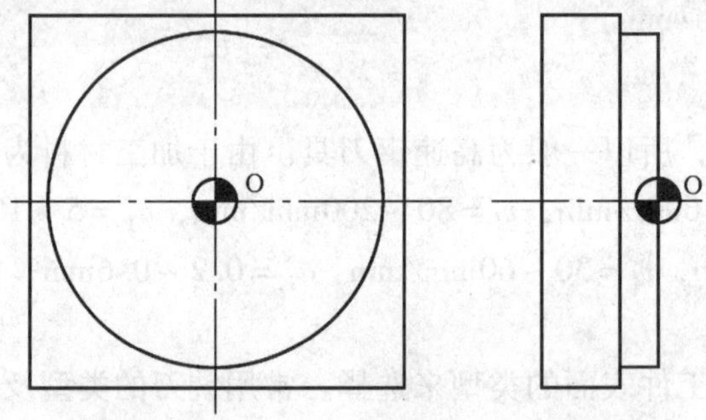

图8-19　原点坐标

2. 加工程序参考

N1　%100

N2　G54　G90　G00　X0　Z200　　（建立G54工件坐标系）

N3　M06　T01　M03　S500　　（调用 ϕ16mm 立铣刀，主轴转速为500r/min）

N4　G00　X32.5　Y0　　（刀具X、Y向定位）

N5　Z-5　　（刀具Z向定位）

N6　D01　M98　P1000　　（调用外圆加工子程序，D01=8.5）

N7　D02　M98　P1000　　（调用外圆加工子程序，D02=8）

```
N8  G0  X35  Y0                   （刀具X、Y向定位）
N9  Z-15                          （刀具Z向定位）
N10  D01  M98  P2000              （调用外四边形加工子程序，D01=8.5）
N11  D02  M98  P2000              （调用外四边形加工子程序，D02=8）
N12  G00  Z100                    （刀具提到Z100）
N13  G0  X0  Y0                   （刀具移动到X0，Y0）
N14  M05                          （主轴停转）
N15  M30                          （程序结束）
N16  %1000                        （外圆面加工子程序）
N17  G41  G00  X32.5  Y10         （建立刀具半径补偿功能）
N18  G03  X22.5  Y0  R10  F120    （圆弧切入）
N19  G02  I-22.5  J0              （加工整圆）
N20  G03  X32.5  Y-10  R10        （圆弧切出）
N21  G40  G00  Y0                 （取消刀具半径补偿功能）
N22  M99                          （返回主程序）
N23  %2000                        （外四边形加工子程序）
N24  G41  G00  X35  Y10           （建立刀具半径补偿功能）
N25  G03  X25  Y0  R10  F120      （圆弧切入）
N26  G01  Y-25                    （加工四边形）
N27  X-25                         （加工四边形）
N28  Y25                          （加工四边形）
N29  X25                          （加工四边形）
N30  Y0                           （加工四边形）
N31  G03  X35  Y-10  R10          （圆弧切出）
N32  G40  G00  Y0                 （取消刀具半径补偿功能）
N33  M99                          （返回主程序）
```

三、项目实施的路径和步骤

1. 项目路径

项目实施路径如图1-27所示。

2. 项目步骤

1）任务安排。了解项目要求，弄清项目任务。（0.1学时）

2）图样分析。了解图样的加工要求，弄清要加工的表面和特征，看清基本尺寸、精度、表面质量等方面具体需要达到的要求。（0.2学时）

3）方案分析。制定加工工艺和可行性加工方案，最后经比较确定出最合理的加工方案。（0.3学时）

4）夹具分析。根据零件的结构特点及生产特点，选择合适的夹具。（0.1学时）

5）材料、刀具、切削用量分析。根据给定的零件材料及热处理方式，以及加工精度、

表面质量的要求,参考材料、刀具、切削用量表,选择出合适的刀具和切削用量。(0.2 学时)

6）数控程序编制。首先根据加工方案，确定走刀路线，选择需要使用的指令并进行相关计算，然后按照零件轮廓编制精加工程序，最后加入粗加工程序和相关辅助程序。(1.5 学时)

7）模拟仿真加工。使用模拟仿真软件系统，输入所编制的数控程序，然后进行模拟加工，并调试程序，直至模拟加工正确。(2 学时)

8）零件加工。将模拟仿真后的数控加工程序传至数控机床，操作数控机床加工零件。设定各种补偿值，保证零件加工质量。(3 学时)

9）场地整理。首先整理工位，收拾工具、卡具、量具并进行维护，清扫机床并进行维护保养，填写工作日志，然后清扫车间卫生。(0.1 学时)

10）项目评价。首先学生自己评价加工出的零件，然后学生互相评价，最后指导教师再评价并给定成绩。(0.3 小时)

11）项目总结。总结这次工作过程，并在小组中交流，然后选小组代表在全班介绍，讨论加工中出现的问题和解决的方法。(0.2 学时)

四、项目预案

问题一 程序校验时，圆弧数据或地址错误。

解决措施：检查程序中圆弧终点坐标数值是否有误，若坐标正确，应该检查是否漏写圆弧半径，然后按正确值输入；若圆弧地址错，应该检查指令字是否输入错误。

问题二 建立刀具半径补偿时出错，提示刀具干涉。

解决措施：应首先检查刀具半径补偿值是否大于程序中的最小曲率半径，若大于曲率半径，需修改刀补值，使其小于程序中的最小曲率半径；若无此问题，则检查刀补指令是否用反，若用反则改正。

问题三 四边形对边尺寸不符合图样要求，出现超差现象。

解决措施：检查量具校正是否有误，测量方法是否正确。如果超差规律相同，则需调整刀补值。若超差规律不同，则应检查计算是否有错误，或者刀具是否有让刀的现象。

问题四 加工过程中表面粗糙度不符合要求。

解决措施：检查刀具是否磨损或磨钝。如果刀具完好，则检查该刀具选用的切削用量是否合适，如不合适，则需查表优化。

五、项目实施

1. 组织方式

每三位同学一组，每组 1 台加工中心，3 台计算机。

2. 生产准备

每工位配备相关刀具、刀柄、弹簧夹套、量具、扳手、等高垫铁、毛坯、工作帽等实训用品一套。设备选用清单见表 8-6。工具、量具准备清单见表 8-7。刀具准备清单见表 8-8。

表 8-6　设备选用清单

序　号	名　称	型　号	台　数	分组名单	备　注
1	加工中心	VMC750E	1 台/组		无故障
2	计算机		3 台/组		无故障

表 8-7　工具、量具准备清单

序　号	名　称	规　格	尺　寸	数　量	备　注
1	游标卡尺	0～150mm		1 把/组	
2	外径千分尺	25～50mm		1 把/组	
3	外径千分尺	50～75mm		1 把/组	
4	深度游标卡尺	0～150mm		1 把/组	
5	刀柄工具包	BT40		1 套/组	包含 10 个弹簧夹套
6	台虎钳扳手			1 个/组	
7	卡盘扳手	与机床配套		1 把/组	
8	活扳手	250mm		1 把/组	
9	等高垫铁			1 对/组	
10	铜皮	$\delta=0.15$mm		若干/组	
11	防护镜			1 副/人	
12	工作帽			1 顶/人	
13	毛刷			1 把/组	
14	铁钩			1 把/组	
15	棉丝			若干/组	

表 8-8　刃具准备清单

序　号	名　称	规　格	材　料	数　量	备　注
1	立铣刀	ϕ16mm	高速钢	1	

六、项目评价

项目评价见表 8-9。

表 8-9　项目评价表

项目编号			学生加工时间	3 学时	学生姓名		总分		
类别	序号	评价项目	评价内容及要求	评分标准	配分	学生自评	学生互评	教师评价	得分
技术考评	1	外形尺寸	$\phi(45\pm0.02)$mm	超差 0.01 扣 2 分	20				
	2		(50 ± 0.02)mm	超差 0.01 扣 2 分	40				
	3	高度尺寸	5mm	超差无分	10				
	4		15mm	超差无分	10				
	5	表面粗糙度	$R_a1.6\mu m$	每降一级扣 1 分	10				
	6	尺寸检测	自检尺寸正确	不正确无分	5				
	7	完成时间	按时完成任务	不按时完成无分	5				

（续）

类别	序号	评价项目	评价内容及要求	评价标准	配分	学生自评	学生互评	教师评价	得分
非技术考评	8	安全生产	遵守机床安全操作规程	不遵守酌情扣1~5分					
	9	文明生产	遵守文明生产规则	不遵守酌情扣1~5分					
	10	环保生产	遵守环保生产规则	不遵守酌情扣1~5分					
	11	其他		酌情扣1~5分					

注：1. 发生人身和设备事故时，应立即向指导教师报告，由指导教师组织学生立即报警抢救，并及时向主管领导汇报。

2. 严重违反工艺原则和情节严重的野蛮操作等，由指导教师按实习管理制度进行处理。

七、项目作业（课外完成）

完成图8-20所示零件的加工方案和工艺规程的制定，并进行程序编制和仿真。

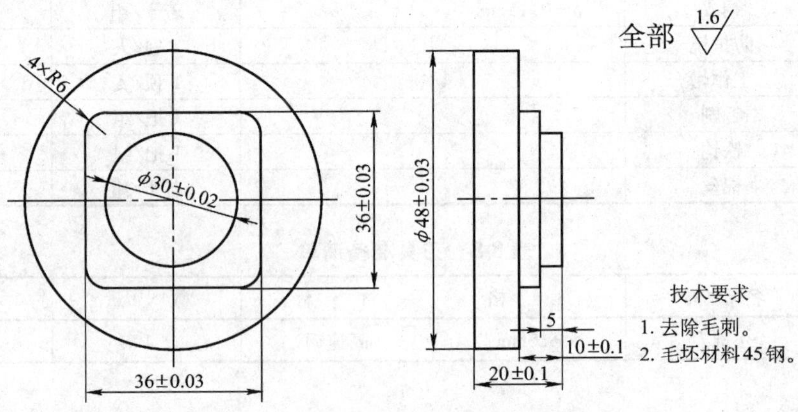

图8-20　轴承底座

八、项目拓展

完成图8-21所示阶梯轴台零件的加工方案和工艺规程的制定，并进行程序编制和仿真。

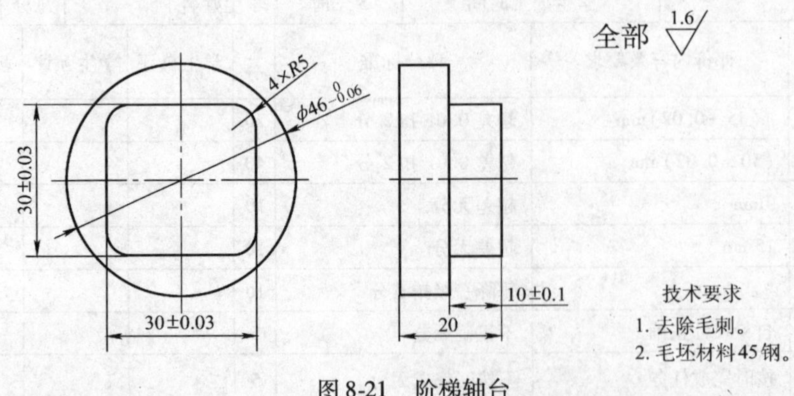

图8-21　阶梯轴台

项目三　烛台底座零件的加工中心编程与加工

一、项目要求

以图 8-22 所示烛台底座为例，使学生学会制定用加工中心加工零件的外轮廓的工艺方案，编制合理的数控加工程序，并进行仿真调试，最后加工出合格零件。

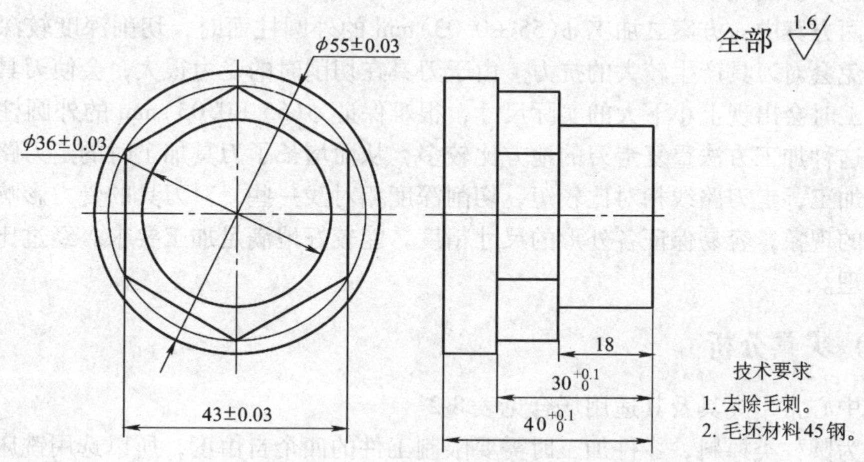

图 8-22　烛台底座

（1）时间要求　8 学时。

（2）质量要求　烛台底座零件加工后符合图样要求。

（3）安全、文明、环保要求　按照各项要求进行项目作业。具体内容见情境一项目二。

二、项目分析

（一）图样分析

该零件的加工全部为外轮廓加工，主要包括外六边形、两个外圆表面。其中有多个外形及直径尺寸精度为中等公差等级要求，需要保证总高度要求，无形位公差要求；表面粗糙度要求为 R_a1. 6μm。毛坯尺寸为：ϕ60mm × 50mm。零件材料为 45 钢，加工后需去除毛刺。

（二）方案分析

方案一　采用铣床用三爪自定心卡盘装夹毛坯，伸出高度约为 45mm，按照自上而下的方法，先将上表面铣平，并设该上表面为 Z 向的零点；再加工 ϕ(36 ± 0. 03) mm 的外圆柱面，切削深度为 18mm，且该外圆柱面需分两层深度加工完成；然后加工外六边形侧面，保

证对边尺寸为 (43 ± 0.03)mm，切削深度为 12mm；接下来加工 $\phi(55\pm0.03)$mm 的外圆柱面，切削深度为 13mm；最后调头装夹六方体，铣削底平面，保证零件的总高度为 $40^{+0.1}_{0}$mm。

方案二　采用铣床用三爪自定心卡盘装夹毛坯，伸出高度约为 45mm，按照自下而上的加工方法，先将上表面铣平，并设该上表面为 Z 向的零点；再加工 $\phi(55\pm0.03)$mm 的外圆柱面，切削深度为 43mm，并且要分层加工，保证加工精度；然后加工外六边形侧面，保证对边尺寸为 (43 ± 0.03)mm，切削深度为 30mm，也要分层进行加工；接下来加工 $\phi(36\pm0.03)$mm 的外圆柱面，切削深度为 18mm，同样要分层进行加工，保证加工精度；最后调头夹持六方体，铣削底平面，保证零件的总高度为 $40^{+0.1}_{0}$mm。

以上两方案中，方案二加工 $\phi(55\pm0.03)$mm 的外圆柱面时，切削深度较深，即使分层切削也难免会对刀具产生较大的抗力。由于刀具在切削时的受力很大，会使刀具产生让刀的现象，加工时会出现上小下大的实际尺寸，很难保证 $\phi(55\pm0.03)$mm 的外圆柱面的尺寸精度，而且这种加工方法重复走刀的地方比较多，从而增长了刀具加工时的走刀路线。方案一自上而下加工，走刀路线相对比较短，切削深度相对浅一些，对刀具的受力影响不大，也避免了让刀的现象，容易保证各外形的尺寸精度，能较好地满足加工要求。经过比较分析，方案一更合理。

（三）夹具分析

加工中心常用夹具及其适用场合见表 8-2。

毛坯为圆柱类棒料，零件加工时需要限制工件的四个自由度，所以选用铣床用三爪自定心卡盘。首先将毛坯外圆作为装夹面进行加工，调头后，夹持外六边形表面，加工底平面保证总高度。两次装夹均可采用三爪自定心卡盘，以便方便快捷地完成该任务的加工要求。

（四）刀具及切削用量选择

刀具、切削用量应根据工件材料来选择。几种常用材料的刀具及切削用量见表 8-3 和表 8-4。

铣刀一般为一体刀具，所以一般为高速钢刀具。由于加工材料为 45 钢，根据材料特性，粗加工时可采用 $n=300\sim600$r/min，$v_{f}=80\sim200$mm/min，$a_{P}=5\sim10$mm；半精、精加工时可采用 $n=600\sim1200$r/min，$v_{f}=30\sim60$mm/min，$a_{P}=0.2\sim0.6$mm。根据具体情况的变化需随时改变速度。

刀具类型要根据加工的工件表面类型来选取。常用铣刀的类型及其适用的加工表面见表 8-5。

按照项目要求，并结合表 8-5，可以选用 $\phi16$mm 立铣刀对各个表面进行加工。通过计算选取：粗加工时，$n=500$r/min，$v_{f}=100$mm/min；精加工时，$n=900$r/min，$v_{f}=50$mm/min。主轴转速及进给速度的改变可通过操作面板上的“倍率”按钮来调整。

（五）程序分析

1. 工件坐标原点的确定

如图 8-23 所示，加工工件时以 O 为坐标原点建立工件坐标系。

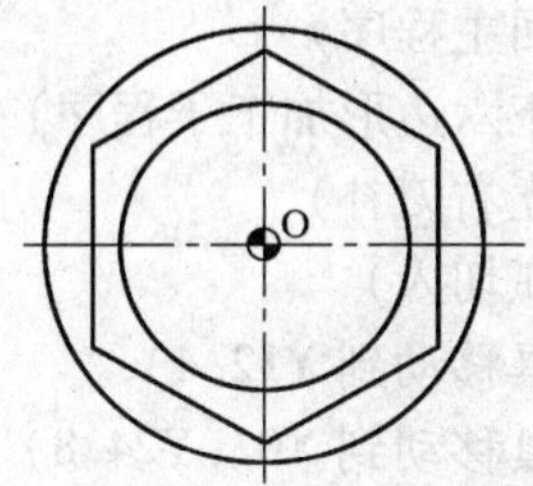

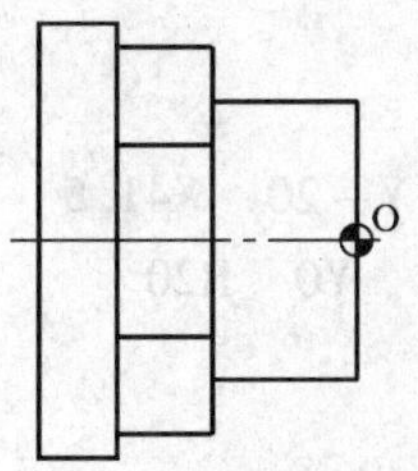

图 8-23　原点坐标

2. 加工程序参考

```
%100                               （加工零件程序名）
N1  G54  G90  G00  X0  Z200        （建立 G54 工件坐标系）
N2  M06  T01  M03  S500            （调用 φ16mm 立铣刀，转速 500r/min）
N3  G00  X38  Y0                   （刀具快速移动到 X38，Y0）
N4  Z-10                           （刀具降到 Z-10）
N5  D01  M98  P1000                （调用 φ36mm 外圆加工子程序，D01=24）
N6  D02  M98  P1000                （调用 φ36mm 外圆加工子程序，D02=8.5）
N7  D03  M98  P1000                （调用 φ36mm 外圆加工子程序，D03=8）
N8  Z-18                           （刀具降到 Z-18）
N9  D01  M98  P1000                （调用 φ36mm 外圆加工子程序，D01=24）
N10  D02  M98  P1000               （调用 φ36mm 外圆加工子程序，D02=8.5）
N11  D03  M98  P1000               （调用 φ36mm 外圆加工子程序，D03=8）
N12  G00  X31.5  Y0                （刀具移动到 X31.5，Y0）
N13  Z-30                          （刀具降到 Z-30）
N14  D02  M98  P2000               （调用外正六边形加工子程序，D02=8.5）
N15  D03  M98  P2000               （调用外正六边形加工子程序，D03=8）
N16  G00  X37.5  Y0                （刀具移动到 X37.5，Y0）
N17  G00  Z-40                     （刀具降到 Z-40）
N18  D02  M98  P3000               （调用 φ55mm 外圆加工子程序，D02=8.5）
N19  D03  M98  P3000               （调用 φ55mm 外圆加工子程序，D03=8）
N20  G00  Z10                      （刀具升到 Z10）
N21  G28  X0  Y0  Z200  M05        （刀具回参考点）
N22  M30                           （程序结束）
N23  %1000                         （φ36mm 外圆加工子程序）
N24  G41  G00  Y20                 （建立左刀补）
N25  G03  X18  Y0  R20             （圆弧切入）
N26  G02  I-18  J0                 （加工 φ36mm 的圆）
N27  G03  X38  Y-20  R20           （圆弧切出）
```

```
N28  G40  G00  Y0                 (取消刀补)
N29  M99                          (返回主程序)
N30  %2000                        (外正六边形加工子程序)
N31  G42  G00  Y-20  X41.5        (建立右刀补)
N32  G02  X21.5  Y0  R20          (圆弧切入)
N33  G01  Y12.4                   (刀具移动到 Y12.4)
N34  X0  Y24.8                    (刀具移动到 X0, Y24.8)
N35  X-21.5  Y12.4                (刀具移动到 X-21.5, Y12.4)
N36  Y-12.4                       (刀具移动到 Y-12.4)
N37  X0  Y-24.8                   (刀具移动到 X0, Y24.8)
N38  X21.5  Y-12.4                (刀具移动到 X21.5, Y-12.4)
N39  Y0                           (刀具移动到 Y0)
N40  G02  X41.5  Y-20  R20        (圆弧切出)
N41  G40  G00  Y0                 (取消刀补)
N42  M99                          (返回主程序)
N43  %3000                        (φ55mm 外圆加工子程序)
N44  G41  G00  Y20  X41.5         (建立左刀补)
N45  G03  X27.5  Y0  R20          (圆弧切入)
N46  G02  I-27.5  J0              (加工 φ55mm 的外圆)
N47  G03  X47.5  Y-20  R20        (圆弧切出)
N48  G40  G00  Y0                 (取消刀补)
N49  M99                          (返回主程序)
```

三、项目实施的路径和步骤

1. 项目路径

项目实施路径如图 1-27 所示。

2. 项目步骤（同情境八项目二）

四、项目预案

问题一　程序校验时圆弧数据或地址错误。

解决措施：检查程序中圆弧终点坐标数值是否有误，若坐标正确，应该检查是否漏写圆弧半径，然后按正确值输入；若圆弧地址错误，应该检查指令字是否输入错误。

问题二　建立刀具半径补偿时出错，提示刀具干涉。

解决措施：应首先检查刀具半径补偿值是否大于程序中的最小曲率半径，若大于曲率半径，则需修改刀补值，使其小于程序中的最小曲率半径；若无此问题，则检查刀补指令是否用反。

问题三　六边形对边尺寸不符合图样要求，出现超差现象。

解决措施：检查量具校正是否有误，测量方法是否正确。如果超差规律相同，则调整刀补。如果上述都无误，则检查机床传动系统有无误差，并进行调整。

问题四　加工过程中表面粗糙度不符合要求。

解决措施：检查刀具是否磨损或磨钝。如果刀具完好，则检查该刀具选用的切削用量是否合适，如不合适，则需查表优化。

五、项目实施

1. 组织方式

每三位同学一组，每组 1 台加工中心，3 台计算机。

2. 生产准备

每工位配备实训用品一套。

设备选用清单见表 8-6。工具、量具准备清单见表 8-7。刃具准备清单见表 8-8。

六、项目评价

项目评价见表 8-10。

表 8-10　项目评价表

项目编号			学生加工时间		2 学时	学生姓名		总分		
类别	序号	评价项目	评价内容及要求	评分标准	配分	学生自评	学生互评	教师评价	得分	
技术考评	1	外形尺寸	$\phi(36 \pm 0.03)$mm	超差 0.01 扣 3 分	15					
	2		$\phi(55 \pm 0.03)$mm	超差 0.01 扣 3 分	15					
	3		(43 ±0.03)mm(3 处)	超差 0.01 扣 3 分	20					
	4	高度尺寸	(30 ±0.1)mm	超差无分	10					
	5		(40 ±0.1)mm	超差无分	10					
	6		18mm		10					
	7	表面粗糙度	R_a1.6μm	每降一级扣 1 分	10					
	8	尺寸检测	自检尺寸正确	不正确无分	5					
	9	完成时间	按时完成任务	不按时完成无分	5					
非技术考评	10	安全生产	遵守机床安全操作规程	不遵守酌情扣 1~5 分						
	11	文明生产	遵守文明生产规则	不遵守酌情扣 1~5 分						
	12	环保生产	遵守环保生产规则	不遵守酌情扣 1~5 分						
	13	其他		酌情扣 1~5 分						

注：1. 发生人身和设备事故时，应立即向指导教师报告，由指导教师组织学生立即报警抢救，并及时向主管领导汇报。

2. 严重违反工艺原则和情节严重的野蛮操作等，由指导教师按实习管理制度进行处理。

七、项目作业（课外完成）

完成图 8-24 所示十字架零件的加工方案和工艺规程的制定，并进行程序编制和仿真。

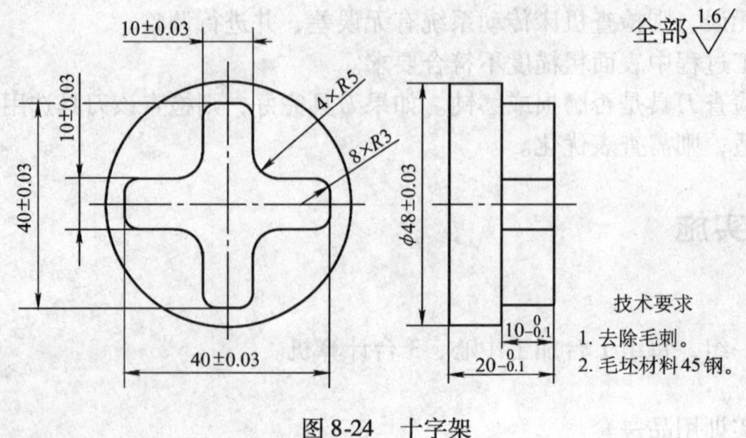

图 8-24　十字架

八、项目拓展

完成图 8-25 所示凸轮的加工方案和工艺规程的制定，并进行程序编制和仿真。

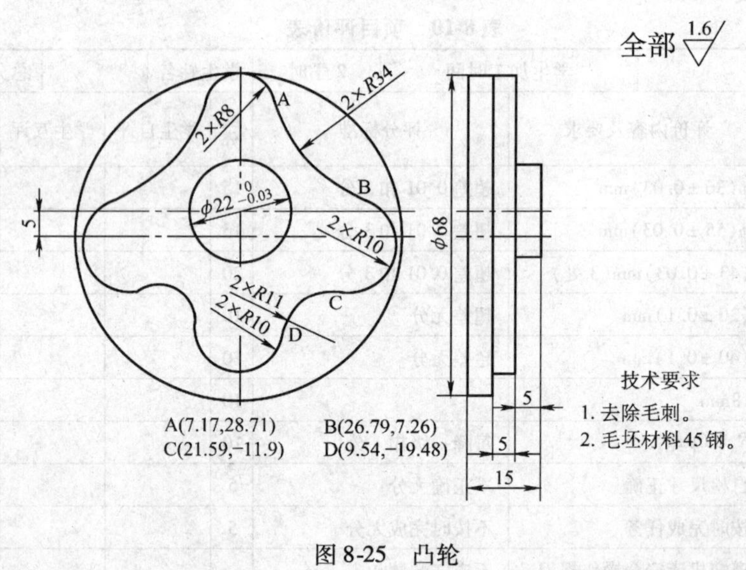

图 8-25　凸轮

项目四　圆柱凸台零件的加工中心编程与加工

一、项目要求

以图 8-26 所示圆柱凸台零件加工为例，使学生学会制定用加工中心加工零件的外轮廓的工艺方案，编制合理的数控加工程序并仿真调试，最后加工出合格的零件。

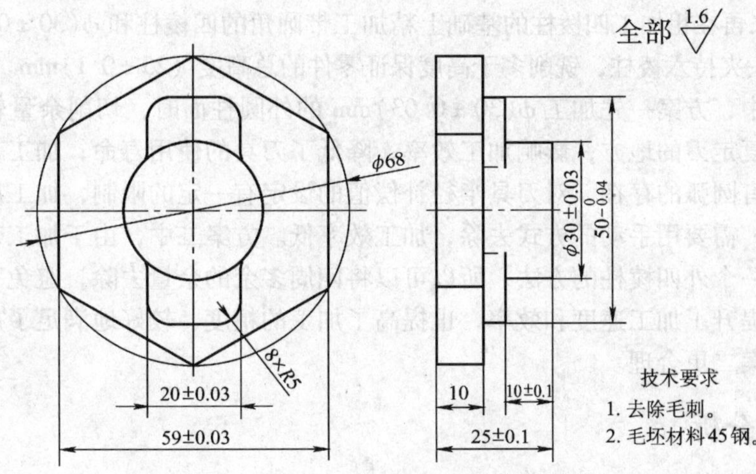

图 8-26 圆柱凸台零件

（1）时间要求 8 学时。

（2）质量要求 圆柱凸台零件加工后符合图样要求。

（3）安全、文明、环保要求 按照各项要求进行项目作业。具体内容见情境一项目二。

二、项目分析

（一）图样分析

通过分析图样，该零件是外轮廓综合性加工的零件，主要包括外圆柱表面、外四棱柱表面、外六棱柱等表面的加工。其中有多个外形及直径尺寸精度为中等公差等级要求；需要保证总高度要求；无形位公差要求；表面粗糙度要求为 $R_a1.6\mu m$，零件材料为 45 钢，加工后需去除毛刺。

（二）方案分析

方案一 利用零件的毛坯外圆表面作为装夹表面，采用铣床用三爪自定心卡盘进行装夹，零件总伸出高度约为 27mm，按照自上而下的方法，先将上表面铣平，并设该平面为 Z 向的零点；再加工最上面的 $\phi(30\pm0.03)$mm 的外圆柱面，切削深度为 10mm；若按四边形的轮廓编程，由于有 $R5$ 内圆角的存在，会限制刀补的数值的大小，直接影响毛坯余量的去除效果，所以应该先将该轮廓按照尺寸为 31×51mm 的带圆角的异形外四边形（带 ϕ30mm 圆柱）进行加工；接下来按照轮廓要求进行精加工；然后加工外六棱柱侧面，切削深度为 12mm，保证对边尺寸（59±0.03）mm。最后调头夹持六棱柱，铣削多于高度，保证零件的总高度（25±0.1）mm。

方案二 利用零件的毛坯外圆表面作为装夹表面，采用铣床用三爪自定心卡盘进行装夹，零件总伸出高度约为 27mm，并设该平面为 Z 向的零点。首先粗加工一个外四棱柱侧面，加工尺寸为 31mm×51mm；然后再加工外六棱柱侧面，切削深度为 27mm，保证对边尺寸（59±

0.03)mm；接下来再在粗加工四棱柱的基础上精加工带圆角的四棱柱和 ϕ(30±0.03)mm 的外圆柱面；最后调头夹持六棱柱，铣削多于高度保证零件的总高度（25±0.1)mm。

以上两方案中，方案一先加工 ϕ(30±0.03)mm 的外圆柱面时，切削余量较大，走刀路线较长，存在重复走刀的地方，影响加工效率，降低了刀具的使用寿命；加工带圆角的四棱柱侧面时，由于有圆弧的存在，对刀具半径补偿值的设定有一定的限制，加工后会有较大的加工不到的区域，需要用手动的方式去除，加工效率低。方案二中，由于加工带圆角的四棱柱时采用先加工一个外四棱柱的方法，所以可以将四周多余的余量去除，避免手动去除余量的操作，极大地提升了加工速度和效率，也提高了加工的精度，较好地满足了加工要求。经过比较分析，方案二更合理。

（三）夹具分析

加工中心常用夹具及其适用场合见表 8-2。

毛坯为圆柱类棒料，零件加工时需要限制工件的四个自由度，根据表 8-2，采用铣床用三爪自定心卡盘进行装夹，装夹时保证装夹后露出高度高于工件的有效高度。通过对刀将工件坐标系零点建立在工件的上表面中心位置上。采用铣床用三爪自定心卡盘装夹方便，定位可靠，定位精度高，可满足该零件的加工项目要求。

（四）刀具及切削用量选择

刀具、切削用量应根据工件材料来选择。几种常用材料的刀具、切削用量见表 8-3 和表 8-4。

铣刀一般为一体刀具，所以一般为高速钢刀具。由于加工材料为 45 钢，根据材料特性，粗加工时可采用 $n=300\sim600$r/mim，$v_f=80\sim200$mm/min，$a_P=5\sim10$mm；半精、精加工时，可采用 $n=600\sim1200$r/mim，$v_f=30\sim60$mm/min，$a_P=0.2\sim0.6$mm。根据具体情况的变化需随时改变速度。

刀具类型要根据加工的工件表面类型来选取。常用铣刀的类型及其适用的加工表面见表 8-5。

按照项目要求，并结合表 8-5，可以选用 ϕ16mm 及 ϕ10mm 立铣刀对各个表面进行加工。通过计算选取：粗加工时，$n=500$r/min，$v_f=100$mm/min；精加工时，$n=900$r/min，$v_f=50$mm/min。主轴转速及进给速度的改变可通过操作面板上的“倍率”按钮来调整。

（五）程序分析

项目链接

常用指令介绍

G00 快速点定位	M06 换刀
G01 直线插补	M03 主轴正转
G02 顺时针圆弧插补	M08 切削液开

G03 逆时针圆弧插补　　M09 切削液关
G41 刀具半径左补偿　　G42 刀具半径右补偿
G41/G42　G01/G00　X _ Y _ D _
X、Y——刀补建立的终点坐标;
D——刀具半径补偿值。
刀具半径补偿值中的最大值必须小于零件轮廓的最小曲率半径。

1. 工件坐标原点确定

如图 8-27 所示，加工工件时以 O 点为坐标原点建立工件坐标系。

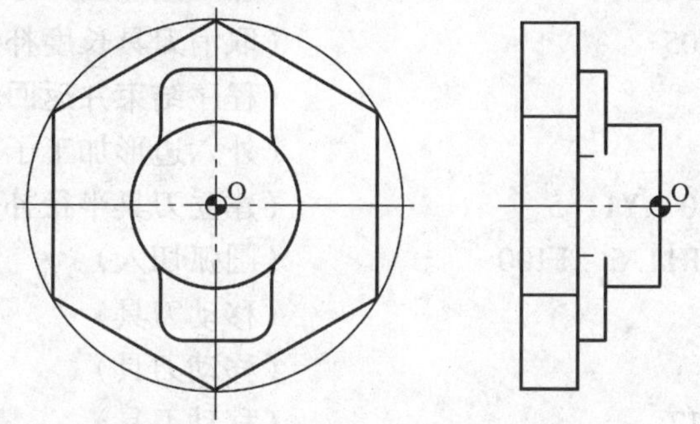

图 8-27　原点坐标

2. 加工程序参考

%100	(加工零件程序名)
N1　M06　T01	(调用 ϕ16mm 立铣刀)
N2　G54　G90　G00　X0　Y0　Z200	(调用 G54 坐标系)
N3　M03　S500	(主轴转速 500r/min)
N4　G43　G00　Z50　H01	(建立 1 号刀长度补偿)
N5　X40	(移动刀具)
N6　Z5	(移动刀具)
N7　G01　Z－15　F100	(移动刀具)
N8　D01　M98　P1100(D01＝32)	(调用外四边形加工子程序)
N9　D02　M98　P1100(D02＝22)	(调用外四边形加工子程序)
N10　D03　M98　P1100(D03＝12)	(调用外四边形加工子程序)
N11　D04　M98　P1100(D04＝8.5)	(调用外四边形加工子程序)
N12　D05　M98　P1100(D05＝8)	(调用加工四方体子程序)
N13　G01　Z－25　F100	(移动刀具)
N14　D04　M98　P1000(D04＝5.5)	(调用外六边形加工子程序)
N15　D05　M98　P1000(D05＝5)	(调用外六边形加工子程序)
N16　G49　G00　Z300	(取消刀具长度补偿)

```
N17  M06  T02                        (调用 φ10mm 立铣刀)
N18  M03  S900                       (主轴正转)
N19  G43  G00  Z100  H02             (建立 2 号刀长度补偿)
N20  G00  X0  Y-45                   (移动刀具)
N21  G0  Z-15                        (移动刀具)
N22  M98  P1300  D04                 (调用带圆角的四边形加工子程序)
N23  M98  P1300  D05                 (调用带圆角的四边形加工子程序)
N24  G01  Z-10                       (移动刀具)
N25  M98  P1200  D04                 (加工圆柱面)
N26  M98  P1200  D05                 (加工圆柱面)
N27  G49  Z100  M05                  (取消刀具长度补偿)
N28  M30                             (程序结束并返回程序开始处)
N29  %1000                           (外六边形加工子程序)
N30  G41  G00  X40  Y11.5            (建立刀具半径补偿)
N31  G03  X29.5  R11.5  F100         (圆弧切入)
N32  G01  Y-17                       (移动刀具)
N33  X0  Y-34                        (移动刀具)
N34  X-29.5  Y-17                    (移动刀具)
N35  Y17                             (移动刀具)
N36  X0  Y34                         (移动刀具)
N37  X29.5  Y17                      (移动刀具)
N38  Y0                              (移动刀具)
N39  G03  X40  Y-11.5  R11.5         (圆弧切出)
N40  G40  G00  Y0                    (取消刀具半径补偿)
N41  M99                             (子程序结束)
N42  %1100                           (外四边形加工子程序)
N43  G41  G00  X40  Y24.5            (建立刀具半径补偿)
N44  G03  X15.5  Y0  R24.5           (圆弧切入)
N45  G01  Y-25.5  F100               (移动刀具)
N46  G01  X-15.5                     (移动刀具)
N47  G01  Y25.5                      (移动刀具)
N48  G01  X15.5                      (移动刀具)
N49  G01  Y0                         (移动刀具)
N50  G03  X40  Y-24.5  R24.5         (圆弧切出)
N51  G40  G00  Y0                    (取消刀具半径补偿)
N52  M99                             (子程序结束)
N53  %1200                           (φ30mm 外圆加工子程序)
N54  G41  G00  X40  Y25              (建立刀具半径补偿)
N55  G03  X15  Y0  R25               (加工 φ30mm 外圆)
```

```
N56  G02  I-15                      (加工外圆)
N57  G03  X40  Y-25  R25            (圆弧切出)
N58  G40  G00  Y0                   (取消刀具半径补偿)
N59  M99                            (子程序结束)
N60  %1300                          (带圆角的四边形加工子程序)
N61  G41  G00  X40  Y25             (建立刀具半径补偿)
N62  G03  X15  Y0  R25              (圆弧切入)
N63  G02  X10  Y-11.18  R15         (移动刀具)
N64  G01  Y-20                      (移动刀具)
N65  G02  X5  Y-25  R5              (移动刀具)
N66  G01  X-5                       (移动刀具)
N67  G02  X-10  Y-20  R5            (移动刀具)
N68  G01  Y-11.18                   (移动刀具)
N69  G02  X-10  Y11.18  R15         (移动刀具)
N70  G01  Y20                       (移动刀具)
N71  G02  X-5  Y25  R5              (移动刀具)
N72  G01  X5                        (移动刀具)
N73  G02  X10  Y20  R5              (移动刀具)
N74  G01  Y11.18                    (移动刀具)
N75  G02  X15  Y0  R15              (移动刀具)
N76  G03  X40  Y-25  R25            (圆弧切出)
N77  G40  G00  Y0                   (取消刀具半径补偿)
N78  M99                            (子程序结束)
```

三、工作实施过程中的路径和步骤

1. 项目路径

项目实施路径如图 1-27 所示。

2. 项目步骤（同情境八项目二）

四、项目预案

问题一 应用刀具半径补偿指令时提示刀具干涉。

解决措施：检查选用刀具的半径是否大于其零件的最小曲率半径（选用的刀具半径应小于零件的最小曲率半径）；检查刀补中的最大值是否小于零件的最小曲率半径，如果大于零件的最小曲率半径，则产生刀具干涉报警，将其改写到小于零件最小曲率半径即可。

问题二 加工结束后，发现表面粗糙度不符合要求，且粗糙度不一致。

解决措施：首先检查刀具是否磨损或磨钝，如果磨损，则需要更换刀具；如果刀具完好，则检查切削用量选用是否合理。切削用量的选用直接影响加工的表面粗糙度值，应避免断续切削和沿工件法线方向切入或切出工件。

问题三　六边形对边尺寸不符合图样要求，出现超差。

解决措施：检查量具校正是否有误，测量方法是否正确。如果超差规律相同，则可能是刀补计算有误。

问题四　总体深度不符合图样要求。

解决措施：检查程序数据是否正确，刀具是否磨损，Z 向对刀操作是否正确且无误差，工件装夹是否可靠。

五、项目实施

1. 组织方式

每三位同学一组，每组 1 台加工中心，3 台计算机。

2. 生产准备

每工位配备实训用品一套。刀具准备清单见表 8-11。

设备选用清单见表 8-6。工具、量具准备清单见表 8-7。

表 8-11　刀具准备清单

序号	名称	规格	材料	数量	备注
1	立铣刀	ϕ16mm	高速钢	1	
2	立铣刀	ϕ10mm	高速钢	1	

六、项目评价

项目评价见表 8-12。

表 8-12　项目评价表

项目编号		学生加工时间	2 学时	学生姓名		总分			
类别	序号	评价项目	评价内容及要求	评分标准	配分	学生自评	学生互评	教师评价	得分
技术考评	1	外形尺寸	(59 ±0.03) mm	超差 0.01 扣 3 分	15				
	2		(20 ±0.03) mm	超差 0.01 扣 3 分	16				
	3		$50_{-0.04}^{\ 0}$ mm	超差 0.01 扣 3 分	8				
	4		ϕ(30 ±0.03) mm	超差 0.01 扣 3 分	9				
	5	高度尺寸	(25 ±0.1) mm	超差无分	12				
	6		(10 ±0.1) mm	超差无分	12				
	7		10mm		8				
	8	表面粗糙度	R_a1.6μm	每降一级扣 1 分	10				
	9	尺寸检测	自检尺寸正确	不正确无分	5				
	10	完成时间	按时完成任务	不按时完成无分	5				

（续）

类别	序号	评价项目	评价内容及要求	评分标准	配分	学生自评	学生互评	教师评价	得分
非技术考评	11	安全生产	遵守机床安全操作规程	不遵守酌情扣1~5分					
	12	文明生产	遵守文明生产规则	不遵守酌情扣1~5分					
	13	环保生产	遵守环保生产规则	不遵守酌情扣1~5分					
	14	其他		酌情扣1~5分					

注：1. 发生人身和设备事故时，应立即向指导教师报告，由指导教师组织学生立即报警抢救，并及时向主管领导汇报。

2. 严重违反工艺原则和情节严重的野蛮操作等，由指导教师按实习管理制度进行处理。

七、项目作业（课外完成）

完成图8-28所示组合凸台零件的加工方案和工艺规程的制定，并进行程序编制和仿真。

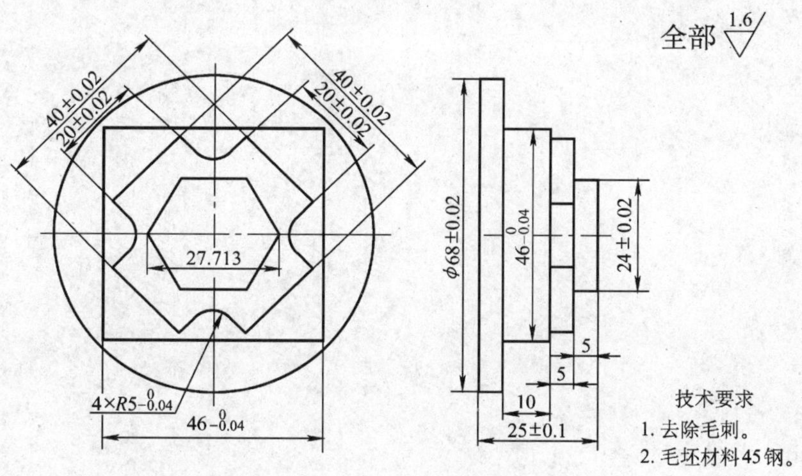

图8-28　组合凸台零件

八、项目拓展

完成图8-29所示十字凸台零件的加工方案和工艺规程的制定，并进行程序编制和仿真。

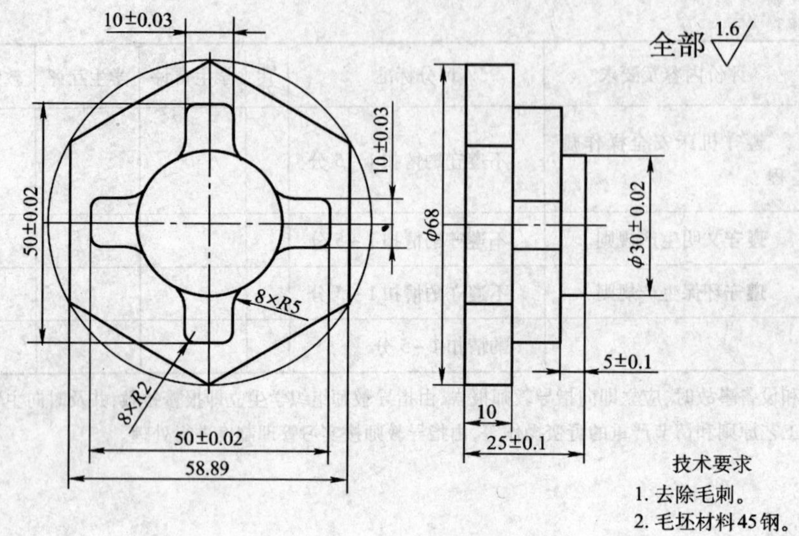

技术要求
1. 去除毛刺。
2. 毛坯材料45钢。

图 8-29　十字凸台零件

学习情境九　内轮廓零件的加工中心编程与加工

项目一　凹槽零件的加工中心编程与加工

一、项目要求

以图9-1所示凹槽零件加工为例，使学生学会制定用加工中心加工零件的内轮廓的工艺方案，编制合理的数控加工程序并仿真调试，最后加工出合格的零件。

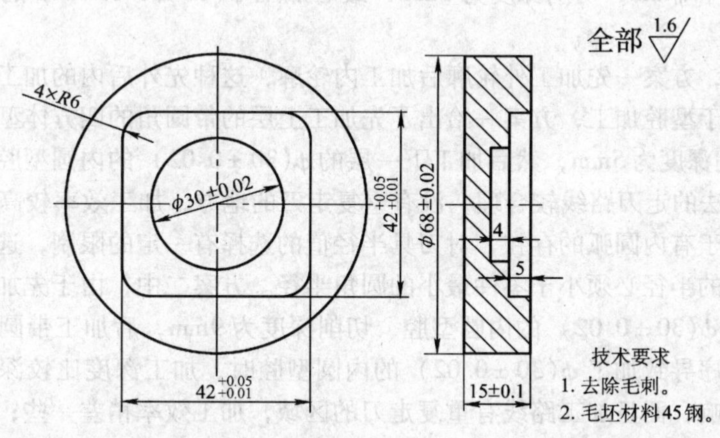

图9-1　凹槽零件图

（1）时间要求　8学时。

（2）质量要求　凹槽零件加工后符合图样要求。

（3）安全、文明、环保要求　按照各项要求进行项目作业。具体内容见情境一项目二。

二、项目分析

（一）图样分析

（1）加工内容　该零件的加工全部为内轮廓加工，主要包括内四方表面、内圆表面的加工。

(2) 尺寸分析　零件的尺寸精度为中等公差等级要求。边长为42mm的正四边形尺寸精度要求较高；需要保证零件的总深度要求；无形位公差要求；表面粗糙度要求为R_a1.6μm。零件材料为45钢，加工后需去除毛刺。

（二）方案分析

方案一　利用圆柱毛坯表面进行定位，采用铣床用三爪自定心卡盘夹紧，零件伸出高度约为18mm。按照自上而下、先外圆后内孔的方法，将上表面铣平，并设该平面为Z向的零点；先加工$\phi(68 \pm 0.02)$mm的外圆，切削深度为15mm，分两层切削加工；然后加工倒圆角的四方体型腔，对边尺寸为$42^{+0.05}_{+0.01}$mm，切削深度为5mm；最后加工$\phi(30 \pm 0.02)$mm的内孔型腔，切削深度为4mm。

方案二　采用圆柱毛坯表面进行定位，采用铣床用三爪自定心卡盘夹紧，零件伸出高度约为18mm。按照先内后外、先下后上的加工方法，将上表面铣平，并设该上平面为Z向的零点；先加工$\phi(30 \pm 0.02)$mm的内孔型腔，切削深度为9mm；再加工倒圆角的四方体型腔，对边尺寸为$42^{+0.05}_{+0.01}$mm，切削深度为5mm；最后加工$\phi(68 \pm 0.02)$mm的外圆，切削深度为15mm。

以上两方案中，方案一先加工外轮廓后加工内轮廓，这种先外后内的加工顺序非常适合该零件的加工。对于型腔加工，方案一给出了先加工上层的带圆角的四方体型腔，对边尺寸为$42^{+0.05}_{+0.01}$mm，切削深度为5mm，然后加工下一层的$\phi(30 \pm 0.02)$的内圆型腔，切削深度为4mm，这种加工方法的走刀路线较合理，没有重复走刀的地方，加工效率较高；加工带圆角的正四边形时，由于有内圆弧的存在，对刀具半径值的选择有一定的限制，选刀时要考虑圆角半径，所选刀具的半径必须小于零件最小的圆角半径。方案二中，由于先加工内轮廓后加工外轮廓，先加工$\phi(30 \pm 0.02)$的内圆型腔，切削深度为9mm，后加工带圆角的四方体型腔，这样的加工顺序导致加工$\phi(30 \pm 0.02)$的内圆型腔时，加工深度比较深，对刀具的使用寿命有一定的影响，而且加工路线有重复走刀的区域，加工效率稍差一些；加工带倒圆角的四方体型腔时，同样选刀时要考虑圆角半径，所选的刀具的半径必须小于零件最小的圆角半径。经过比较分析，选择方案一更合理。

（三）夹具分析

加工中心常用夹具及其适用场合见表8-2。

毛坯为圆柱类棒料，零件加工时需要限制工件的四个自由度，根据表8-2，采用铣床用三爪自定心卡盘进行装夹，装夹时保证装夹后露出高度高于工件的有效深度。通过对刀将工件坐标系零点建立在工件的上表面中心位置上。采用铣床用三爪自定心卡盘装夹方便，定位可靠，定位精度高，可满足该零件的加工项目要求。

（四）刀具及切削用量选择

刀具、切削用量应根据工件材料来选择。几种常用材料的刀具、切削用量见表8-3和表8-4。

铣刀一般为一体刀具，所以一般为高速钢刀具。由于加工材料为45钢，根据材料特性，

粗加工时可采用 $n=300\sim600\text{r/mim}$，$v_f=80\sim200\text{mm/min}$，$a_P=5\sim10\text{mm}$；半精、精加工时可采用 $n=600\sim1200\text{r/mim}$，$v_f=30\sim60\text{mm/min}$，$a_P=0.2\sim0.6\text{mm}$。根据具体情况的变化需随时改变速度。

刀具类型要根据加工的工件表面类型来选取。常用铣刀的类型及其适用的加工表面见表 8-5。

按照项目要求，并结合表 8-5，可以选用 ϕ12mm 键槽铣刀对各个表面进行加工。通过计算选取：粗加工时，$n=500\text{r/min}$，$v_f=100\text{mm/min}$；精加工时 $n=900\text{r/min}$，$v_f=50\text{mm/min}$。主轴转速及进给速度的改变可通过操作面板上的“倍率”按钮来调整。

（五）程序分析

项目链接

常用指令介绍

G41/G42　G01/G00　X _ Y _ D _

X、Y——刀补建立的终点坐标；

D——刀具半径补偿值。

刀具半径补偿值中的最大值必须小于零件轮廓的最小曲率半径。

1. 工件坐标原点确定

如图 9-2 所示，工件加工时以 O 为坐标原点建立工件坐标系。

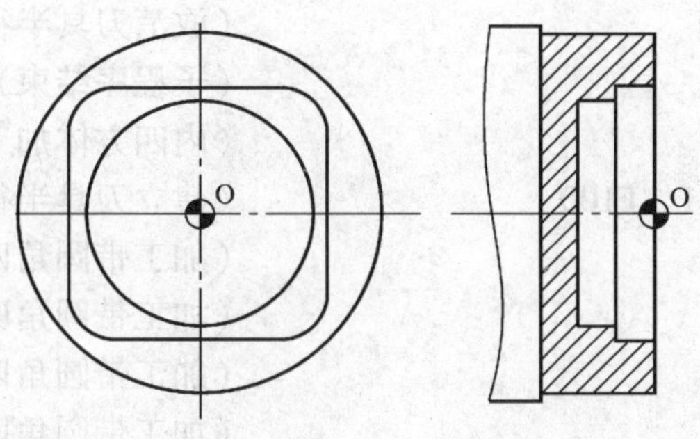

图 9-2　工件坐标原点

2. 加工程序参考

%1000	（加工零件程序名）
N1　M06　T01	（调用 ϕ12mm 键槽铣刀）
N2　G54　G90　G00　X0　Y0　Z200	（调用 G54 坐标系）

```
N3  M03  S500                          (主轴正转,转速为500r/min)
N4  G43  G00  Z50  H01                 (建立1号刀长度补偿)
N5  G00  Z5                            (移动刀具)
N6  G00  X44  Y0                       (移动刀具)
N7  Z-15                               (移动刀具)
N8  M98  P100  D04                     (调用φ68mm外圆加工子程序)
N9  M98  P100  D05                     (调用φ68mm外圆加工子程序)
N10  G00  Z5                           (移动刀具)
N13  X0  Y0                            (移动刀具)
N14  G01  Z-5  F30                     (移动刀具)
N15  D01  M98  P200(D01=13)            (调用内四方体加工子程序)
N16  D02  M98  P200(D02=6.5)           (调用内四方体加工子程序)
N17  D03  M98  P200(D03=6)             (调用内四方体加工子程序)
N18  G01  Z-9  F30                     (移动刀具)
N19  D04  M98  P300(D04=5.5)           (调用φ30mm内孔加工子程序)
N20  D05  M98  P300(D05=5)             (调用φ30mm内孔加工子程序)
N21  G49  G00  Z150  M05               (取消刀具长度补偿)
N22  M30                               (程序结束并返回程序开始处)
N23  %100                              (φ68mm外圆加工子程序)
N24  G41  G00  X44  Y10                (建立刀具半径补偿)
N25  G03  X34  Y0  R10  F150           (圆弧切入)
N26  G03  I-34  J0  F100               (加工φ68mm外圆)
N27  G03  X44  Y-10  R10  F200         (圆弧切出)
N28  G40  G00  Y0                      (取消刀具半径补偿)
N29  M99                               (子程序结束)
N30  %200                              (内四方体加工子程序)
N31  G42  G01  X21  F100               (建立刀具半径补偿)
N32  G01  Y-21                         (加工带圆角四边形)
N33  X-21                              (加工带圆角四边形)
N34  Y21                               (加工带圆角四边形)
N35  X21                               (加工带圆角四边形)
N36  Y0                                (加工带圆角四边形)
N37  G40  G00  X0                      (取消刀具半径补偿)
N38  M99                               (子程序结束)
N39  %300                              (φ30mm内孔加工子程序)
N40  G41  G01  X15  F100               (建立刀具半径补偿)
N42  G03  I-15  J0                     (加工φ30mm内孔)
N43  G40  G00  X0                      (取消刀具半径补偿)
N44  M99                               (子程序结束)
```

三、工作实施过程中的路径和步骤

1. 项目路径

项目实施路径如图1-27所示。

2. 项目步骤（同情境八项目二）

四、项目预案

问题一　报警提示刀具干涉。

解决措施：检查加工程序中的直线插补与圆弧插补是否已及时地相互转换；检查刀补中的最大值是否小于零件的最小曲率半径，如果大于零件的最小曲率半径，则产生刀具干涉报警，将其改写到小于零件最小曲率半径即可。

问题二　加工结束后发现表面粗糙度不符合要求，且粗糙度不一致。

解决措施：首先检查刀具是否磨损或磨钝，如果磨损需要更换刀具；如果刀具完好，则检查切削用量选用是否合理。切削用量的选用直接影响加工的表面粗糙度，应避免断续切削和沿工件法线方向切入或切出工件。

问题三　总体深度不符合图样要求。

解决措施：检查程序数据是否正确，刀具是否磨损，Z向对刀操作是否正确且无误差，工件装夹是否可靠。

五、项目实施

1. 组织方式

每三位同学一组，每组1台加工中心，3台计算机。

2. 生产准备

每工位配备实训用品一套。刀具准备清单见表9-1。

设备选用清单见表8-6。工具、量具准备清单见表8-7。

表9-1　刃具准备清单

序号	名称	规格	材料	数量	备注
1	键槽铣刀	ϕ12mm	高速钢	1	

六、项目评价

项目评价见表9-2。

表 9-2 项目评价表

项目编号				学生加工时间	2 学时	学生姓名		总分	
类别	序号	评价项目	评价内容及要求	评分标准	配分	学生自评	学生互评	教师评价	得分
技术考评	1	外形尺寸	$\phi(68\pm0.02)$ mm	超差 0.1 扣 2 分	10				
	2	内径尺寸	$\phi(30\pm0.02)$ mm	超差无分	20				
	3		$42^{+0.05}_{+0.01}$ mm	超差无分	10				
	4		$42^{+0.05}_{+0.01}$ mm	超差无分	10				
	5	高度尺寸	(15 ± 0.1) mm	超差无分	10				
	6		4mm	超差无分	10				
	7		5mm	超差无分	10				
	8	表面粗糙度	$R_a1.6\mu m$	每降一级扣 1 分	10				
	9	尺寸检测	自检尺寸正确	不正确无分	5				
	10	完成时间	按时完成任务	不按时完成无分	5				
非技术考评	11	安全生产	遵守机床安全操作规程	不遵守酌情扣 1 ~ 5 分					
	12	文明生产	遵守文明生产规则	不遵守酌情扣 1 ~ 5 分					
	13	环保生产	遵守环保生产规则	不遵守酌情扣 1 ~ 5 分					
	14	其他		酌情扣 1 ~ 5 分					

注：1. 发生人身和设备事故时，应立即向指导教师报告，由指导教师组织学生立即报警抢救，并及时向主管领导汇报。
2. 严重违反工艺原则和情节严重的野蛮操作等，由指导教师按实习管理制度进行处理。

七、项目作业（课外完成）

完成图 9-3 所示四方槽零件的加工方案和工艺规程的制定，并进行程序编制和仿真。

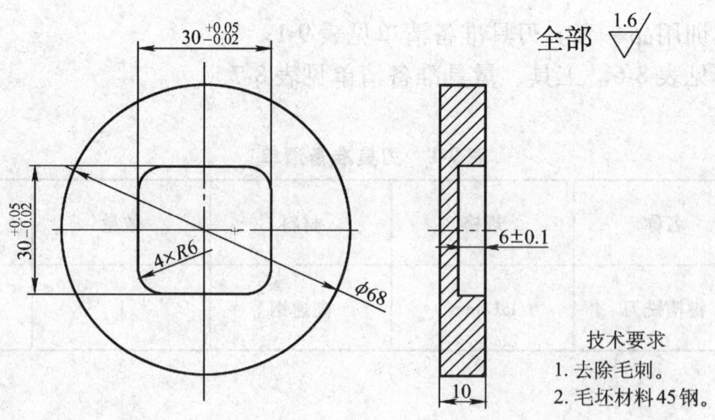

图 9-3 四方槽零件

八、项目拓展

完成图 9-4 所示环形槽零件的加工方案和工艺规程的制定，并进行程序编制和仿真。

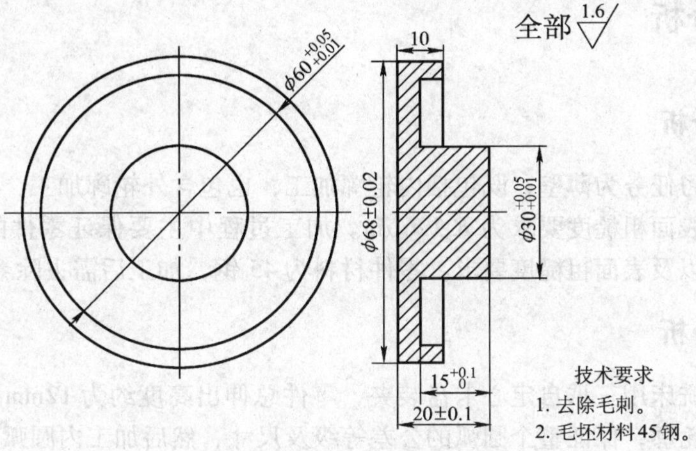

图 9-4　环形槽零件

项目二　薄壁零件的加工中心编程与加工

一、项目要求

以图 9-5 所示圆弧槽薄壁的加工为例，使学生学会制定用加工中心加工圆弧槽薄壁零件的工艺方案，编制合理的数控加工程序并进行仿真调试，最终加工出合格零件。

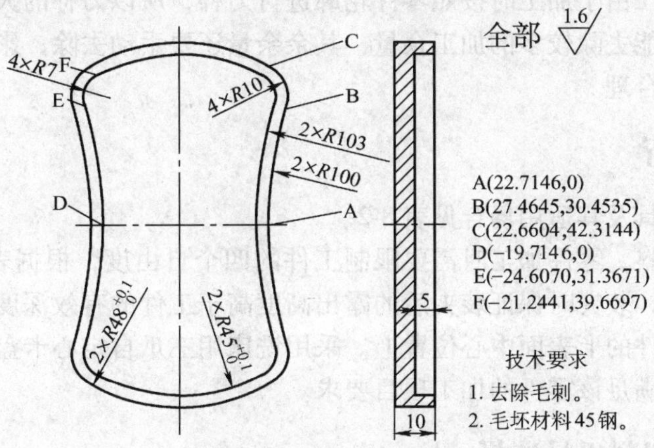

图 9-5　圆弧槽薄壁

(1) 时间要求　8 学时。

(2) 质量要求　圆弧槽薄壁零件加工后符合图样要求，保证圆弧表面的连接要光滑。

(3) 安全、文明、环保要求　按照各项要求进行项目作业。具体内容见情境一项目二。

二、项目分析

(一) 图样分析

该零件加工练习任务为薄壁，既包括内轮廓加工，也包含外轮廓加工，而且所有轮廓全部由圆弧段组成。表面粗糙度要求为 R_a1.6μm。加工过程中主要保证零件的各个圆弧的尺寸、壁厚、总深度以及表面粗糙度要求。零件材料为 45 钢，加工后需去除毛刺。

(二) 方案分析

方案一　采用铣床用三爪自定心卡盘装夹，零件总伸出高度约为 12mm。按照先外后内的原则，先加工外轮廓，保证整个圆弧的公差等级及尺寸，然后加工内圆弧。加工时，为了保证薄壁的厚度要求，分粗、精加工两个阶段，粗加工后留 0.5mm 的精加工余量，然后精加工以保证精度。为了使加工时建立的刀补数值能够将加工余量全部去除掉，尽量在内型加工时避免沿圆弧轨迹加工，而采用走四方形的轨迹去除多余的毛坯余量，然后再沿精加工轮廓进行精加工，以保证加工精度和表面粗糙度。

方案二　采用铣床用三爪自定心卡盘装夹，零件总伸出高度约为 12mm。按照先内后外的加工方法，先将上表面铣平，并设该上表面为 Z 向的零点；再加工内腔，切削深度为 5mm；然后加工外轮廓，切削深度为 10mm，同时保证薄壁的厚度公差符合图样要求，保证粗糙度符合图样要求。

以上两个方案中，方案一先加工外轮廓后加工内轮廓，这种先外后内的加工顺序非常适合该零件的加工。对于型腔的加工，方案一采用先按四方形加工去除多余余量，然后再沿轮廓进行精加工；方案二由于加工时按照零件轮廓进行刀补，所以刀补的大小受到内轮廓最小圆角半径的限制而不能去除较多的加工余量，其余余量还要手动去除，影响加工时间。经分析比较，方案一比较合理。

(三) 夹具分析

加工中心常用夹具及其适用场合见表 8-2。

毛坯为圆柱类棒料，零件加工时需要限制工件的四个自由度，根据表 8-2，采用铣床用三爪自定心卡盘装夹，装夹时保证装夹后的露出高度高于工件的有效深度。通过对刀将工件坐标系零点建立在工件的上表面中心位置上。采用铣床用三爪自定心卡盘装夹方便，定位可靠，定位精度高，可满足该零件的加工项目要求。

(四) 刀具及切削用量选择

刀具、切削用量应根据工件材料来选择。几种常用材料的刀具、切削用量见表 8-3 和表 8-4。

铣刀一般为一体刀具，所以一般为高速钢刀具。由于加工材料为45钢，根据材料特性，粗加工时可采用 $n=300\sim600\text{r/mim}$，$v_f=80\sim200\text{mm/min}$，$a_P=5\sim10\text{mm}$；半精、精加工时可采用 $n=600\sim1200\text{r/mim}$，$v_f=30\sim60\text{mm/min}$，$a_P=0.2\sim0.6\text{mm}$。根据具体情况的变化需随时改变速度。

刀具类型要根据加工的工件表面类型来选取。常用铣刀的类型及其适用的加工表面见表8-5。

按照项目要求，并结合表8-5，可以选用 $\phi16\text{mm}$ 立铣刀及 $\phi12\text{mm}$ 键槽铣刀对各个表面进行加工。通过计算选取：粗加工时，$n=500\text{r/min}$，$v_f=100\text{mm/min}$；精加工时，$n=900\text{r/min}$，$v_f=50\text{mm/min}$。主轴转速及进给速度的改变可通过操作面板上的“倍率”按钮来调整。

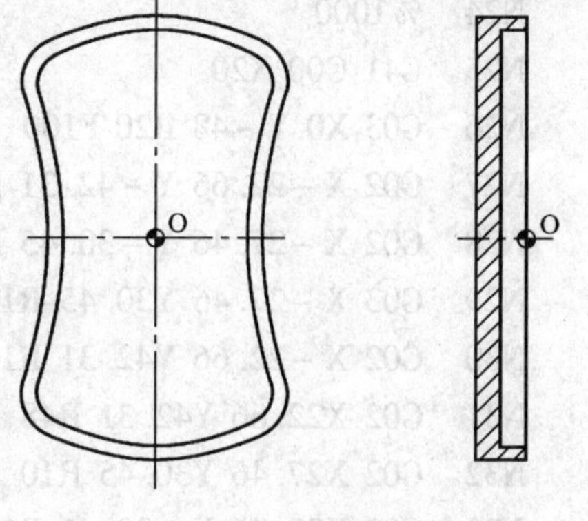

图9-6　工件坐标原点

（五）程序分析

1. 工件坐标原点确定

如图9-6所示，加工工件上表面时以O为坐标原点建立工件坐标系。

2. 加工程序参考

```
    %1000                         (加工零件程序名)
N1  M06  T01                      (调用φ16mm立铣刀)
N2  G54 G90 G00 X0 Y0 Z200        (调用G54坐标系)
N3  M03 S500                      (主轴正转,n=500r/min)
N4  G43 G00 Z50 H01               (建立1号刀长度补偿)
N5  Y-68                          (刀具定位到点X0,Y-68)
N6  Z5                            (刀具快速降到点Z5)
N7  G01 Z-10 F100                 (刀具慢速降到点Z-10)
N8  D01 M98 P1000(D01=20)         (调用外轮廓加工子程序,采用1号刀补)
N9  D02 M98 P1000(D02=8.5)        (调用外轮廓加工子程序,采用2号刀补)
N10  D03 M98 P1000(D03=8)         (调用外轮廓加工子程序,采用3号刀补)
N11  G49 G00 Z200                 (取消长度补偿,并提刀到点Z200)
N12  M06 T02                      (调用φ12mm键槽铣刀)
N13  G43 G0 Z50 H02               (建立2号刀长度补偿)
N14  M03 S900                     (主轴正转,n=900r/min)
N15  G00 X0 Y0 Z5                 (刀具快速到点X0,Y0,Z5)
N16  G01 Z-5 F30                  (刀具慢速降到点Z-5)
N17  M98 P2000 D03                (调用内四边形加工子程序,采用3号刀补)
N18  M98 P2000 D04                (调用内四边形加工子程序,采用4号刀补)
N19  M98 P2000 D05                (调用内四边形加工子程序,采用5号刀补)
N20  M98 P3000 D04                (调用内轮廓加工程序,采用4号刀补)
N21  M98 P3000 D05                (调用内轮廓精加工子程序,采用5号刀补)
```

```
N22  G49 G00 Z200                  (取消长度补偿,并提刀到点 Z200)
N23  M05 M30                       (程序停止)
N24  %1000                         (外轮廓加工子程序)
N25  G41 G00 X20                   (建立左刀补)
N26  G03 X0 Y-48 R20 F100          (圆弧切入零件)
N27  G02 X-22.66 Y-42.31 R48       (加工 R48mm 圆弧)
N28  G02 X-27.46 Y-30.45 R10       (加工 R10mm 圆弧)
N29  G03 X-27.46 Y30.45 R100       (加工 R100mm 圆弧)
N30  G02 X-22.66 Y42.31 R10        (加工 R10mm 圆弧)
N31  G02 X22.66 Y42.31 R48         (加工 R48mm 圆弧)
N32  G02 X27.46 Y30.45 R10         (加工 R10mm 圆弧)
N33  G03 X27.46 Y-30.45 R100       (加工 R100mm 圆弧)
N34  G02 X22.66 Y-42.31 R10        (加工 R10mm 圆弧)
N35  G02 X0 Y-48 R48               (加工 R48mm 圆弧)
N36  G03 X-20 Y-68 R20             (圆弧切出零件)
N37  G40 G00 X0                    (取消刀补)
N38  M99                           (返回主程序)
N39  %2000                         (内四方形加工子程序)
N40  G42 G01 X19.5 Y0 F100         (建立右刀补)
N41  G01 Y-37.5                    (加工四边形右边)
N42  X-19.5                        (加工四边形下边)
N43  Y37.5                         (加工四边形左边)
N44  X19.5                         (加工四边形上边)
N45  Y0                            (加工四边形右边)
N46  G40 G01 X0                    (取消刀补)
N47  M99                           (返回主程序)
N48  %3000                         (加工内轮廓子程序)
N49  G01 X-9.71 Y0 F100            (刀具定位到点 X-9.71,Y0)
N50  G41  G01 Y10                  (建立左刀补)
N51  G03 X-19.71 Y0 R10            (圆弧切入零件)
N52  G02 X-21.6 Y-31.36 R103       (加工 R103mm 圆弧)
N53  G03 X-21.24 Y-39.66 R7        (加工 R7mm 圆弧)
N54  G03 X21.24 Y-39.66 R45        (加工 R45mm 圆弧)
N55  G03 X24.6 Y-31.36 R7          (加工 R7mm 圆弧)
N56  G02 X24.6 Y31.36 R103         (加工 R103mm 圆弧)
N57  G03 X21.24 Y39.66 R7          (加工 R7mm 圆弧)
N58  G03 X-21.24 Y39.66 R45        (加工 R45mm 圆弧)
N59  G03 X-24.6 Y31.36 R7          (加工 R7mm 圆弧)
N60  G02 X-19.71 Y0 R103           (加工 R103mm 圆弧)
```

```
N61  G03 X -9.71 Y -10 R10          (圆弧切出零件)
N62  G40 G01 Y0                     (取消刀补)
N63  M99                            (返回主程序)
```

三、项目路径和步骤

1. 项目路径

项目实施路径如图 1-27 所示。

2. 项目步骤（同情境八项目二）

四、项目预案

问题一 表面粗糙度不符合要求。

解决措施：首先检查刀具是否磨损或磨钝，如果磨损需要更换刀具再试；如果刀具完好，则检查切削用量选用是否合理，可适当更改大小圆弧的进给速度；切入或切出工件时，尽量在工件的切线方向。

问题二 加工圆弧时切削用量的选用问题。

解决措施：加工圆弧时，选用的进给量应该尽量选用小于直线插补时的进给量，否则加工出的圆弧的表面粗糙度质量将会降低；另外，加工小圆弧拐角时，应降低进给量，避免出现过切的现象。

问题三 总深度不符合图样要求。

解决措施：首先检查程序数据是否正确，然后检查刀具是否磨损，接着可以检查 Z 向对刀操作是否正确且无误差，最后检查工件装夹是否可靠。

问题四 刀具磨损较大。

解决措施：首先检查刀具材料是否适合加工该零件；然后检查程序中切削用量的选用是否合理，如果不合理，需查表进行优化；最后检查切削液的选用是否合理，以及切削液的供给情况。

五、项目实施

1. 组织方式

每三位同学一组，每组 1 台加工中心，3 台计算机。

2. 生产准备

每工位配备实训用品一套。刀具准备清单见表 9-3。

设备选用清单见表 8-6。工具、量具准备清单见表 8-7。

表 9-3 刀具准备清单

序号	名称	规格	材料	数量	备注
1	立铣刀	ϕ16mm	高速钢	1	
2	键槽铣刀	ϕ12mm	高速钢	1	

六、项目评价

项目评价见表 9-4。

表 9-4 项目评价表

项目编号			学生加工时间	2学时	学生姓名		总分		
类别	序号	评价项目	评价内容及要求	评分标准	配分	学生自评	学生互评	教师评价	得分
技术考评	1	外形尺寸	$R45^{+0.1}_{0}$mm	超差 0.01 减 4 分	10				
	2		$R48^{+0.1}_{0}$mm	超差 0.01 减 4 分	10				
	3		$R100^{+0.1}_{0}$mm	超差 0.01 减 4 分	10				
	4		$R103^{+0.1}_{0}$mm	超差 0.01 减 4 分	10				
	5		4 × R7mm	超差 0.01 减 2 分	10				
	6		4 × R10mm	超差 0.01 减 2 分	10				
	7	高度	10mm	超差 0.01 减 2 分	10				
	8		5mm	超差 0.01 减 2 分	10				
	9	表面粗糙度	R_a1.6μm	超出不得分	10				
	10	尺寸检测	自检尺寸正确	不正确无分	5				
	11	完成时间	按时完成任务	不按时完成无分	5				
非技术考评	12	安全生产	遵守机床安全操作规程	不遵守酌情扣 1 ~ 5 分					
	13	文明生产	遵守文明生产规则	不遵守酌情扣 1 ~ 5 分					
	14	环保生产	遵守环保生产规则	不遵守酌情扣 1 ~ 5 分					
	15	其他		酌情扣 1 ~ 5 分					

注：1. 发生人身和设备事故时，应立即向指导教师报告，由指导教师组织学生立即报警抢救，并及时向主管领导汇报。

2. 严重违反工艺原则和情节严重的野蛮操作等，由指导教师按实习管理制度进行处理。

七、项目作业（课外完成）

完成图 9-7 所示内腔零件的加工方案和工艺规程的制定，并进行程序编制和仿真。

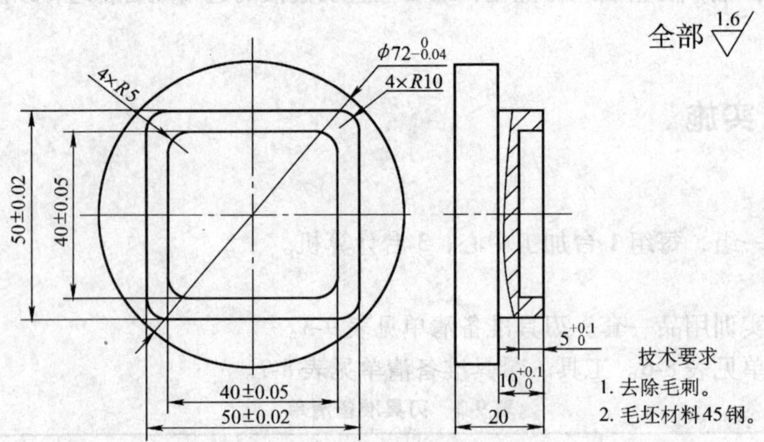

图 9-7 内腔零件

八、项目拓展

完成图 9-8 所示环形岛的加工方案和工艺规程的制定，并进行程序编制和仿真。

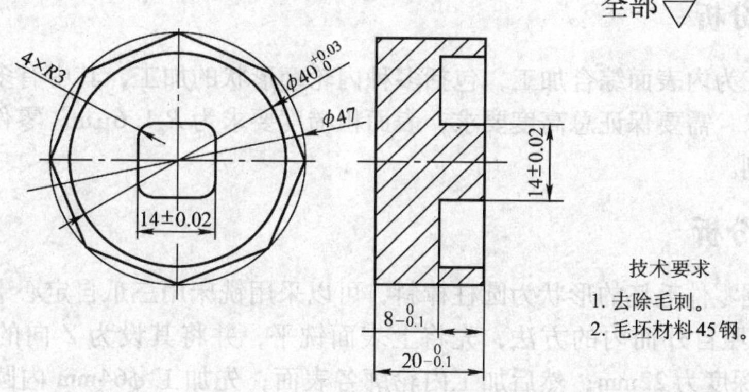

图 9-8　环形岛

项目三　轮槽零件的加工中心编程与加工

一、项目要求

以图 9-9 所示轮槽的加工为例，使学生学会制定用加工中心加工轮槽零件的工艺方案，编制合理的数控加工程序并进行仿真调试，最后加工出合格的零件。

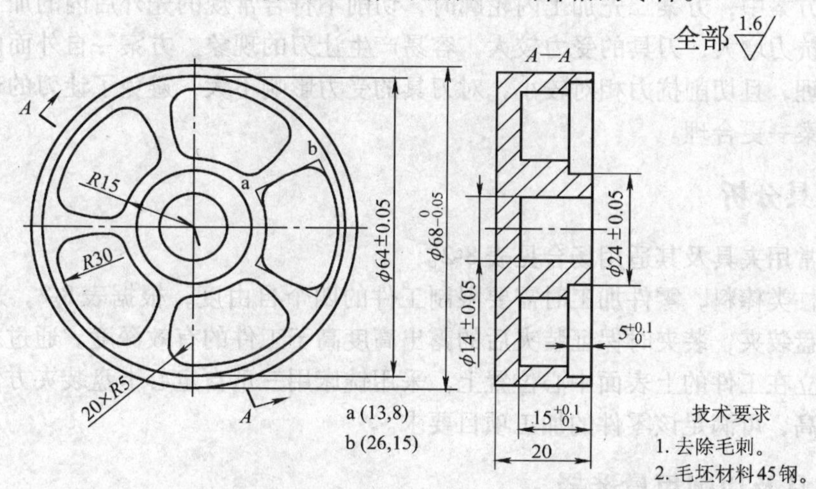

图 9-9　轮槽

（1）时间要求　8 学时。

（2）质量要求　轮槽零件加工后符合图样要求，保证五个内轮廓的对称度及表面粗度要求。

(3) 安全、文明、环保要求　按照各项要求进行项目作业。具体内容见情境一项目二。

二、项目分析

(一) 图样分析

该零件的加工为内表面综合加工，包括多种内轮廓形状的加工，其中有多个尺寸精度为中等公差等级要求，需要保证总高度要求，表面粗糙度要求为 $R_a1.6\mu m$。零件材料为45 钢，加工后需去除毛刺。

(二) 方案分析

方案一　根据零件毛坯的形状为圆柱棒料，可以采用铣床用三爪自定心卡盘装夹，伸出高度为23mm。按照自外而内的方法，先将上表面铣平，并将其设为 Z 向的零点。再加工 ϕ68mm 外轮廓，深度为22mm；然后加工内轮廓各表面；先加工 ϕ64mm 内圆，保证尺寸精度，切削深度为5mm；接下来加工五个均匀分布的内槽，切削深度为10mm；再加工中心处 ϕ14mm 的内孔，切削深度为15mm，以及 ϕ24mm 的外圆，深度为5mm。最后调头装夹，保证总高度为20mm。

方案二　根据零件毛坯的形状为圆柱棒料，可以采用铣床用三爪自定心卡盘装夹，伸出高度为23mm。按照自内而外的方法，先将上表面铣平，并将其设为 Z 向的零点。再加工内轮廓各表面，先加工 ϕ64mm 内圆，保证尺寸精度，切削深度为5mm；接下来加工五个均匀分布的内槽，深度为15mm；再加工中心处的内 ϕ14mm 的内孔，深切削度为15mm，以及 ϕ24mm 的外圆，加工深度为5mm；然后加工 ϕ68mm 外轮廓，深度为22mm；最后调头装夹，保证总高度为20mm。

以上两个方案中，方案二先加工内轮廓时，切削不符合常规的先外后内的加工顺序，而且加工时切削抗力增大，刀具的受力较大，容易产生让刀的现象。方案一自外而内加工，加工顺序相对合理，且切削抗力相对较小，对刀具的受力影响不大，避免了让刀的现象。经过比较分析，方案一更合理。

(三) 夹具分析

加工中心常用夹具及其适用场合见表8-2。

毛坯为圆柱类棒料，零件加工时需要限制工件的四个自由度，根据表8-2，采用铣床用三爪自定心卡盘装夹，装夹时保证装夹后的露出高度高于工件的有效深度。通过对刀将工件坐标系零点建立在工件的上表面中心位置上。采用铣床用三爪自定心卡盘装夹方便，定位可靠，定位精度高，可满足该零件的加工项目要求。

(四) 刀具及切削用量选择

刀具、切削用量应根据工件材料来选择。几种常用材料的刀具、切削用量见表8-3和表8-4。

铣刀一般为一体刀具，所以一般为高速钢刀具。由于加工材料为45 钢，根据材料特性，粗加工时可采用 $n=300\sim600$r/mim，$v_f=80\sim200$mm/min，$a_P=5\sim10$mm；半精、精加工时

可采用 $n=600\sim1200\text{r/mim}$，$v_f=30\sim60\text{mm/min}$，$a_P=0.2\sim0.6\text{mm}$。根据具体情况的变化需随时改变速度。

刀具类型要根据加工的工件表面类型来选取。常用铣刀的类型及其适用的加工表面见表 8-5。

按照项目要求，并结合表 8-5，可以选用 ϕ16mm 立铣刀，ϕ16mm 键槽铣刀及 ϕ10mm 键槽铣刀对各个表面进行加工。通过计算，选取粗加工时的主轴转速 $n=500\text{r/min}$，$v_f=100\text{mm/min}$；精加工时，$n=900\text{r/min}$，$v_f=50\text{mm/min}$。主轴转速及进给速度的改变可通过操作面板上的“倍率”按钮来调整。

（五）程序分析

项目链接

旋转变换 G68，G69

（1）格式

G17 G68 X_ _Y_ _P_ _

G18 G68 X_ _Z_ _P_ _

G19 G68 Y_ _Z_ _P_ _

M98 P_

G69

（2）说明

G68：建立旋转。

G69：取消旋转。

X、Y、Z——旋转中心的坐标值；

P——旋转角度，单位是（°），0≤P≤360°。

在有刀具补偿的情况下，先旋转后刀补（刀具半径补偿、长度补偿）；在有缩放功能的情况下，先缩放后旋转。

G68、G69 为模态指令，可相互注销，G69 为默认值。

1. 工件坐标原点确定

如图 9-10 所示，加工工件上表面时以 O 点为坐标原点建立工件坐标系。

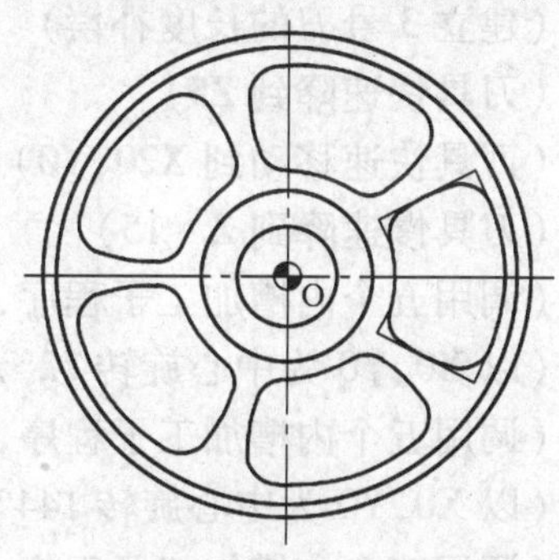

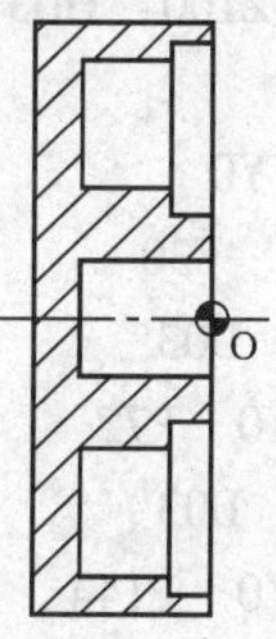

图 9-10　工件坐标原点

2. 加工程序参考

```
        %1000                         (加工零件程序名)
N1  G54  G90  G0  X0  Z200            (建立G54工件坐标系)
N2  M06  T01                          (调用φ16mm立铣刀)
N3  M03  S500                         (主轴正转,转速500r/min)
N4  G43  G00  Z100  H01               (建立1号刀的长度补偿)
N5  G00  X44  Y0                      (刀具快速到X44,Y0)
N6  G00  Z-20                         (刀具快速降到Z-20)
N7  M98  P100  D01                    (调用φ68mm外圆加工子程序,采用1号刀补)
N8  M98  P100  D02                    (调用φ68mm外圆加工子程序,采用2号刀补)
N9  G49  G00  Z300                    (取消长度补偿)
N10  M06  T02                         (调用2号φ16mm键槽铣刀)
N11  M03  S500                        (主轴正转,转速500r/min)
N12  G43  G00  Z150  H02              (建立2号刀的长度补偿)
N13  G00  Z5                          (刀具快速降到Z5)
N14  X20  Y0                          (刀具快速移到X20,Y0)
N15  G01  Z-5  F30                    (刀具慢速降到Z-5)
N16  M98  P200  D01                   (调用φ64mm圆槽加工子程序,采用1号刀补)
N17  M98  P200  D02                   (调用φ64mm圆槽加工子程序,采用2号刀补)
N18  M98  P300  D01                   (调用φ24mm外圆加工子程序,采用1号刀补)
N19  M98  P300  D02                   (调用φ24mm外圆加工子程序,采用2号刀补)
N20  G00  Z5                          (刀具快速到Z5)
N21  G00  X0  Y0                      (刀具快速称到到X0,Y0)
N22  G01  Z-15  F30                   (刀具慢速降到Z-15)
N23  M98  P400  D01                   (调用φ14mm内孔加工子程序,采用1号刀补)
N24  M98  P400  D02                   (调用φ14mm内孔加工子程序,采用2号刀补)
N25  G49  G00  Z300                   (取消长度补偿)
N26  M06  T03                         (调用3号φ10mm键槽铣刀刀具)
N27  M03  S900                        (主轴正转,转速900r/min)
N28  G43  G00  Z100  H03              (建立3号刀的长度补偿)
N29  G00  Z5                          (刀具快速降到Z5)
N30  G00  X20  Y0                     (刀具快速移动到X20,Y0)
N31  G01  Z-15  F30                   (刀具慢速降到Z-15)
N32  M98  P500  D03                   (调用五个内槽加工子程序,采用3号刀补)
N33  G68  X0  Y0  P72                 (以X0,Y0为中心旋转72°)
N34  M98  P500  D03                   (调用五个内槽加工子程序,采用3号刀补)
N35  G68  X0  Y0  P144                (以X0,Y0为中心旋转144°)
N36  M98  P500  D03                   (调用五个内槽加工子程序,采用3号刀补)
N37  G68  X0  Y0  P216                (以X0,Y0为中心旋转216°)
```

```
N38  M98  P500  D03                  （调用五个内槽加工子程序,采用3号刀补）
N39  G68  X0  Y0  P288               （以X0,Y0为中心旋转288°）
N40  M98  P500  D03                  （调用五个内槽加工子程序,采用3号刀补）
N42  G00  Z50                        （刀具快速提到Z50）
N43  G69  G00  X0  Y0                （取消旋转）
N44  G49  G00  Z300                  （取消长度补偿）
N45  M05                             （主轴停转）
N46  M30                             （程序结束）
N47  %100                            （φ68mm外圆加工子程序）
N48  G41  G00  Y10                   （建立左刀补）
N49  G03  X34  Y0  R10               （圆弧切入）
N50  G02  I-34  J0  F100             （加工φ68mm外圆）
N51  G02  X34  Y-10  R10  F300       （圆弧切出）
N52  G40  G00  Y0                    （取消刀补）
N53  M99                             （返回主程序）
N54  %200                            （φ64mm圆槽加工子程序）
N55  G41  G01  X32  Y0  F100         （建立左刀补）
N56  G03  I-32  J0                   （加工φ64mm圆槽）
N57  G40  G01  X20  Y0               （取消刀补）
N58  M99                             （返回主程序）
N59  %300                            （φ24mm外圆加工子程序）
N60  G41  G01  X12  Y0  F100         （建立左刀补）
N61  G02  I-12  J0                   （加工φ24mm外圆）
N62  G40  G01  X20                   （取消刀补）
N63  M99                             （返回主程序）
N64  %400                            （φ14mm内孔加工子程序）
N65  G42  G01  X7  F100              （建立右刀补）
N66  G02  I-7  J0                    （加工φ14mm内孔）
N67  G40  G01  X0  Y0                （取消刀补）
N68  M99                             （返回主程序）
N69  %500                            （五个内槽加工子程序）
N70  G42  G01  X30  Y0  F50          （建立右刀补）
N71  G02  X26  Y-15  R30             （加工R30mm圆弧）
N72  G01  X13  Y-8                   （加工斜线）
N73  G03  X13  Y8  R15               （加工R15mm圆弧）
N74  G01  X26  Y15                   （加工斜线）
N75  G02  X30  Y0  R30               （加工R30mm圆弧）
N76  G40  G01  X20  Y0               （取消刀补）
N77  M99                             （返回主程序）
```

三、项目路径和步骤

1. 项目路径

项目实施路径如图1-27所示。

2. 项目步骤（同情境八项目二）

四、项目预案

问题一 程序校验时圆弧数据或地址错误。

解决措施：核查程序中圆弧终点坐标数值是否有误，若坐标正确，则检查是否漏写圆弧半径，然后按正确值输入；若圆弧地址错误，应该检查指令字是否输入错误。

问题二 利用旋转加工时，刀补建立不上或建立不成功。

解决措施：原因可能是因为旋转和建立刀补的顺序使用错误。在有刀补的情况下，应该先旋转后建立刀补。

问题三 旋转建立不成功。

解决措施：如果是在G17平面内建立旋转，在子程序中应该首先移动的轴为X、Y轴；如果是在G18平面内建立旋转，在子程序中应该首先移动的轴为X、Z轴，如果是在G19平面内建立旋转，在子程序中应该首先移动的轴为Y、Z轴。

问题四 加工过程中表面粗糙度不符合要求。

解决措施：检查刀具或切削刃是否磨损，如果没有，则检查刀具的选用和切削用量是否合适，如不合适，需查表优化。

五、项目实施

1. 组织方式

每三位同学一组，每组1台加工中心，3台计算机。

2. 生产准备

每工位配备实训用品一套。刀具准备清单见表9-5。

设备选用清单见表8-6。工具、量具准备清单见表8-7。

表9-5 刃具准备清单

序号	名称	规格	材料	数量	备注
1	立铣刀	ϕ16mm	高速钢	1	
2	键槽铣刀	ϕ16mm	高速钢	1	
3	键槽铣刀	ϕ10mm	高速钢	1	

六、项目评价

项目评价见表9-6。

表 9-6　项目评价表

项目编号			学生加工时间	2 学时	学生姓名			总分		
类别	序号	评价项目	评价内容及要求	评分标准		配分	学生自评	学生互评	教师评价	得分
技术考评	1	外形尺寸	$\phi 68^{0}_{-0.05}$ mm	超差 0.1 扣 2 分		10				
	2		$\phi(64 \pm 0.05)$ mm	超差无分		10				
	3		$\phi(24 \pm 0.05)$ mm	超差无分		10				
	4	内孔尺寸	$\phi(14 \pm 0.05)$ mm	超差无分		10				
	5	高度尺寸	$5^{+0.1}_{0}$ mm	超差无分		10				
	6		$15^{+0.1}_{0}$ mm	超差无分		10				
	7		20mm	超差无分		10				
	8	圆弧尺寸	$20 \times R5$mm	超差无分		10				
	9	表面粗糙度	$R_a 1.6 \mu m$	每降一级扣 1 分		10				
	10	尺寸检测	自检尺寸正确	不正确无分		5				
	11	完成时间	按时完成任务	不按时完成无分		5				
非技术考评	12	安全生产	遵守机床安全操作规程	不遵守酌情扣 1 ~ 5 分						
	13	文明生产	遵守文明生产规则	不遵守酌情扣 1 ~ 5 分						
	14	环保生产	遵守环保生产规则	不遵守酌情扣 1 ~ 5 分						
	15	其他		酌情扣 1 ~ 5 分						

注：1. 发生人身和设备事故时，应立即向指导教师报告，由指导教师组织学生立即报警抢救，并及时向主管领导汇报。

2. 严重违反工艺原则和情节严重的野蛮操作等，由指导教师按实习管理制度进行处理。

七、项目作业（课外完成）

完成图 9-11 所示内腔岛屿零件的加工方案和工艺规程的制定，并进行程序编制和仿真。

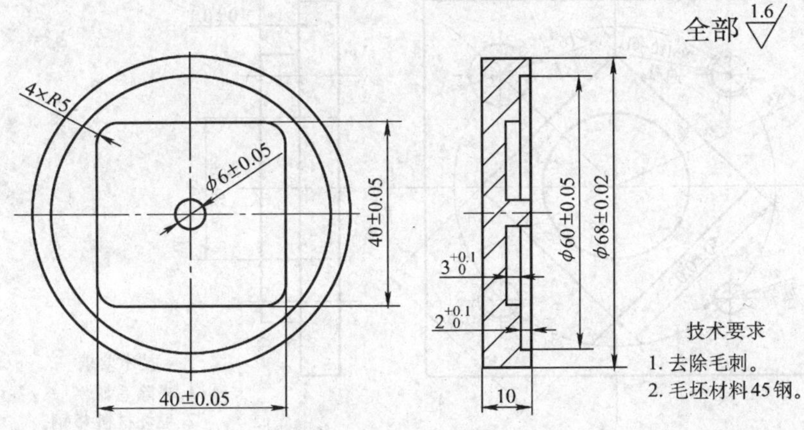

图 9-11　内腔岛屿零件

八、项目拓展

完成图 9-12 所示特殊法兰盘的加工方案和工艺规程的制定，并进行程序编制和仿真。

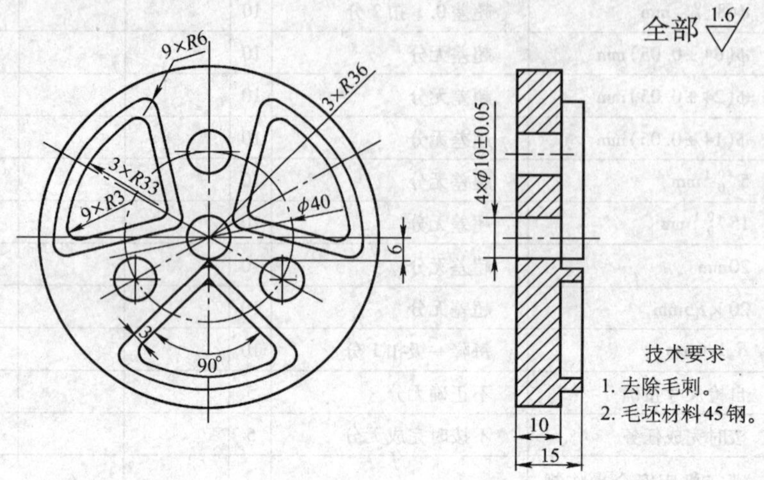

图 9-12　特殊法兰盘

项目四　模块零件的加工中心编程与加工

一、项目要求

以图 9-13 所示模块的加工为例，使学生学会用加工中心加工孔零件的编程，制定加工工艺方案，编制合理的数控加工程序并进行仿真调试，最后加工出合格的零件。

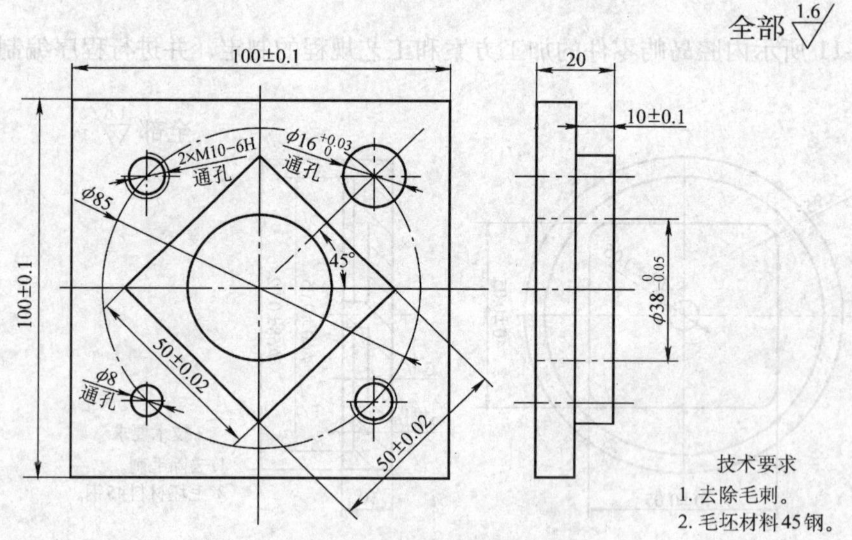

图 9-13　模块零件图

(1) 时间要求　8学时。

(2) 质量要求　模块零件加工后符合图样要求。

(3) 安全、文明、环保要求　按照各项要求进行项目作业。具体内容见情境一项目二。

二、项目分析

(一) 图样分析

1. 加工内容

该零件的加工全部为内轮廓加工，包括外四方体表面，$\phi8$、$\phi16$、$\phi38^{\ 0}_{-0.05}$内孔，2×M10-6H的内孔及螺纹。

2. 尺寸分析

该零件的加工为各种孔类的加工训练，其加工精度各不相同，需要采用合适的加工方法及切削用量进行加工。其中有多个外形及直径尺寸精度为中等公差等级要求，需要保证总高度要求及各阶台的高度；无形位公差要求；表面粗糙度要求为$R_a1.6\mu m$。零件材料为45钢，加工后需去除毛刺。

(二) 方案分析

方案一　利用零件的毛坯表面作为装夹表面，采用机用平口虎钳装夹，零件伸出高度约为22mm。按照自上而下的方法，先将上表面铣平，并设该平面为Z向的零点；然后加工边长为(50±0.02)mm的外四边形，深度为(10±0.1)mm；再加工边长为(100±0.1)mm的外四边形，深度为20mm；接下来对各个孔进行加工，首先钻各个孔的中心孔，以保证各孔的位置度，然后加工$\phi8$mm的孔，再加工2×M10的螺纹底孔，孔径为$\phi8.5$mm，再调用M10的机用丝锥攻螺纹；接下来加工$\phi16^{+0.03}_{\ 0}$mm的孔，先调用$\phi14$mm的底孔钻，对$\phi16$mm的孔先进行底孔加工，然后用$\phi15.8$mm的钻头进行扩孔加工，最后调用$\phi16$mm的机用铰刀，进行铰孔加工，保证孔$\phi16^{+0.03}_{\ 0}$mm的精度；最后$\phi38^{\ 0}_{-0.05}$mm的孔需要采用镗孔加工，加工时首先要加工底孔，然后用$\phi16$mm的钻头进行第一次扩孔，再用$\phi37.8$mm的钻头进行第二次扩孔，为镗孔留下0.1~0.2mm的精镗余量，最后调整好镗刀到$\phi38^{\ 0}_{-0.02}$mm，最好保证在中差范围，进行镗削加工。

方案二　利用零件的毛坯表面作为装夹表面，采用机用平口虎钳装夹，零件伸出高度约为22mm。按照自下而上的方法，先将上表面铣平，并设该平面为Z向的零点，然后加工边长为(100±0.1)mm的外四边形，深度为20mm；再加工边长为(50±0.02)mm的外四边形，深度为(10±0.1)mm；接下来对各个孔进行加工，首先钻各个孔的中心孔，以保证各孔的位置度，然后首先加工$\phi8$mm的孔，然后加工2×M10-6H的螺纹底孔，孔径为$\phi8.5$mm，再调用M10的机用丝锥攻螺纹；接下来加工$\phi16^{+0.03}_{\ 0}$mm的孔，先调用$\phi15.8$mm的底孔钻，对$\phi16$mm的孔先进行底孔加工，然后调用$\phi16$mm的机用铰刀进行铰孔加工，保证孔$\phi16^{+0.03}_{\ 0}$mm的精度；最后$\phi38^{\ 0}_{-0.05}$mm的孔需要采用镗孔加工，加工时首先要加工底孔，再用$\phi37.8$mm的钻头钻孔，为镗孔留下0.1~0.2mm的精镗余量，最后调整好镗刀到$\phi38^{\ 0}_{-0.02}$mm，最好保证在中差范围，进行镗削加工。

以上两个方案中，方案一中自上而下加工可以减小切削深度，提高刀具寿命；加工精度较高的孔（$\phi16^{+0.03}_{0}$mm 和 $\phi38^{0}_{-0.05}$mm）时，采用钻-扩-铰和钻-扩-镗的方法，并且加工余量合理。加工方案二在加工外四边形时采用的是由外而内的加工方法，加工 100mm × 100mm 的外四边形时，加工深度较深，对刀具磨损较大；而加工 $\phi16^{+0.03}_{0}$ mm 孔时，直接用 ϕ15.8mm 的钻头钻孔，即没有打底孔就直接加工，切削抗力非常大，直接影响孔径的大小，孔径偏差比较大，也不可能保证铰孔的铰削余量。综上所述，应该采取方案一进行加工。

（三）夹具分析

加工中心常用夹具及其适用场合见表 8-2。

根据表 8-2，所给毛坯为圆柱类棒料，零件加工时需要限制工件的五个自由度，所以，预先铣出两个相互平行的平面作为装夹表面，并采用机用平口虎钳装夹，加工反面保证总高度时，应该用等高垫铁垫平，防止由于加工时工件不稳定而导致歪斜。通过对刀将工件坐标系零点建立在工件的中心位置上。调头后夹持外四边形表面，加工底平面保证总高度。每次均可使用机用平口虎钳装夹，可方便快捷地完成该零件的加工任务。

（四）刀具及切削用量选择

刀具、切削用量应根据工件材料来选择。几种常用材料的刀具、切削用量见表 8-3 和表 8-4。

铣刀一般为一体刀具，所以一般为高速钢刀具。由于加工材料为 45 钢，根据材料特性，粗加工时可采用 $n=300\sim600$r/mim，$v_f=80\sim200$mm/min，$a_P=5\sim10$mm；半精、精加工时可采用 $n=600\sim1200$r/mim，$v_f=30\sim60$mm/min，$a_P=0.2\sim0.6$mm。根据具体情况的变化需随时改变速度。

刀具类型要根据加工的工件表面类型来选取。常用铣刀的类型及其适用的加工表面见表 8-5。

按照项目要求，并结合表 8-5，可以选用 ϕ16mm 及 ϕ10mm 立铣刀对各个表面进行加工。通过计算，选取粗加工时的主轴转速 $n=500$r/min，$v_f=100$mm/min；精加工时，$n=900$r/min，$v_f=50$mm/min。主轴转速及进给速度的改变可通过操作面板上的“倍率”按钮来调整。

（五）程序分析

项目链接

1. 常用指令介绍

G99　G81　X　Y　Z　R　P　F　L　　（定心钻循环）

G99　G83　X_Y_Z_R_Q_P_K_F_L_　　（深孔钻循环）

G99　G84　X　Y　Z　R　P　F　L　　（攻螺纹循环）

G99　G76　X　Y　Z　R　P　I　J　F　　（精镗循环）

2. 说明：

Q——每次进给深度。

K——每次退刀后，再次进给时，由快速进给转换为切削进给时距上次加工面的距离。

1）G83 指令动作循环如图 9-14 所示。注意：Z、K、Q 移动量为零时，该指令不执行。

2）G84 攻螺纹时，从 R 点到 Z 点主轴正转，在孔底暂停后，主轴反转，然后退回。G84 指令动作循环如图 9-15 所示。虚线为定位及退刀轨迹，实线为攻螺纹切削轨迹。

3）G76 精镗时，主轴在孔底定向停止后，向刀尖反方向移动，然后快速退刀。这种带有让刀的退刀不会划伤已加工平面，保证了镗孔精度。

G76 指令动作循环如图 9-16 所示。

4）G99 指令返回 R 点平面，其中：

X、Y——加工起点到孔位的距离（G91）或孔位坐标（G90）；

R——初始点到 R 点的距离（G91）或 R 点的坐标（G90）；

Z——R 点到孔底的距离（G91）或孔底坐标（G90）；

Q——每次进给深度（G73/G83）；

P——刀具在孔底的暂停时间；

F——切削进给速度；

L——固定循环的次数。

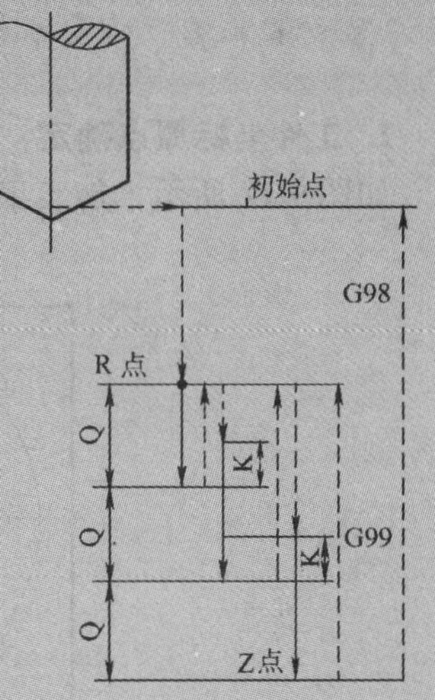

图 9-14　G83 指令动作循环图

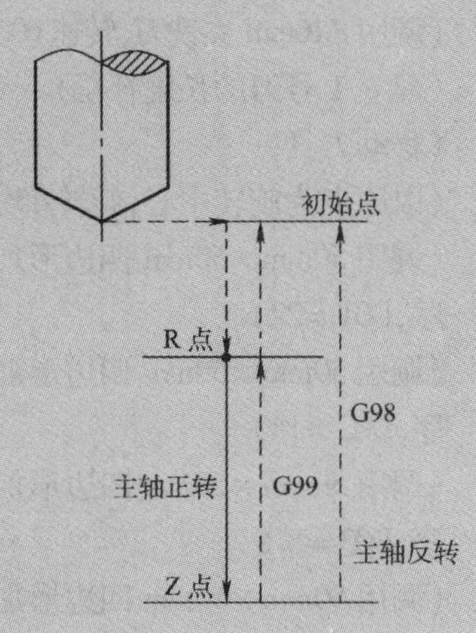

图 9-15　G84 指令动作循环图

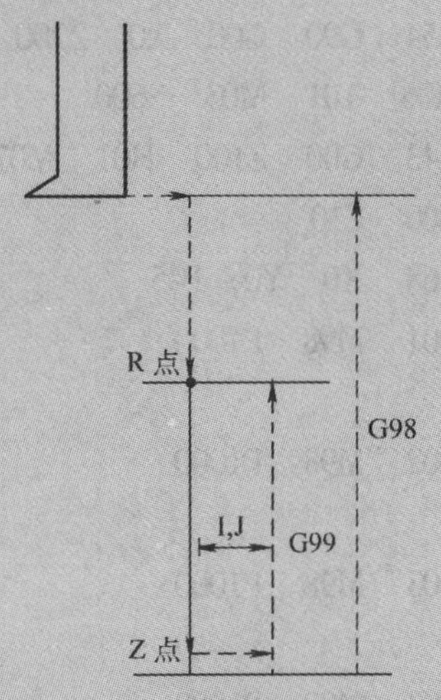

图 9-16　G76 指令动作循环图

I：X 轴刀尖反向位移量

J：Y 轴刀尖反向位移量

注意：
①攻螺纹时，速度倍率、进给保持均不起作用。
②R 应选在距工件表面 7mm 以上的地方。
③如果 Z 的移动量为零，该指令不执行。

1. 工件坐标原点确定

如图 9-17 所示，加工工件上表面时以 O 为坐标原点建立工件坐标系。

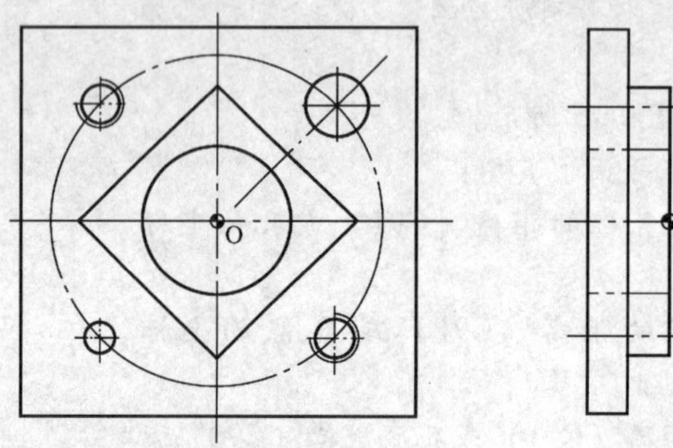

图 9-17　工件坐标原点

2. 加工程序参考

程序	说明
%1234	(加工零件程序名)
N10　G54　G90　G00　X0　Z200	(建立 G54 工件坐标系)
N20　M06　T01　M03　S600	(调用 ϕ16mm 立铣刀,转速 600r/min)
N30　G43　G00　Z100　H01　M07	(建立 1 号刀的长度补偿)
N40　G00　Z10	(移动刀具)
N50　G68　X0　Y0　P45	(以原点为旋转中心,旋转 45°)
N60　D01　M98　P1000	(调用 50mm×50mm 四边形加工子程序,D01=22)
N70　D02　M98　P1000	(调用 50mm×50mm 四边形加工子程序,D02=14)
N80　D03　M98　P1000	(调用 50mm×50mm 四边形加工子程序,D03=8.5)
N90　D04　M98　P1000	(调用 50mm×50mm 四边形加工子程序,D04=8)
N100　G00　X60　Y0	(移动刀具)
N110　Z-20	(移动刀具)
N120　D11　M98　P2000	(调用 100mm×100mm 四边形加工子

程,D11 =8.5)

N130 D12 M98 P2000 (调用100mm×100mm四边形加工子程,D12 =8)

N140 G49 G00 Z200 M09 (取消刀具长度补偿)

N150 M06 T02 M03 S850 (调用A3中心钻,转速850r/min)

N160 G43 G00 Z50 H02 M07 (建立2号刀长度补偿)

N170 G00 Z15 (移动刀具)

N180 G00 X-29.6 Y30 (移动刀具)

N190 G01 Z5 F30 (移动刀具)

N200 G99 G81 X-30 Y30 Z-13 R2 P1 F80 (加工M10中心孔)

N210 X30 L1 (加工 ϕ16mm中心孔)

N220 Y-30 L1 (加工M10中心孔)

N230 X-30 L1 (加工 ϕ8mm中心孔)

N240 G49 G00 Z300 M09 (取消刀具长度补偿)

N250 M06 T03 (调用 ϕ8mm钻头)

N260 G43 G0 Z50 H03 M07 (建立3号刀长度补偿)

N270 M03 S750 (主轴正转)

N280 G00 Z5 (移动刀具)

N290 G99 G81 X-30 Y30 Z-23 R2 F100 (加工 ϕ8mm的孔)

N300 G49 G00 Z300 M09 (取消刀具长度补偿)

N310 M06 T04 (调用加工M10的底孔钻)

N320 G43 G00 Z50 H04 M07 (建立4号刀长度补偿)

N330 M03 S650 (主轴正转,转速650r/min)

N340 G00 Z5 (移动刀具)

N350 G99 G81 X-30 Y30 Z-23 R2 F100 (加工M10螺纹底孔)

N360 X30 Y-30 L1 (加工M10螺纹底孔)

N370 G49 G0 Z300 M09 (取消刀具长度补偿)

N380 M06 T05 (调用M10丝锥)

N390 G43 G00 Z50 H05 M07 (建立5号刀长度补偿)

N400 M03 S320 (主轴正转,转速320r/min)

N410 G00 Z10 (移动刀具)

N420 G99 G84 X-30 Y30 Z-23 R7 P1 F1.5 (加工M10螺纹)

N430 X30 Y-30 L1 (加工M10螺纹)

N440 G49 G00 Z300 M09 (取消刀具长度补偿)

N450 M06 T06 (调用 ϕ14mm钻头)

N460 G43 G00 Z50 H06 M07 (建立6号刀长度补偿)

N470 M03 S650 (主轴正转,转速650r/min)

N480 G00 Z5 (移动刀具)

N490 G99 G81 X30 Y30 Z-24 R2 P1 F100 (加工 ϕ16mm的底孔)

```
N500  X0  Y0  L1                                    (加工 φ38mm 底孔)
N510  G49  G00  Z300  M09                           (取消刀具长度补偿)
N520  M06  T07                                      (调用 φ15.8mm 钻头)
N530  M03  S650                                     (主轴正转,转速 650r/min)
N540  G43  G00  Z50  H07  M07                       (建立 7 号刀长度补偿)
N550  G00  Z5                                       (移动刀具)
N560  G99  G81  X30  Y30  Z-25  R2  P1  F100        (φ16mm 扩孔)
N570  X0  Y0  L1                                    (φ38mm 扩孔)
N580  G49  G00  Z300  M09                           (取消刀具长度补偿)
N590  M06  T08                                      (调用 φ16mm 铰刀)
N600  G43  G00  Z50  H08  M07                       (建立 8 号刀长度补偿)
N610  M03  S200                                     (主轴正转)
N620  G00  Z5                                       (移动刀具)
N630  G01  Z-20  F20                                (移动刀具)
N640  G01  Z5  F200                                 (移动刀具)
N650  G49  G00  Z300  M09                           (取消刀具长度补偿)
N660  M06  T09                                      (调用 φ37.8mm 钻头)
N670  G43  G00  Z50  H09  M07                       (建立 9 号刀长度补偿)
N680  G00  Z5                                       (移动刀具)
N690  G99  G83  X0  Y0  Z-25  R2  P1Q-5  K3  F100   (加工 φ38mm 底孔)
N700  G49  G00  Z300  M09                           (取消刀具长度补偿)
N710  M06  T10                                      (换刀)
N720  G43  G00  Z50  H10                            (建立 10 号刀长度补偿)
N730  G00  Z5                                       (移动刀具)
N740  G99  G76  X0  Y0  Z-22  R3  P1  I-0.5  J0  F60 (镗 φ38mm 孔,保证加工精度)
N750  G49  G00  Z300  M09                           (取消刀具长度补偿)
N760  M05                                           (主轴停转)
M30                                                 (程序结束并返回程序开始处)
N770%1000                                           (50mm×50mm 四方形加工子程序)
N780  G00  X60                                      (移动刀具)
N790  G01  Z-10  F50                                (移动刀具)
N800  G41  G00  X60  Y35                            (建立左刀补)
N810  G03  X25  Y0  R35                             (圆弧切入)
N820  G01  Y-25  F100                               (移动刀具)
N830  X-25                                          (移动刀具)
N840  Y25                                           (移动刀具)
N850  X25                                           (移动刀具)
N860  Y0                                            (移动刀具)
N870  G03  X60  Y-35  R35                           (圆弧切出)
```

```
N880  G40  G00  X60  Y0              (取消刀具半径补偿)
N890  G00  Z5                        (移动刀具)
N900  G00  X0  Y0                    (移动刀具)
N910  M99                            (子程序结束)
N920%2000                            (100mm×100mm 四边形加工子程序)
N930  G41  X60  Y10                  (建立刀具半径补偿)
N940  G03  X50  Y0  R10              (圆弧切入)
N950  G01  Y-50                      (移动刀具)
N960  X-50                           (移动刀具)
N970  Y50                            (移动刀具)
N980  X50                            (移动刀具)
N990  Y0                             (移动刀具)
N1000  G03  X60  Y-10  R10           (移动刀具)
N1010  G40  G00  X60  Y0             (取消刀具半径补偿)
N1020  M99                           (子程序结束)
```

三、项目路径和步骤

1. 项目路径

项目实施路径如图 1-27 所示。

2. 项目步骤（同情境八项目二）

四、项目预案

问题一　钻孔加工时，钻头与工件发出唧唧的响声，每个孔之间的位置度不符合要求。

解决措施：检查钻头切削刃是否已钝或磨损，检查主轴转速是否过高。重新修磨钻头，或降低主轴转速。位置度不合格可能是因为中心孔深度过浅，必须将中心孔钻出斜面倒角来。

问题二　换刀后，发生 Z 方向扎刀（撞刀）现象。

解决措施：首先检查刀具对刀及坐标系设置是否正确，然后检查长度补偿值输入是否正确。当第二把刀的长度大于当前刀时，换刀时要先将主轴提升到换刀的安全高度位置。

问题三　铰孔时表面粗糙度不符合要求。

解决措施：检查切削液选用是否符合要求，切削液供给是否充分；另外还应该检查底孔直径是否合适。

问题四　镗孔时，孔径内壁有一道刀痕，孔径精度保证不好。

解决措施：首先检查程序退刀方向（I、J）是否写反；孔径精度保证不好可能是因为镗削余量过大或是镗刀没有调整合适，应减小镗削余量或调整镗刀。

五、项目实施

1. 组织方式

每三位同学一组，每组1台加工中心，3台计算机。

2. 生产准备

每工位配备实训用品一套。刃具准备清单见表9-7。

表9-7　刃具准备清单

序号	名称	规格	材料	数量	备注
1	立铣刀	ϕ12mm	高速钢	1	
2	中心钻	A3	高速钢	1	
3	钻头	ϕ8mm	高速钢	1	
4	钻头	ϕ8.5mm	高速钢	1	
5	丝锥	M10	高速钢	1	
6	钻头	ϕ14mm	高速钢	1	
7	钻头	ϕ15.8mm	高速钢	1	
8	铰刀	ϕ16mm	高速钢	1	
9	钻头	ϕ37.8mm	高速钢	1	
10	镗孔刀	90°	硬质合金	1	

设备选用清单见表8-6。工具、量具准备清单见表8-7。

六、项目评价

项目评价见表9-8。

表9-8　项目评价表

<table>
<tr><td colspan="3">项目编号</td><td></td><td>学生加工时间</td><td>2学时</td><td colspan="2">学生姓名</td><td>总分</td><td></td></tr>
<tr><td>类别</td><td>序号</td><td>评价项目</td><td>评价内容及要求</td><td>评分标准</td><td>配分</td><td>学生自评</td><td>学生互评</td><td>教师评价</td><td>得分</td></tr>
<tr><td rowspan="11">技术考评</td><td>1</td><td rowspan="2">外形尺寸</td><td>(50±0.02)mm</td><td>超差0.1扣2分</td><td>20</td><td></td><td></td><td></td><td></td></tr>
<tr><td>2</td><td>(100±0.1)mm</td><td>超差无分</td><td>20</td><td></td><td></td><td></td><td></td></tr>
<tr><td>3</td><td>内径尺寸</td><td>$\phi 38^{\ 0}_{-0.05}$mm</td><td>超差无分</td><td>10</td><td></td><td></td><td></td><td></td></tr>
<tr><td>4</td><td rowspan="2">钻孔</td><td>ϕ8mm</td><td>超差无分</td><td>5</td><td></td><td></td><td></td><td></td></tr>
<tr><td>5</td><td>$\phi 16^{+0.03}_{\ 0}$mm</td><td>超差无分</td><td>10</td><td></td><td></td><td></td><td></td></tr>
<tr><td>6</td><td>螺纹尺寸</td><td>2×M10-6H</td><td>螺纹尺寸</td><td>10</td><td></td><td></td><td></td><td></td></tr>
<tr><td>7</td><td rowspan="2">高度尺寸</td><td>(10±0.1)mm</td><td>超差无分</td><td>5</td><td></td><td></td><td></td><td></td></tr>
<tr><td>8</td><td>20mm</td><td>超差无分</td><td>5</td><td></td><td></td><td></td><td></td></tr>
<tr><td>9</td><td>表面粗糙度</td><td>$R_a 1.6\mu m$</td><td>每降一级扣1分</td><td>5</td><td></td><td></td><td></td><td></td></tr>
<tr><td>10</td><td>尺寸检测</td><td>自检尺寸正确</td><td>不正确无分</td><td>5</td><td></td><td></td><td></td><td></td></tr>
<tr><td>11</td><td>完成时间</td><td>按时完成任务</td><td>不按时完成无分</td><td>5</td><td></td><td></td><td></td><td></td></tr>
</table>

（续）

类别	序号	评价项目	评价内容及要求	评分标准	配分	学生自评	学生互评	教师评价	得分
非技术考评	12	安全生产	遵守机床安全操作规程	不遵守酌情扣1~5分					
	13	文明生产	遵守文明生产规则	不遵守酌情扣1~5分					
	14	环保生产	遵守环保生产规则	不遵守酌情扣1~5分					
	15	其他		酌情扣1~5分					

注：1. 发生人身和设备事故时，应立即向指导教师报告，由指导教师组织学生立即报警抢救，并及时向主管领导汇报。

2. 严重违反工艺原则和情节严重的野蛮操作等，由指导教师按实习管理制度进行处理。

七、项目作业（课外完成）

完成图9-18所示底座零件的加工方案和工艺规程的制定，并进行程序编制和仿真。

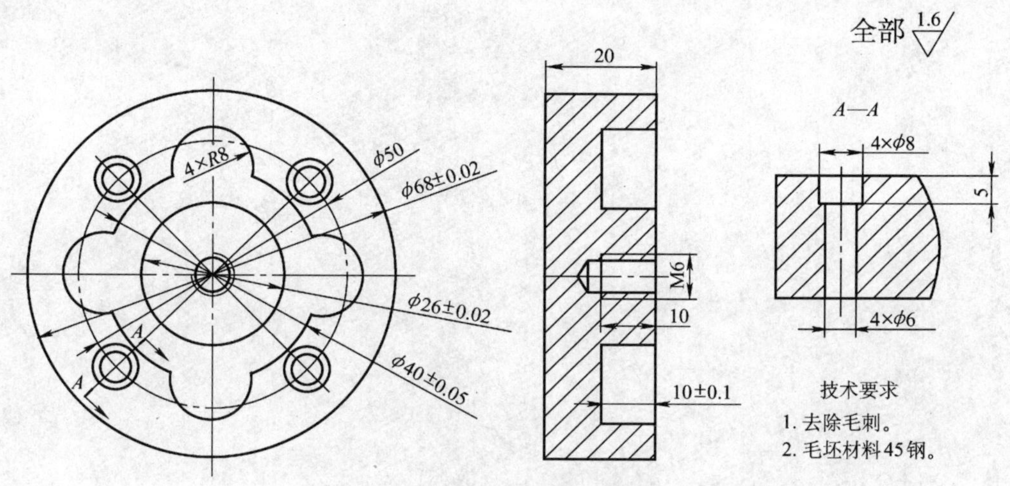

图9-18 底座零件

八、项目拓展

完成图9-19所示五孔零件的加工方案和工艺规程的制定，并进行程序编制和仿真。

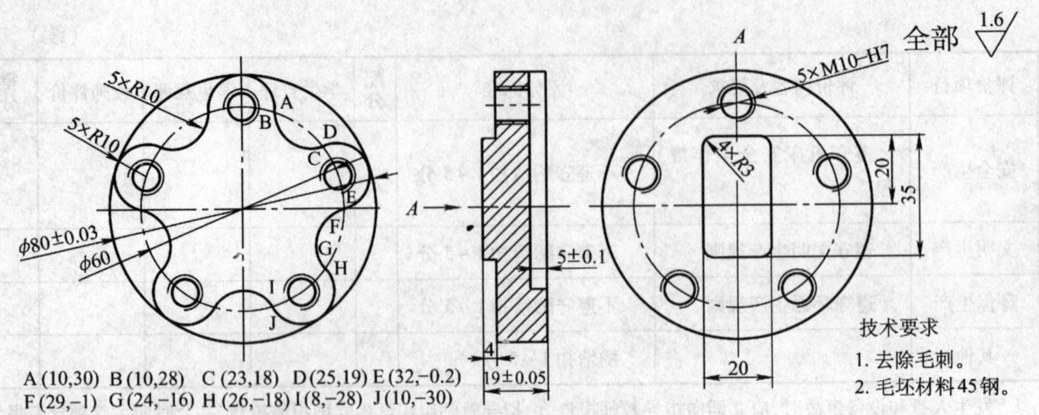

5×R10
5×R10
A
B
C
D
E
F
G
H
I
J
φ80±0.03
φ60
A
4
19±0.05
5±0.1
A
5×M10-H7
4×R3
20
35
20
全部 1.6
技术要求
1. 去除毛刺。
2. 毛坯材料45钢。
A (10,30) B (10,28) C (23,18) D (25,19) E (32,-0.2)
F (29,-1) G (24,-16) H (26,-18) I (8,-28) J (10,-30)

图 9-19 五孔零件

学习情境十　配合零件的加工中心编程与加工

项目一　十字配合零件的加工中心编程与加工

一、项目要求

以图 10-1 所示凸十字、图 10-2 所示凹十字的加工为例，制定该零件的加工工艺方案，编制合理的数控加工程序并仿真调试，最后加工出合格的零件。配合零件如图 10-3 所示。

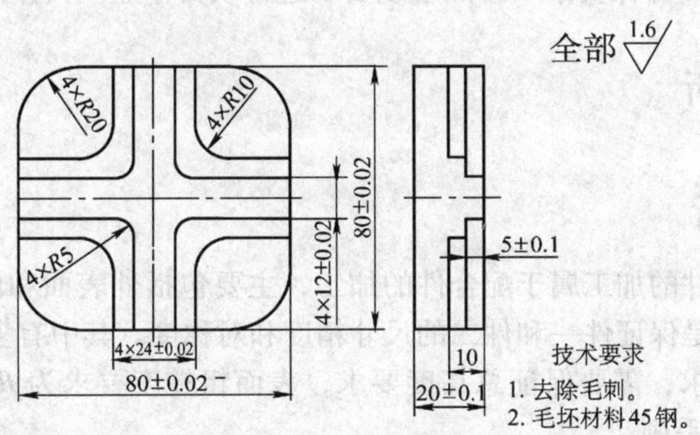

图 10-1　凸十字（零件一）

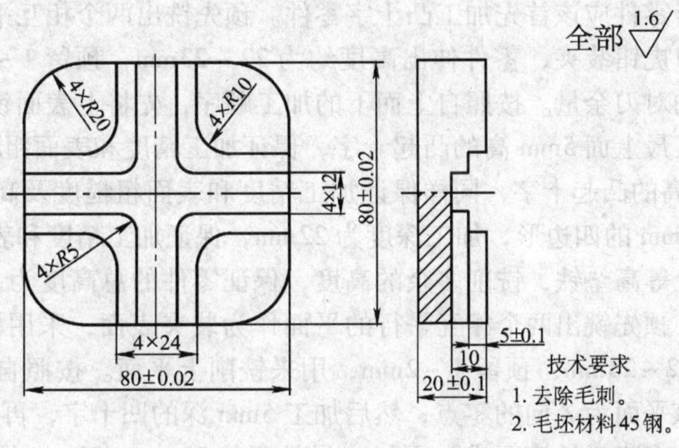

图 10-2　凹十字（零件二）

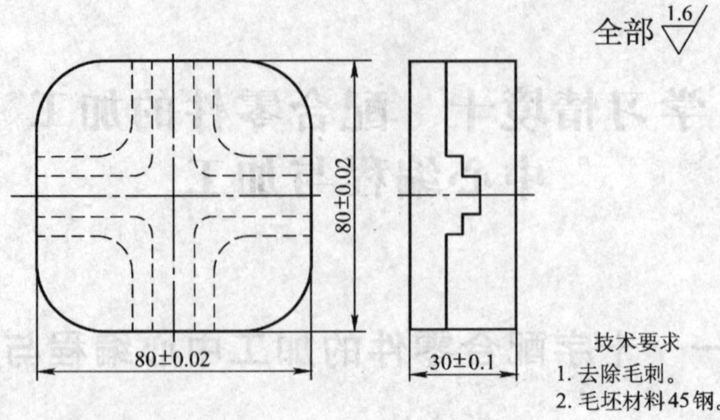

图 10-3　十字配

（1）时间要求　8 学时。

（2）质量要求　十字配零件加工后保证配合精度和表面粗糙度。

（3）安全、文明、环保要求　按照各项要求进行项目作业。具体内容见情境一项目二。

二、项目分析

（一）图样分析

该项目中两个零件的加工属于配合件的加工，主要包括外表面和内表面的配合面加工。保证配合精度的关键是保证件一和件二的尺寸精度和对称度。其中有多个外形及直径尺寸精度为中等公差等级要求，需要保证总高度要求，表面粗糙度要求为 R_a1. 6μm。零件材料为 45 钢，加工后需去除毛刺。

（二）方案分析

方案一　该配合零件应该首先加工凸十字零件。预先铣出两个相互平行的平面作为装夹表面，采用机用平口虎钳装夹，零件伸出高度约为 22 ~ 23mm，预留 1 ~ 2mm，用来铣削上平面，以便有足够的对刀余量。按照自上而下的加工顺序，先将上表面铣平，设该平面为 Z 向的零点；然后加工最上面 5mm 高的凸起十字，保证加工精度和表面粗糙度以及高度要求；再加工下一层 5mm 高的凸起十字，同样保证加工精度和表面粗糙度及高度要求；最后加工最外面的 80mm × 80mm 的四边形，加工深度为 22mm，保证加工精度和表面粗糙度要求；调头夹持四方体，垫上等高垫铁，铣削多余的高度，保证零件的总高度为（20 ± 0. 1）mm。然后加工凹十字零件。预先铣出两个相互平行的平面作为装夹表面，采用机用平口虎钳装夹，零件伸出高度约为 22 ~ 23mm，预留 1 ~ 2mm，用来铣削上平面。按照自上而下的方法，先将上表面铣平，设该平面为 Z 向的零点；然后加工 5mm 深的凹十字，再加工 5mm 深的凹十字，保证加工精度和表面粗糙度要求，再加工最外面的 80mm × 80mm 的四边形，加工深度为 22mm，保证尺寸精度和表面粗糙度。为了保证配合精度，去除所有的毛刺，需要用凸十字零件试配加工，直到达到良好的配合松紧程度为止。最后将配合好的零件调头装夹，铣削配合后的上表面，保证配合件的总高度为（30±0.1）mm。

方案二 该配合零件应该首先加工凹十字零件。预先铣出两个相互平行的平面作为装夹表面，采用机用平口虎钳装夹，零件总伸出高度约为22～23mm，预留1mm～2mm，用来铣削上平面。按照自下而上的加工顺序，先将上表面铣平，设该平面为Z向的零点；然后加工最上面5mm深的凹十字，保证加工精度和表面粗糙度以及高度要求；再加工下一层5mm深的凹十字，同样保证加工精度和表面粗糙度及高度要求；再加工最外面的80mm×80mm的四边形，保证加工精度和表面粗糙度要求；最后调头夹持四方体，垫上等高垫铁，铣削多余的高度，保证零件的总高度为（20±0.1）mm。然后加工凸十字零件。预先铣出两个相互平行的平面作为装夹表面，采用机用平口虎钳装夹，零件伸出高度约为22～23mm，预留1～2mm，用来铣削上平面。按照自下而上的方法，先将上表面铣平，设该平面为Z向的零点，然后加工5mm高的凸十字，然后再加工5mm高的凸十字，保证加工精度和表面粗糙度要求，最后加工最外面的80mm×80mm的四边形，保证尺寸精度和表面粗糙度。为了保证配合精度，去除所有的毛刺，需要用凹十字零件试配加工，直到达到良好的配合松紧程度为止。最后将配合好的零件调头装夹，铣削配合后的上表面，保证配合件的总高度为（30±0.1）mm。

以上两个方案中，方案一是按照先加工凸件再加工凹件的顺序，自上而下进行加工的，配合时是用凸件配合凹件试配、修配凹件，因为凸件的尺寸测量比较容易，所以尺寸比较精确，容易保证。方案二则是先加工凹件再加工凸件，按自下而上的顺序进行加工的，配合时是用凹件配合凸件试配、修配凸件。由于测量方便，所以凸件的加工尺寸精度比较高，尽量不要用来修配，而凹件本身为自由公差，所以应该对它进行修配以控制配合精度。即应该先加工凸件，保证尺寸精度后，再加工凹件，并对凹件进行修配，最后保证配合精度。综合分析，应该优先选用方案一。

（三）夹具分析

加工中心常用夹具及其适用场合见表8-2。

所给毛坯为圆柱类棒料，零件加工时需要限制工件的五个自由度，应预先铣出两个相互平行的平面作为装夹表面，采用机用平口虎钳装夹。加工反面保证总高度时，应该用等高垫铁垫平，防止由于加工时工件不稳定而导致歪斜。通过对刀将工件坐标系零点建立在工件的中心位置上。调头后夹持四方体表面，加工底平面，保证总高度。每次均可使用机用平口虎钳，以便方便、快捷地完成该零件的加工任务。

（四）材料、刀具及切削用量选择

刀具、切削用量应根据工件材料来选择。几种常用材料的刀具、切削用量见表8-3和表8-4。

铣刀一般为一体刀具，所以一般为高速钢刀具。由于加工材料为45钢，根据材料特性，粗加工时可采用$n=300\sim600$r/mim，$v_f=80\sim200$mm/min，$a_P=5\sim10$mm；半精、精加工时可采用$n=600\sim1200$r/mim，$v_f=30\sim60$mm/min，$a_P=0.2\sim0.6$mm。根据具体情况的变化需随时改变速度。

刀具类型要根据加工的工件表面类型来选取。常用铣刀的类型及其适用的加工表面见表8-5。

按照项目要求，并结合表8-5，可以选用ϕ10mm立铣刀对各个表面进行加工。通过计算，选取粗加工时，$n = 500$r/min，$v_f = 100$mm/min；精加工时，$n = 900$r/min，$v_f = 50$mm/min。主轴转速及进给速度的改变可通过操作面板上的“倍率”按钮来调整。

（五）程序分析

1. 工件坐标原点确定

如图 10-4 所示，加工工件上表面时以 O 为坐标原点建立工件坐标系。

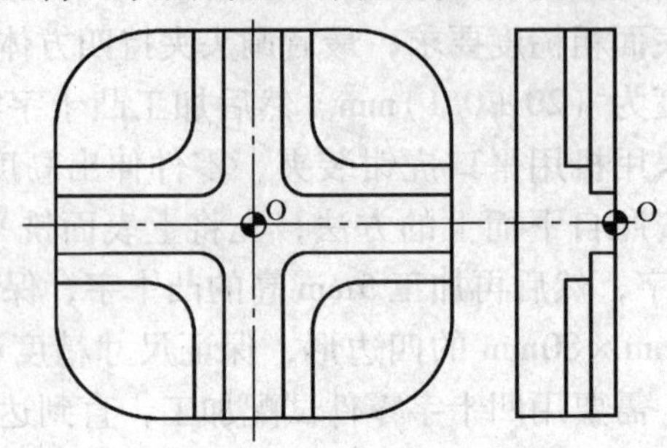

图 10-4　工件坐标原点

2. 加工程序参考

```
%1000                              (加工件一,凸件)
N1  G54  G90  G00  X0  Y0  Z30     (调用 G54 坐标系)
N2  M06  T01                       (调用 φ10mm 立铣刀)
N3  M03  S1000                     (主轴正转转速 1000r/min)
N4  G43  G00  Z100  H01            (建立 1 号刀长度补偿)
N5  G00  X60  Y0                   (刀具快速到 X60,Y0)
N6  Z-5                            (刀具降到 Z-5)
N7  M98  P200  D01                 (调用 5mm 高十字加工子程序,采用 1 号刀补)
N8  M98  P200  D02                 (调用 5mm 高十字加工子程序,采用 2 号刀补)
N9  M98  P200  D03                 (调用 5mm 高十字加工子程序,采用 3 号刀补)
N10  G00  Z-10                     (刀具快速降到 Z-10)
N11  M98  P300  D02                (调用 10mm 高十字加工子程序,采用 2 号刀补)
N12  M98  P300  D03                (调用 10mm 高十字加工子程序,采用 3 号刀补)
N13  G00  Z-20                     (刀具快速降到 Z-20).
N14  M98  P100  D02                (调用外四边形加工子程序,采用 2 号刀补)
N15  M98  P100  D03                (调用外四边形加工子程序,采用 3 号刀补)
N16  G49  G00  Z300  M05           (取消长度补偿)
N17  M30                           (程序结束)
N18  %100                          (外四边形加工子程序)
N19  G41  G00  Y10                 (建立左刀补)
N20  G03  X40  Y0  R20             (圆弧切入)
N21  G01  Y-20                     (刀具移动到 Y-20)
```

```
N22  G02  X20  Y-40  R20           (加工半径为20mm的圆弧)
N23  G01  X-20                     (刀具移动到X-20)
N24  G02  X-40  Y-20  R20          (加工半径为20mm的圆弧)
N25  G01  Y20                      (刀具移动到Y20)
N26  G02  X-20  Y40  R20           (加工半径为20mm的圆弧)
N27  G01  X20                      (刀具移动到X20)
N28  G02  X40  Y20  R20            (加工半径为20mm的圆弧)
N29  G01  Y0                       (刀具移动到Y0)
N30  G03  X60  Y-20  R20           (圆弧切出)
N31  G40  G00  Y0                  (取消刀补)
N32  M99                           (返回主程序)
N33  %200                          (5mm高十字加工子程序)
N34  G41  G00  Y20                 (建立左刀补)
N35  G03  X40  Y0  R20  F100       (圆弧切入)
N36  G01  Y-6                      (刀具移动到Y-6)
N37  X6                            (刀具移动到X6)
N38  Y-40                          (刀具移动到Y-40)
N39  X-6                           (刀具移动到X-6)
N40  Y-6                           (刀具移动到Y-6)
N41  X-40                          (刀具移动到X-40)
N42  Y6                            (刀具移动到Y6)
N43  X-6                           (刀具移动到X-6)
N44  Y40                           (刀具移动到Y40)
N45  X6                            (刀具移动到X6)
N46  Y6                            (刀具移动到Y6)
N47  X40                           (刀具移动到X40)
N48  Y0                            (刀具移动到Y0)
N49  G03  X60  Y0  R20             (圆弧切出)
N50  G40  G00  Y0                  (取消刀补)
N51  M99                           (返回主程序)
N52  %300                          (10mm高十字加工子程序)
N53  G41  G00  Y20                 (建立左刀补)
N54  G03  X40  Y0  R20  F100       (圆弧切入)
N55  G01  Y-12                     (刀具移动到Y-12)
N56  X22                           (刀具移动到X22)
N57  G03  X12  Y-22  R10           (加工半径为10mm的圆弧)
N58  G01  Y-40                     (刀具移动到Y-40)
N59  X-12                          (刀具移动到X-12)
N60  Y-22                          (刀具移动到Y-22)
```

```
N61  G03  X-22  Y-12  R10          (加工半径为10mm的圆弧)
N62  G01  X-40                     (刀具移动到X-40)
N63  Y12                           (刀具移动到Y12)
N64  X-22                          (刀具移动到X-22)
N65  G03  X-12  Y22  R10           (加工半径为10mm的圆弧)
N66  G01  Y40                      (刀具移动到Y40)
N67  X12                           (刀具移动到X12)
N68  Y-22                          (刀具移动到Y-22)
N69  G03  X22  Y12  R10            (加工半径为10mm的圆弧)
N70  G01  X40                      (刀具移动到X40)
N71  Y0                            (刀具移动到Y0)
N72  G03  X60  Y-20  R20           (圆弧切出)
N73  G40  G00  Y0                  (取消刀补)
N74  M99                           (返回主程序)
N76  %2000                         (加工件二,凹件)
N77  M06  T01                      (调用φ10mm立铣刀)
N78  G54  G90  G00  X0  Y0  Z300   (建立G54坐标系)
N79  G43  G00  Z100  H01           (建立刀具长度补偿)
N80  M03  S1000                    (主轴正转)
N81  Z50                           (刀具快速降到Z50)
N82  G00  X60  Y0                  (刀具快速到X60,Y0)
N83  G00  Z-5                      (刀具快速降到Z-5)
N84  M98  P200  D02                (调用5mm高十字加工子程序,采用2号刀补)
N85  M98  P200  D03                (调用5mm高十字加工子程序,采用3号刀补)
N86  G00  Z-10                     (刀具快速降到Z-10)
N87  M98  P300  D02                (调用10mm高十字加工子程序,采用2号刀补)
N88  M98  P300  D03                (调用10mm高十字加工子程序,采用3号刀补)
N89  Z-20                          (刀具快速降到Z-20)
N90  M98  P100  D01                (调用80mm×80mm四方加工子程序,采用1号刀补)
N91  M98  P100  D02                (调用80mm×80mm四方加工子程序,采用2号刀补)
N92  M98  P100  D03                (调用80mm×80mm四方加工子程序,采用3号刀补)
N93  G49  G00  Z300  M05           (取消长度补偿)
N94  M30                           (程序结束)
N95  %100                          (80mm×80mm四方加工子程序)
N96  G41  G00  Y10                 (建立左刀补)
N97  G03  X40  Y0  R20             (圆弧切入)
```

```
N98   G01  Y-20                  (刀具移动到 Y-20)
N99   G02  X20  Y-40  R20        (加工半径为 20mm 的圆弧)
N100  G01  X-20                  (刀具移动到 X-20)
N101  G02  X-40  Y-20  R20       (加工半径为 20mm 的圆弧)
N102  G01  Y20                   (刀具移动到 Y20)
N103  G02  X-20  Y40  R20        (加工半径为 20mm 的圆弧)
N104  G01  X20                   (刀具移动到 X20)
N105  G02  X40  Y20  R20         (加工半径为 20mm 的圆弧)
N106  G01  Y0                    (刀具移动到 Y0)
N107  G03  X60  Y-20  R20        (圆弧切出)
N108  G40  G00  Y0               (取消刀补)
N109  M99                        (返回主程序)
N110  %200                       (5mm 高十字加工子程序)
N111  G42  G00  Y-6              (建立右刀补)
N112  G01  X11  F100             (刀具移动到 X11)
N113  G03  X6  Y-11  R5          (加工半径为 5mm 的圆弧)
N114  G01  Y-45                  (刀具移动到 Y-45)
N115  G00  X-6                   (刀具移动到 X-6)
N116  G01  Y-11  F100            (刀具移动到 Y-11)
N117  G03  X-11  Y-6  R5         (加工半径为 5mm 的圆弧)
N118  G01  X-45                  (刀具移动到 X-45)
N119  G00  Y6                    (刀具移动到 Y6)
N120  G01  X-11  F100            (刀具移动到 X-11)
N121  G03  X-6  Y11  R5          (加工半径为 5 的圆弧)
N122  G01  Y25                   (刀具移动到 Y25)
N123  G00  X6                    (刀具移动到 X6)
N124  G01  Y11  F100             (刀具移动到 Y11)
N125  G03  X11  Y6  R5           (加工半径为 5 的圆弧)
N126  G01  X25                   (刀具移动到 X25)
N127  G40  G00  Y0               (取消刀补)
N128  M99                        (返回主程序)
N129  %300                       (10mm 高十字加工子程序)
N130  G42  G00  Y-12             (建立右刀补)
N131  G01  X22  F100             (刀具移动到 X22)
N132  G03  X12  Y-22  R10        (加工半径为 10mm 的圆弧)
N133  G01  Y-45                  (刀具移动到 Y-45)
N134  G00  X-12                  (刀具移动到 X-12)
N135  G01  Y-22  F100            (刀具移动到 Y-22)
N136  G03  X-22  Y-12  R10       (加工半径为 10mm 的圆弧)
```

```
N137  G01  X-45              (刀具移动到 X-45)
N138  G00  Y12               (刀具移动到 Y12)
N139  G01  X-22  F100        (刀具移动到 X-22)
N140  G03  X-12  Y22  R10    (加工半径为 10mm 的圆弧)
N141  G01  Y45               (刀具移动到 Y45)
N142  G01  X12               (刀具移动到 X12)
N143  G01  Y22  F100         (刀具移动到 Y22)
N144  G03  X22  Y12  R10     (加工半径为 10mm 的圆弧)
N145  G01  X45               (刀具移动到 X45)
N146  G40  G00  Y0           (取消刀补)
N147  M99                    (返回主程序)
```

三、工作路径和步骤

1. 项目路径

项目实施路径如图 1-27 所示。

2. 项目步骤（同情境八项目二）

四、项目预案

问题一　配合精度不符合图样要求，出现超差。

解决措施：首先检查毛刺是否完全去除；如果完全去除，则检查件一和件二的尺寸是否符合零件图样要求，如果尺寸精度合格，则需检验这两个配合件的配合表面的垂直度是否合格。

问题二　总体高度不符合图样要求。

解决措施：首先检查程序数据是否正确，然后检查刀具是否磨损，接着检查 Z 向对刀操作是否正确且无误差，最后检查工件装夹是否可靠。

五、项目实施

1. 组织方式

每三位同学一组，每组 1 台加工中心，3 台计算机。

2. 生产准备

每工位配备实训用品一套。刀具准备清单见表 10-1。

表 10-1　刀具准备清单

序号	名称	规格	材料	数量	备注
1	立铣刀	ϕ10mm	高速钢	1	

设备选用清单见表 8-6。工具、量具准备清单见表 8-7。

六、项目评价

项目评价见表 10-2。

表 10-2　项目评价表

项目编号				学生加工时间	2 学时	姓名		总分		
类别	序号	评价项目		评价内容及要求	评分标准	配分	学生自评	学生互评	教师评价	得分
技术考评	1	件 1	外形尺寸	(80 ±0.02)mm(2 处)	超差 0.01 扣 2 分	6				
	2			(24 ±0.02)mm(4 处)	超差 0.01 扣 2 分	12				
	3			(12 ±0.02)mm(4 处)	超差 0.01 扣 2 分	12				
	4		高度尺寸	(20 ±0.1)mm	超差无分	3				
	5			(5 ±0.1)mm	超差无分	3				
	6		其他	4 × R20mm, 4 × R10mm, 4 × R5mm	超差无分	6				
				R_a1.6μm	每降一级扣 1 分	5				
	7	件 2	外形尺寸	(80 ±0.02)mm(2 处)	超差 0.01 扣 2 分	6				
	8		高度尺寸	(20 ±0.1)mm	超差无分	3				
				(5 ±0.1)mm	超差无分	3				
	9		其他	4 × R20mm, 4 × R10mm, 4 × R5mm	超差无分	6				
	10			R_a1.6μm	每降一级扣 1 分	5				
	11	配合	高度尺寸	(30 ±0.1)mm	超差无分	5				
	12		间隙	配合间隙≤0.06mm	超差 0.01 扣 2 分	10				
	13	尺寸检测		自检尺寸正确	不正确无分	10				
	14	完成时间		按时完成任务	不按时完成无分	5				
非技术考评	15	安全生产		遵守机床安全操作规程	不遵守酌情扣 1 ~5 分					
	16	文明生产		遵守文明生产规则	不遵守酌情扣 1 ~5 分					
	17	环保生产		遵守环保生产规则	不遵守酌情扣 1 ~5 分					
	18	其他			酌情扣 1 ~5 分					

注：1. 发生人身和设备事故时，应立即向指导教师报告，由指导教师组织学生立即报警抢救，并及时向主管领导汇报。

2. 严重违反工艺原则和情节严重的野蛮操作等，由指导教师按实习管理制度进行处理。

七、项目作业（课外完成）

完成图 10-5、图 10-6 所示零件（配合件如图 10-7 所示）的加工方案和工艺规程的制定，并进行程序编制和仿真。

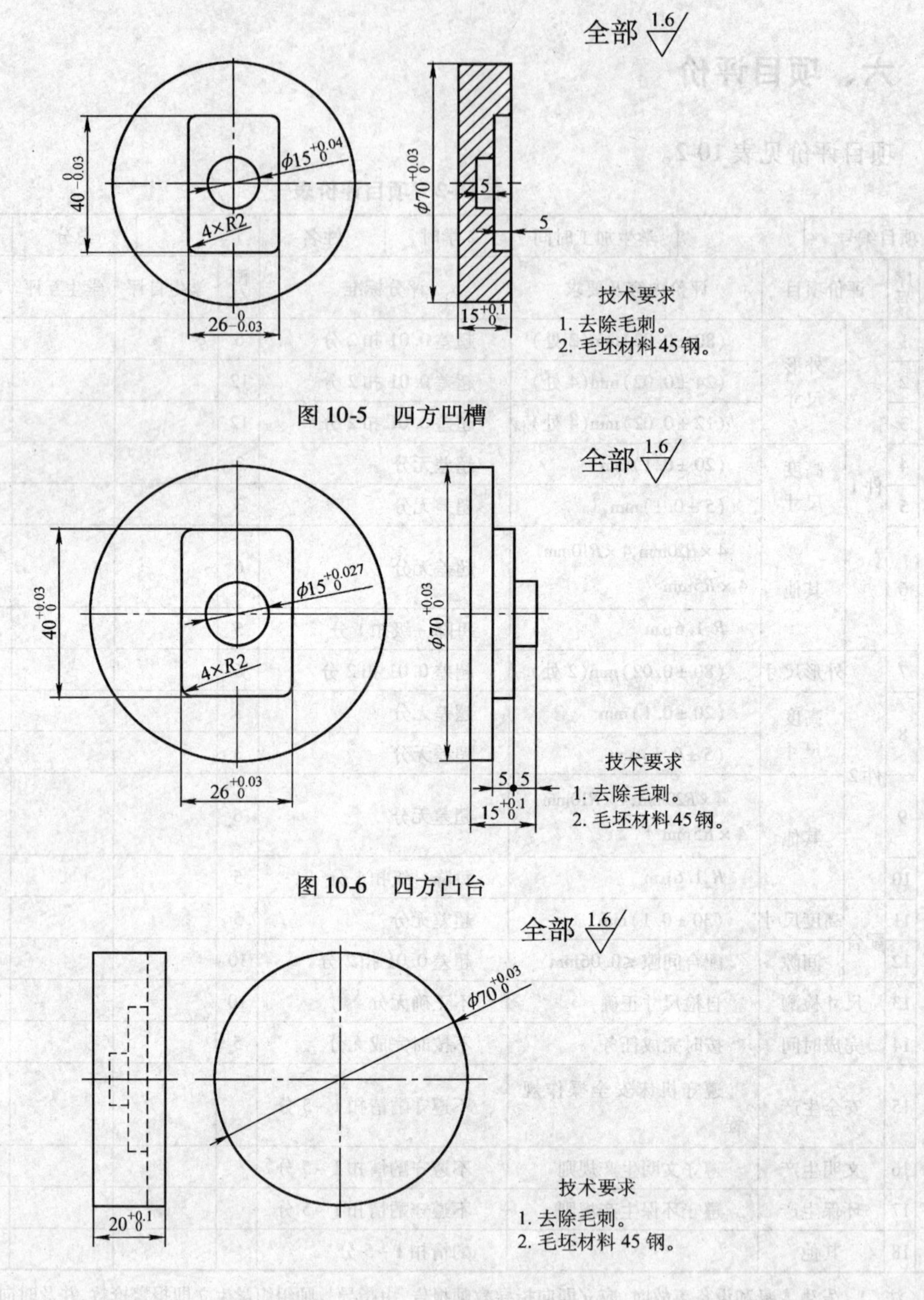

图 10-5 四方凹槽

图 10-6 四方凸台

图 10-7 四方配

八、项目拓展

完成图 10-8、图 10-9 所示零件（配合件如图 10-10 所示）的加工方案和工艺规程的制定，并进行程序编制和仿真。

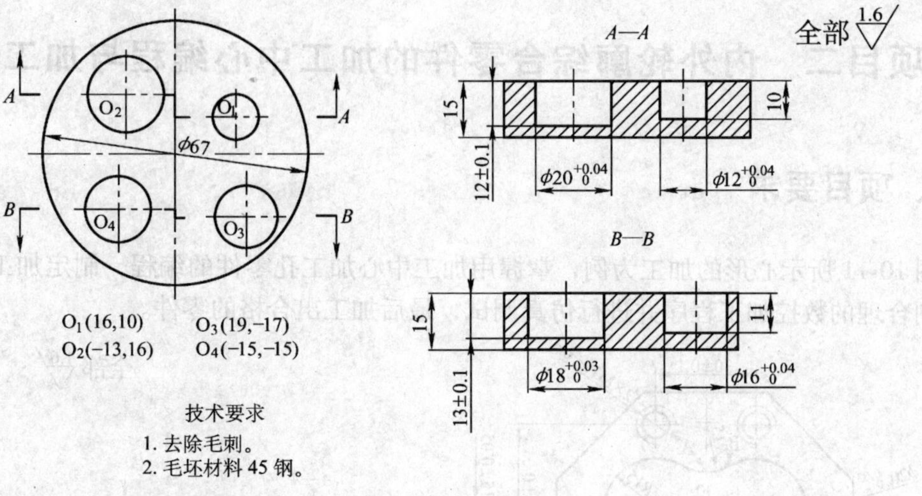

全部 1.6
A—A
B—B
A
B
O1
O2
O3
O4
ϕ67
15
10
12±0.1
ϕ20 +0.04 0
ϕ12 +0.04 0
11
13±0.1
ϕ18 +0.03 0
ϕ16 +0.04 0
O1(16,10) O3(19,−17)
O2(−13,16) O4(−15,−15)
技术要求
1. 去除毛刺。
2. 毛坯材料 45 钢。

图 10-8　圆柱槽

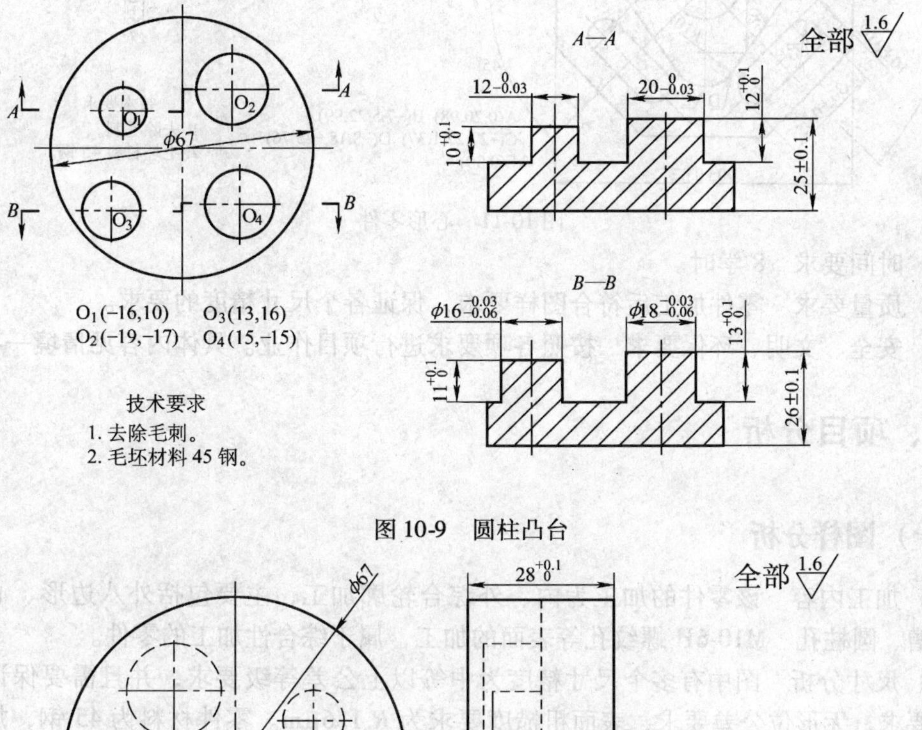

全部 1.6
A—A
B—B
A
B
O1
O2
O3
O4
ϕ67
12 0 −0.03
20 0 −0.03
12 +0.1 0
10 +0.1 0
25±0.1
ϕ16 −0.03 −0.06
ϕ18 −0.03 −0.06
13 +0.1 0
11 +0.1 0
26±0.1
O1(−16,10) O3(13,16)
O2(−19,−17) O4(15,−15)
技术要求
1. 去除毛刺。
2. 毛坯材料 45 钢。

图 10-9　圆柱凸台

ϕ67
28 +0.1 0
全部 1.6
技术要求
1. 去除毛刺。
2. 毛坯材料 45 钢。

图 10-10　圆柱配

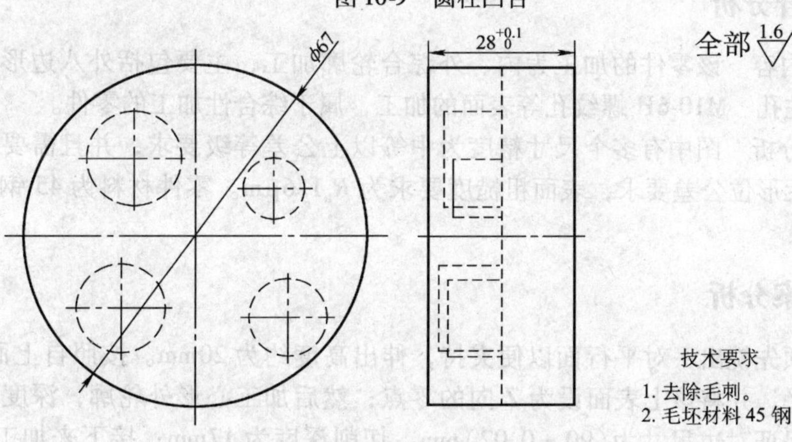

项目二　内外轮廓综合零件的加工中心编程与加工

一、项目要求

以图10-11所示心形的加工为例，掌握用加工中心加工孔零件的编程，制定加工工艺方案，编制合理的数控加工程序并进行仿真调试，最后加工出合格的零件。

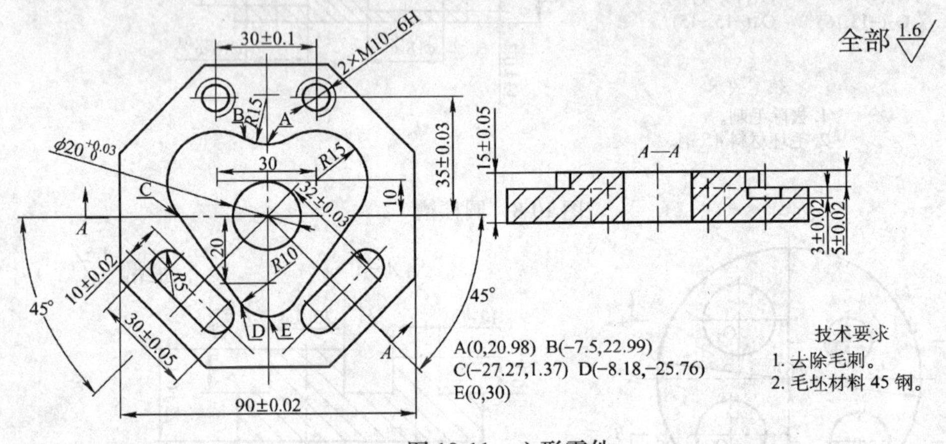

图10-11　心形零件

（1）时间要求　8学时。

（2）质量要求　零件加工后符合图样要求，保证各个尺寸精度的要求。

（3）安全、文明、环保要求　按照各项要求进行项目作业。具体内容见情境一项目二。

二、项目分析

（一）图样分析

（1）加工内容　该零件的加工为内、外综合轮廓加工，主要包括外八边形、心形外轮廓、键槽、圆柱孔、M10-6H螺纹孔等表面的加工，属于综合性加工的零件。

（2）尺寸分析　图中有多个尺寸精度为中等以上公差等级要求，并且需要保证零件的总高度要求，无形位公差要求，表面粗糙度要求为R_a1.6μm。零件材料为45钢，加工后需去除毛刺。

（二）方案分析

方案一　预先铣出一对平行面以便夹持，伸出高度约为20mm。按照自上而下的方法，先将上表面铣平，并将该上表面设为Z向的零点；然后加工心形外轮廓，深度为5mm；再加工八边形，保证对边尺寸为(90±0.02)mm，切削深度为17mm；接下来加工两个R5mm的键槽，深度为3mm；钻M10的螺纹底孔，深度为20mm，底孔直径为φ8.3mm，保证螺纹孔的孔距为(30±0.1)mm，用M10的机用丝锥攻螺纹。最后调头夹持八方体，铣削底平面，保证零件的总高度为(15 ±0.05)mm。

方案二　预先铣出一对平行面以便夹持，伸出高度约为20mm。按照自外而内的加工方法，先将上表面铣平，并将该上表面设为Z向的零点；然后加工最外面的八边形，保证对边尺寸为(90 ±0.02)mm，切削深度为17mm；加工心形外轮廓，深度为5mm；接下来加工两个*R*5mm的键槽，深度为3mm；钻两个孔径为ϕ8.3mm的螺纹底孔，深度为17mm；保证螺纹孔的孔距为(30 ±0.1)mm，用M10的机用丝锥攻螺纹；最后调头夹持八方体，铣削底平面保证零件的总高度为(15 ±0.05)mm。

以上两个方案中，方案二加工八边形时切削深度较深，加工时刀具的受力较大，容易产生让刀的现象，很难保证八边形的对边尺寸，而且加工路线相对方案一来讲比较长。方案一自上而下加工，走刀路线相对比较短，切削深度相对要浅一些，对刀具的受力影响不大，避免了让刀的现象，容易保证八边形的对边尺寸；而且减少了换刀的次数，能够满足加工要求。经过比较分析，应选择方案一。

（三）夹具分析

加工中心常用夹具及其适用场合见表8-2。

所给毛坯为圆柱类棒料，零件加工时需要限制工件的五个自由度，装夹时应预先铣出两个平行的装夹平面，利用机用平口虎钳夹紧。通过对刀将工件坐标系零点建立在工件的中心位置上。调头后夹持外八方体表面，加工底平面，保证总高度。两次均可使用机用平口虎钳装夹，方便快捷。

（四）材料、刀具及切削用量选择

刀具、切削用量应根据工件材料来选择。几种常用材料的刀具、切削用量见表8-3和表8-4。

铣刀一般为一体刀具，所以一般为高速钢刀具。由于加工材料为45钢，根据材料特性，粗加工时可采用$n=300\sim600$r/min，$v_f=80\sim200$mm/min，$a_P=5\sim10$mm；半精、精加工时可采用$n=600\sim1200$r/min，$v_f=30\sim60$mm/min，$a_P=0.2\sim0.6$mm。根据具体情况的变化需随时改变速度。

刀具类型要根据加工的工件表面类型来选取。常用铣刀的类型及其适用的加工表面见表8-5。

按照项目要求，并结合表8-5，可以选用ϕ10mm键槽铣刀和ϕ16mm立铣刀对各个表面进行加工。通过计算，选取粗加工时的主轴转速$n=500$r/min，$v_f=100$mm/min；精加工时，$n=900$ r/min，$v_f=50$mm/min。主轴转速及进给速度的改变可通过操作面板上的“倍率”按钮来调整。

（五）程序分析

项目链接

常用指令介绍

G99　G81　X　Y　Z　R　P　F　L　　（定心钻循环）

G81 说明：

1）X、Y 轴定位。

2）定位到 R 点（定位方式取决于上次是 G00 还是 G01）。

3）孔加工。

4）在孔底的动作。

5）退回到 R 点（参考点）。

6）快速返回到初始点。

G81 指令动作循环如图 10-12 所示。图中虚线为定位及退刀轨迹，实线为钻孔切削轨迹。

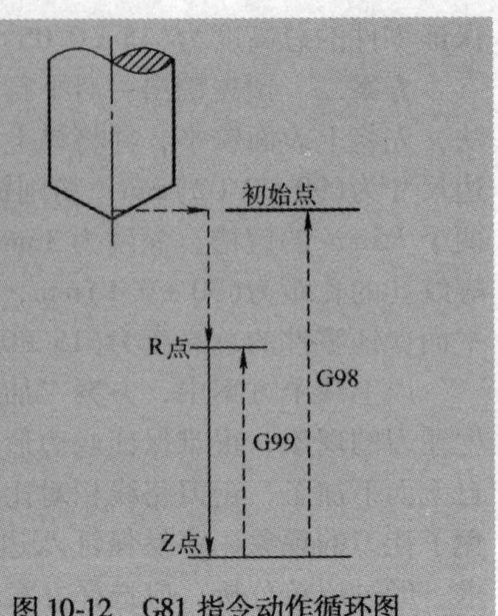

图 10-12　G81 指令动作循环图

1. 工件坐标原点确定

如图 10-13 所示，加工工件上表面时以 O 为坐标原点建立工件坐标系。

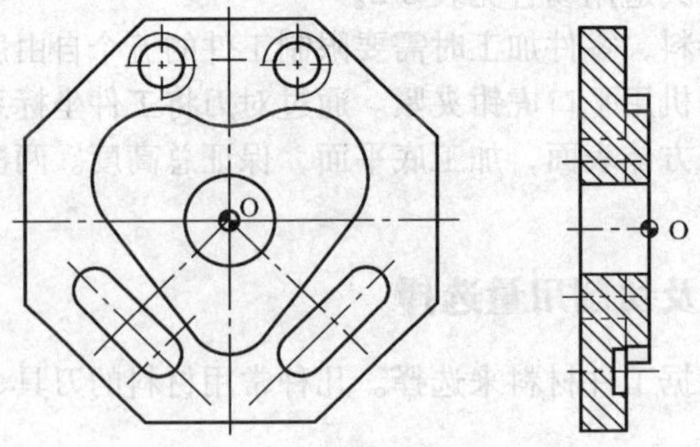

图 10-13　工件坐标原点

2. 加工程序参考

%100	（加工零件程序名）
N1　G54　G90　G00　X0　Z200	（建立 G54 工件坐标系）
N2　M06　T01　M03　S1200	（调用 ϕ16mm 立铣刀，转速 1200r/min）
N3　G43　G00　Z100　H01	（建立 1 号刀的长度补偿）
N4　G00　X0　Y60	（移动刀具）
N5　Z -5	（移动刀具）
N6　D01　M98　P1000	（调用心形加工子程序，D01 =22）
N7　D02　M98　P1000	（调用心形加工子程序，D02 =14）
N8　D03　M98　P1000	（调用心形加工子程序，D03 =8.5）
N9　D04　M98　P1000	（调用心形加工子程序，D04 =8）
N10　G00　X0　Y60	（移动刀具）
N11　Z -17	（移动刀具）
N12　D01　M98　P2000	（调用八边形加工子程序，D01 =8.5）
N13　D02　M98　P2000	（调用八边形加工子程序，D02 =8）

```
N14  G49  G00  Z200                              (取消长度补偿)
N15  M06  T02  M03  S1850                        (调用φ10mm 键槽铣刀,转速 1850r/min)
N16  G43  G00  Z50  H02                          (建立 2 号刀长度补偿)
N17  G00  Z5                                     (移动刀具)
N18  G00  X29.7  Y-15.56                         (移动刀具)
N19  G01  Z-8  F30                               (移动刀具)
N20  X15.56  Y-29.7  F180                        (移动刀具)
N21  G00  Z10                                    (移动刀具)
N22  G00  X-29.7  Y-15.56                        (移动刀具)
N23  G01  Z-8  F30                               (移动刀具)
N24  G01  X-15.56  Y-29.7  F180                  (移动刀具)
N25  G00  Z5                                     (移动刀具)
N26  G00  X0  Y0                                 (移动刀具)
N27  G00  Z-8.5                                  (移动刀具)
N28  D05  M98  P3000                             (调用φ20mm 内孔加工子程序,D05=5.5)
N29  D06  M98  P3000                             (调用φ20mm 内孔加工子程序,D06=5)
N30  Z-17                                        (移动刀具)
N31  D07  M98  P3000                             (调用φ20mm 内孔加工子程序,D07=5.5)
N32  D08  M98  P3000                             (调用φ20mm 内孔加工子程序,D08=5)
N33  G49  G00  Z200                              (取消长度补偿)
N34  M06  T03  M03  S650                         (钻φ8.3mm 底孔,转速 650r/min)
N35  G43  G00  Z100  H03                         (建立 3 号刀长度补偿)
N36  G00  Z10                                    (移动刀具)
N37  G99  G81  X-15  Y35  Z-18  R3  P1  F90      (钻孔加工 M10 螺纹底孔)
N38  X15  L1                                     (移动刀具)
N39  G49  G00  Z200                              (移动刀具)
N40  M06  T04  M03  S500                         (调用 M10 丝锥,转速 500r/min)
N42  G43  G00  Z50  H04                          (建立 4 号刀长度补偿)
N43  G00  Z10                                    (移动刀具)
N44  G99  G84  X-15  Y35  Z-18  R5  P1  F1.25    (攻螺纹)
N45  X15  L1                                     (移动刀具)
N46  G49  G00  Z200  M05                         (取消长度补偿)
N47  M30                                         (程序结束并返回程序开始处)
N48  %1000                                       (心形加工子程序)
N49  G42  G00  X-30  Y-60                        (建立刀具半径右补偿)
N50  G02  X0  Y-30  R30                          (移动刀具)
N51  G03  X8.18  Y-25.76  R10                    (移动刀具)
N52  G01  X27.27  Y1.37                          (移动刀具)
N53  G03  X7.5  Y22.99  R15                      (移动刀具)
```

```
N54  G02  X-7.5  Y22.99  R15           (移动刀具)
N55  G03  X-27.27  Y1.37  R15          (移动刀具)
N56  G01  X-8.18  Y-25.76              (移动刀具)
N57  G03  X0  Y-30  R10                (移动刀具)
N58  G02  X30  Y-60  R30               (移动刀具)
N59  G40  G00  X0                      (取消刀具补差)
N60  M99                               (返回主程序)
N61  %2000                             (八边形加工子程序)
N62  G42  G00  X-15  Y-60              (建立刀具半径右补偿)
N63  G02  X0  Y-45  R15                (移动刀具)
N64  G01  X18.64                       (移动刀具)
N65  X45  Y-18.64                      (移动刀具)
N66  Y18.64                            (移动刀具)
N67  X18.64  Y45                       (移动刀具)
N68  X-18.64                           (移动刀具)
N69  X-45  Y18.64                      (移动刀具)
N70  Y-18.64                           (移动刀具)
N71  X-18.64  Y-45                     (移动刀具)
N72  X0                                (移动刀具)
N73  G02  X15  Y-60  R15               (移动刀具)
N74  G40  G00  X0                      (移动刀具)
N75  M99                               (返回主程序)
N76  %3000                             (φ20mm 内孔加工子程序)
N77  G41  G01  X-10  F180              (建立刀具半径左补偿)
N78  G03  I-10  J0                     (加工圆孔)
N79  G40  G00  X0                      (取消刀具半径补偿)
N80  M99                               (返回主程序)
```

三、项目路径和步骤

1. 项目路径

项目实施路径如图 1-27 所示。

2. 项目步骤（同情境八项目二）

四、项目预案

问题一　程序校验时，圆弧数据或地址错误。

解决措施：核查程序中圆弧终点坐标数值是否有误，若坐标正确，检查是否漏写圆弧半径，然后按正确值输入；若圆弧地址错误，应该检查指令字是否输入错误。

问题二　程序校验时，G81 不执行或 G84 不执行。

解决措施：G81 不执行，应首先检查语法有无错误，然后检查 Z 向深度是否设置正确；若没问题，再检查 R 平面设置是否高于初始平面，若有问题及时改正。

G84 不执行，应首先检查语法有无错误，然后检查 Z 向深度是否设置正确；若没问题，再检查 R 平面设置是否高于初始平面 7mm，检查 F 值是否是螺纹的螺距。若有问题及时改正。

问题三　八边形对边尺寸不符合图样要求，出现超差。

解决措施：检查量具校正是否有误，测量方法是否正确。如果超差规律相同，可能是调整刀补计算有误。

问题四　螺纹加工不合格。

解决措施：首先检查刀具安装是否正确，其次检查螺纹进给深度计算是否有误，然后检查程序中螺距输入是否正确，再检查螺纹底孔直径加工是否合适，最后看检测时是否将工件和塞规中的切屑等杂物清理干净。

五、项目实施

1. 组织方式

每三位同学一组，每组 1 台加工中心，3 台计算机。

2. 生产准备

每工位配备实训用品一套。刃具准备清单见表 10-3。

表 10-3　刃具准备清单

序　号	名　称	规　格	材　料	数　量	备　注
1	立铣刀	ϕ16mm	高速钢	1	
2	键槽铣刀	ϕ10mm	高速钢	1	
3	钻头	ϕ8.3mm	高速钢	1	
4	丝锥	M10	高速钢	1	

设备选用清单见表 8-6。工具、量具准备清单见表 8-7。

六、项目评价

项目评价见表 10-4。

表 10-4　项目评价表

项目编号			学生加工时间		2 学时	学生姓名			总分	
类别	序号	评价项目	评价内容及要求	评分标准	配分	学生自评	学生互评	教师评价		得分
技术考评	1	外形尺寸	(90±0.02)mm	超差 0.01 扣 2 分	10					
	2	键槽	(32±0.03)mm	超差无分	5					
	3		(30±0.05)mm	超差无分	5					
	4		(10±0.02)mm	超差无分	10					

（续）

类别	序号	评价项目	评价内容及要求	评分标准	配分	学生自评	学生互评	教师评价	得分
技术考评	5	孔	$\phi20^{+0.03}_{0}$mm	超差无分	10				
	6	螺纹	2×M10-6H	超差无分	10				
	7		(35±0.03)mm	超差无分	5				
	8		(30±0.1)mm	超差无分	5				
	9	高度尺寸	(15±0.05)mm	超差无分	5				
	10		(5±0.02)mm	超差无分	5				
	11		(3±0.02)mm	超差无分	5				
	12	其他	3×R15mm，R10mm，2×R5mm	超差无分	5				
	13	表面粗糙度	R_a1.6μm	每降一级扣1分	10				
	14	尺寸检测	自检尺寸正确	不正确无分	5				
	15	完成时间	按时完成任务	不按时完成无分	5				
非技术考评	16	安全生产	遵守机床安全操作规程	不遵守酌情扣1~5分					
	17	文明生产	遵守文明生产规则	不遵守酌情扣1~5分					
	18	环保生产	遵守环保生产规则	不遵守酌情扣1~5分					
	19	其他		酌情扣1~5分					

注：1. 发生人身和设备事故时，应立即向指导教师报告，由指导教师组织学生立即报警抢救，并及时向主管领导汇报。

2. 严重违反工艺原则和情节严重的野蛮操作等，由指导教师按实习管理制度进行处理。

七、项目作业（课外完成）

完成图10-14所示十字花块零件的加工方案和工艺规程的制定，并进行程序编制和仿真。

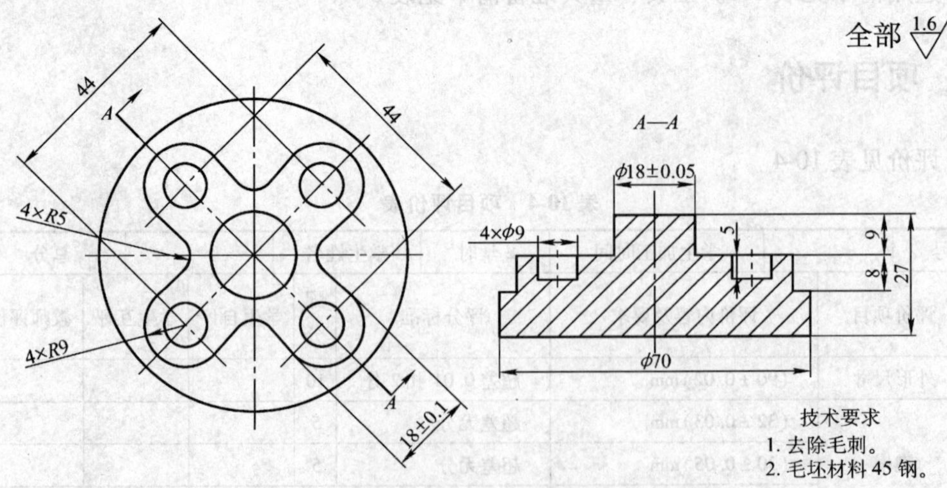

图10-14 十字滑块

八、项目拓展

完成图 10-15 所示综合零件的加工方案和工艺规程的制定，并进行程序编制和仿真。

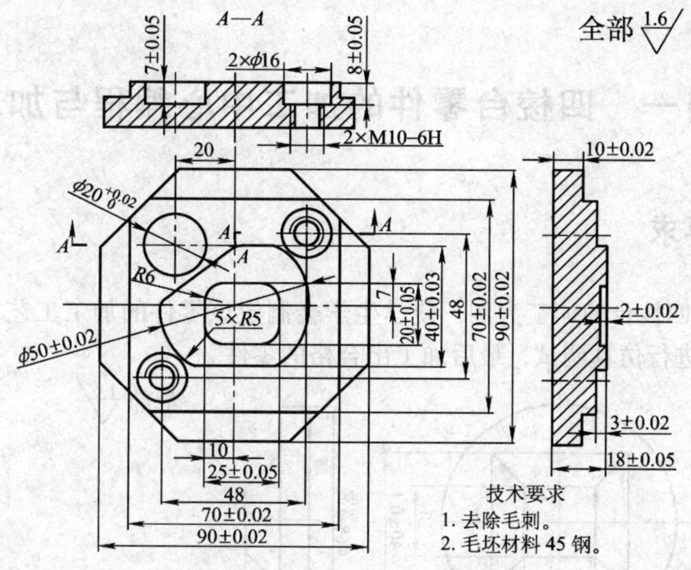

图 10-15　综合零件

学习情境十一　特殊零件的加工中心编程与加工

项目一　四棱台零件的加工中心编程与加工

一、项目要求

以图 11-1 所示四棱台的加工为例，使学生学会制定该零件的加工工艺方案，编制合理的数控加工程序并进行仿真调试，最后加工出合格的零件。

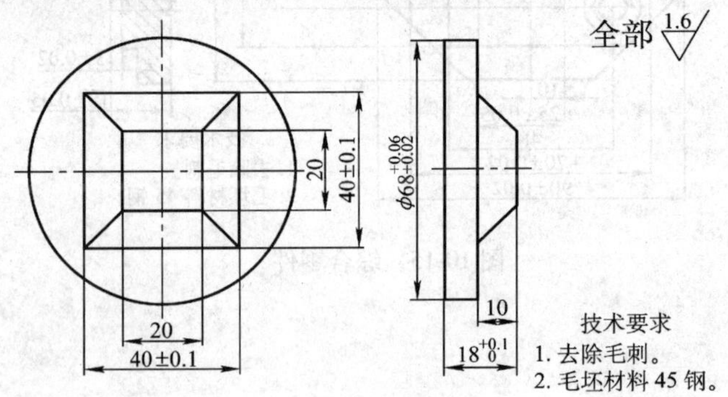

图 11-1　四棱台

（1）时间要求　8 学时。

（2）质量要求　零件加工后符合图样要求；熟练使用宏程序进行各种特殊表面的加工。

（3）安全、文明、环保要求　按照各项要求进行项目作业。具体内容见情境一项目二。

二、项目分析

（一）图样分析

该零件的加工为特殊表面加工，主要练习使用宏程序对各种特殊表面进行加工。该零件主要由 ϕ68mm 的外圆柱表面和一个四棱锥台两部分组成，加工精度各不相同，需要采用合适的加工方法和选用合理的切削用量进行加工。其中有多个外形及直径尺寸精度为中等公差等级要求，需要保证总高度要求，无形位公差要求，表面粗糙度要求为 R_a1.6μm。图样尺寸标注完整，轮廓描述清楚。零件材料为 45 钢，无热处理和硬度要求。

（二）方案分析

方案一　利用零件的毛坯外圆柱表面作为装夹表面，采用三爪自定心卡盘装夹，零件伸出高度约为22mm。按照自下而上的方法加工，先将上表面铣平，并设该平面为Z向的零点；再加工ϕ68mm的外圆柱表面，保证总高度要求；然后加工四棱锥台，深度为10mm，最后用ϕ10mm球头铣刀加工，保证上四边形为20mm×20mm，下四边形为40mm×40mm。

方案二 利用零件的毛坯外圆柱表面作为装夹表面，采用三爪自定心卡盘装夹，零件伸出高度约为22mm。按照自上而下的方法加工，先将上表面铣平，并设该平面为Z向的零点；再加工四棱锥台，深度为10mm，然后用ϕ10mm立铣刀加工，保证上四边形为20mm×20mm，下四边形为40mm×40mm；最后加工ϕ68mm的外圆柱表面，保证总高度要求。

以上两个方案中，方案一采用自下而上的方法加工，一次切削深度较深，降低了刀具的寿命及加工效率，而且用球头铣刀加工四棱锥台，不能够满足锥台底部的清根要求。方案二采用自上而下逐层加工的方法，可以减小加工时的切削深度，提高刀具的寿命及加工效率；且采用立铣刀加工四棱锥台，可以很好地满足锥台底部的清根要求。

经过分析和比较，应该采取方案二进行加工。

（三）夹具分析

加工中心常用夹具及其适用场合见表8-2。

所给毛坯为圆柱体毛坯，零件加工时需要限制工件的四个自由度，可选用铣床用三爪自定心卡盘夹紧。通过对刀将工件坐标系零点建立在工件的中心位置上。使用三爪自定心卡盘装夹方便快捷、定位可靠，可满足零件的加工要求。

（四）材料、刀具及切削用量选择

刀具、切削用量应根据工件材料来选择。几种常用材料的刀具、切削用量见表8-3、表8-4和表8-5。

（五）程序分析

项目链接

运算符与表达式

(1) 算术运算符　+　-　*　/

(2) 逻辑运算符　AND　OR　NOT

(3) 函数　SIN　COS　TAN　ATAN　ATAN2　ABS　INT　SIGN　SQRT　EXP

(4) 条件运算符　EQ（=），NE（≠），GT（〉），GE（≥），LT（〈），LE（≤）

(5) 循环语句　WHILE　ENDW

格式：WIHLE 条件表达式

　　…

　　ENDW

(6) 赋值语句　把常数或表达式的值送给一个宏变量称为赋值。

格式：宏变量 = 常数或表达式

例如：#2 = 175/SQRT[2] * COS[55 * PI/180]

　　#3 = 124.0

> 注意：
> 1）加工四棱锥台时，要考虑刀补。
> 2）加工四棱锥台时，每层的下刀深度要求足够小，以保证锥台的表面粗糙度。

1. 工件坐标原点确定

如图 11-2 所示，加工工件上表面时以 O 为坐标原点建立工件坐标系。

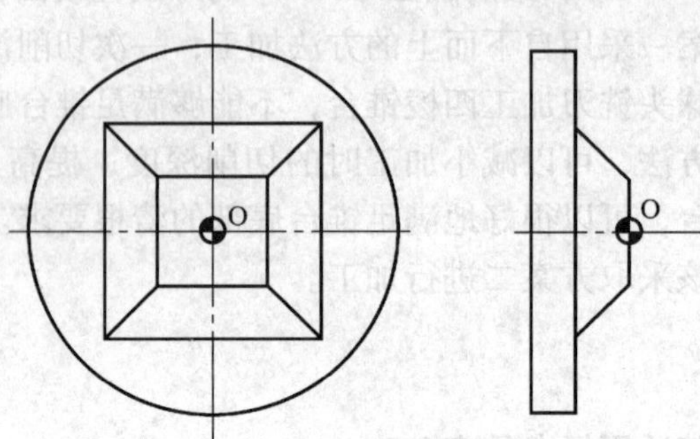

图 11-2　工件坐标原点图

2. 加工程序参考

程序	说明
%1000	（加工零件程序名）
N1　G54　G90　G00　X0　Y0　Z200	（建立 G54 工件坐标系）
N2　M06　T01　M03　S600	（调用 ϕ6mm 立铣刀，转速 600r/min）
N3　G43　G00　Z100　H01　M07	（建立 1 号刀的长度补偿）
N4　G00　Z3	（加工四棱锥台宏程序）
N5　#1 =0	（#1 赋值为 0）
N6　WHILE#1GE[-10]	（#1 是否大于等于 -10）
N7　#2 =20 - #1 - 10	（#2 同#1 的关系）
N8　G01　X(#2 +3)	（刀具直线移动到 X(#2 +3)）
N9　Z(#1)	（刀具 Z 向移动）
N10　Y(#2 +3)	（刀具 Y 向移动）
N11　X(-#2 -3)	（刀具 X 向移动）
N12　Y(-#2 -3)	（刀具 Y 向移动）
N13　X(#2 +3)	（刀具 X 向移动）
N14　Y0	（刀具 Y 向移动）
N15　#1 =#1 -1	（#1 的变化式）
N16　ENDW	（语句结束）
N17　G00　Z50	（刀具快速到 Z50）
N18　G49　G00　Z300　M05	（取消长度补偿）
N19　M06　T02	（调用 ϕ16mm 立铣刀）
N20　M03　S600	（主轴正转）

```
N21 G43 G00 Z100 H02          (建立2号刀的长度补偿)
N22 G00 Z50                   (刀具快速降到Z50)
N23 G00 X44 Y0                (刀具快速到X44,Y0)
N24 G00 Z-20                  (刀具快速降到Z-20)
N25 M98 P100 D01              (调用φ68mm外圆加工子程序,采用1号刀补)
N26 M98 P100 D02              (调用φ68mm外圆加工子程序,采用2号刀补)
N27 G49 G0 Z300 M05           (取消刀具长度补偿)
N28 M30                       (程序结束)
N29 %100                      (φ68mm外圆加工子程序)
N30 G41 G00 Y10               (建立左刀补)
N31 G03 X34 Y0 R10            (圆弧切入)
N32 G02 I-34 J0               (加工φ68mm外圆)
N33 G03 X34 Y-10 R10          (圆弧切出)
N34 G40 G00 Y0                (取消刀补)
N35 M99                       (返回主程序)
```

三、工作路径和步骤

1. 项目路径

项目实施路径如图1-27所示。

2. 项目步骤（同情境八项目二）

四、项目预案

问题一 加工锥面时，表面出现棱纹。

解决措施： 宏程序编程时，变量递增量数值设置太大，应减小每层递增量。

问题二 换刀后，发生Z方向扎刀（撞刀）现象。

解决措施： 首先检查刀具对刀及坐标系设置是否正确，然后检查长度补偿值输入是否正确。当第二把刀的长度大于当前刀时，换刀时要先将主轴提升到换刀的安全高度位置。

问题三 编程时出现死循环。

解决措施： 说明程序编写时的判断语句有错或是变量初始值设置错误，应逐项核查并改正。

五、项目实施

1. 组织方式

每三位同学一组，每组1台加工中心，3台计算机。

2. 生产准备

每工位配备实训用品一套。刃具准备清单见表11-1。

表 11-1 刃具准备清单

序号	名称	规格	材料	数量	备注
1	立铣刀	ϕ6mm	高速钢	1	
2	立铣刀	ϕ16mm	高速钢	1	

设备选用清单见表 8-6。工具、量具准备清单见表 8-7。

六、项目评价

项目评价见表 11-2。

表 11-2 项目评价表

项目编号			学生加工时间	2 学时	学生姓名		总分		
类别	序号	评价项目	评价内容及要求	评分标准	配分	学生自评	学生互评	教师评价	得分
技术考评	1	外形尺寸	$\phi68^{+0.06}_{+0.02}$mm	超差 0.01 扣 2 分	30				
	2		20mm × 20mm	超差 0.01 扣 2 分	15				
	3		(40 ± 0.1)mm × (40 ± 0.1)mm	超差 0.01 扣 2 分	15				
	4	高度尺寸	10mm	超差无分	10				
	5		$18^{+0.1}_{0}$ mm	超差无分	10				
	6	表面粗糙度	$R_a1.6\mu m$	每降一级扣 1 分	10				
	7	尺寸检测	自检尺寸正确	不正确无分	5				
	8	完成时间	按时完成任务	不按时完成无分	5				
非技术考评	9	安全生产	遵守机床安全操作规程	不遵守酌情扣 1 ~ 5 分					
	10	文明生产	遵守文明生产规则	不遵守酌情扣 1 ~ 5 分					
	11	环保生产	遵守环保生产规则	不遵守酌情扣 1 ~ 5 分					
	12	其他		酌情扣 1 ~ 5 分					

注：1. 发生人身和设备事故时，应立即向指导教师报告，由指导教师组织学生立即报警抢救，并及时向主管领导汇报。

2. 严重违反工艺原则和情节严重的野蛮操作等，由指导教师按实习管理制度进行处理。

七、项目作业（课外完成）

完成图 11-3 所示十字台的加工方案和工艺规程的制定，并进行程序编制和仿真。

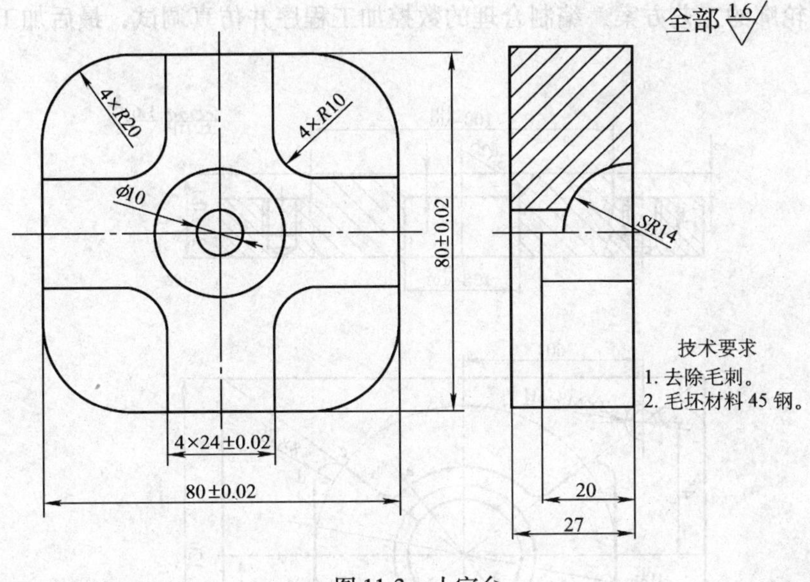

图 11-3　十字台

八、项目拓展

完成图 11-4 所示椭圆岛屿的加工方案和工艺规程的制定，并进行程序编制和仿真。

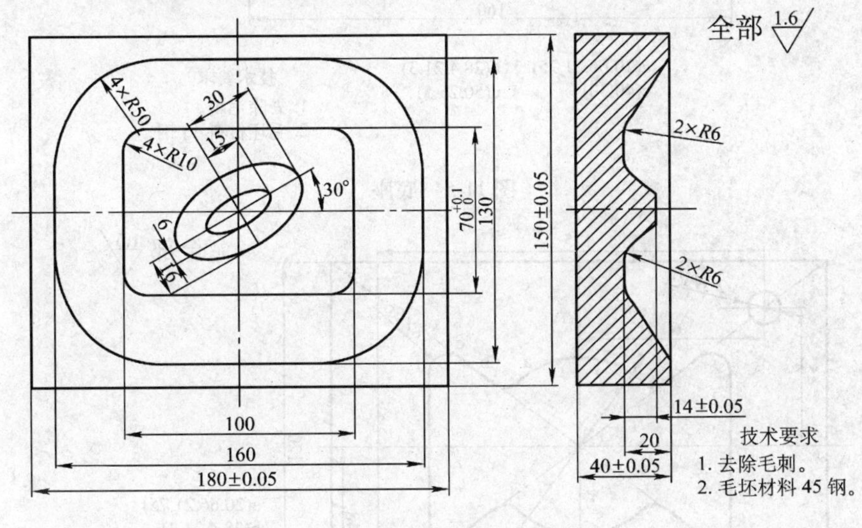

图 11-4　椭圆岛屿

项目二　综合零件的加工中心编程与加工

一、项目要求

以图 11-5 所示底座和图 11-6 所示上盖配合件的加工为例，使学生学会制定用加工中心加工零件的外轮廓的工艺方案，编制合理的数控加工程序并仿真调试，最后加工出合格的零件。

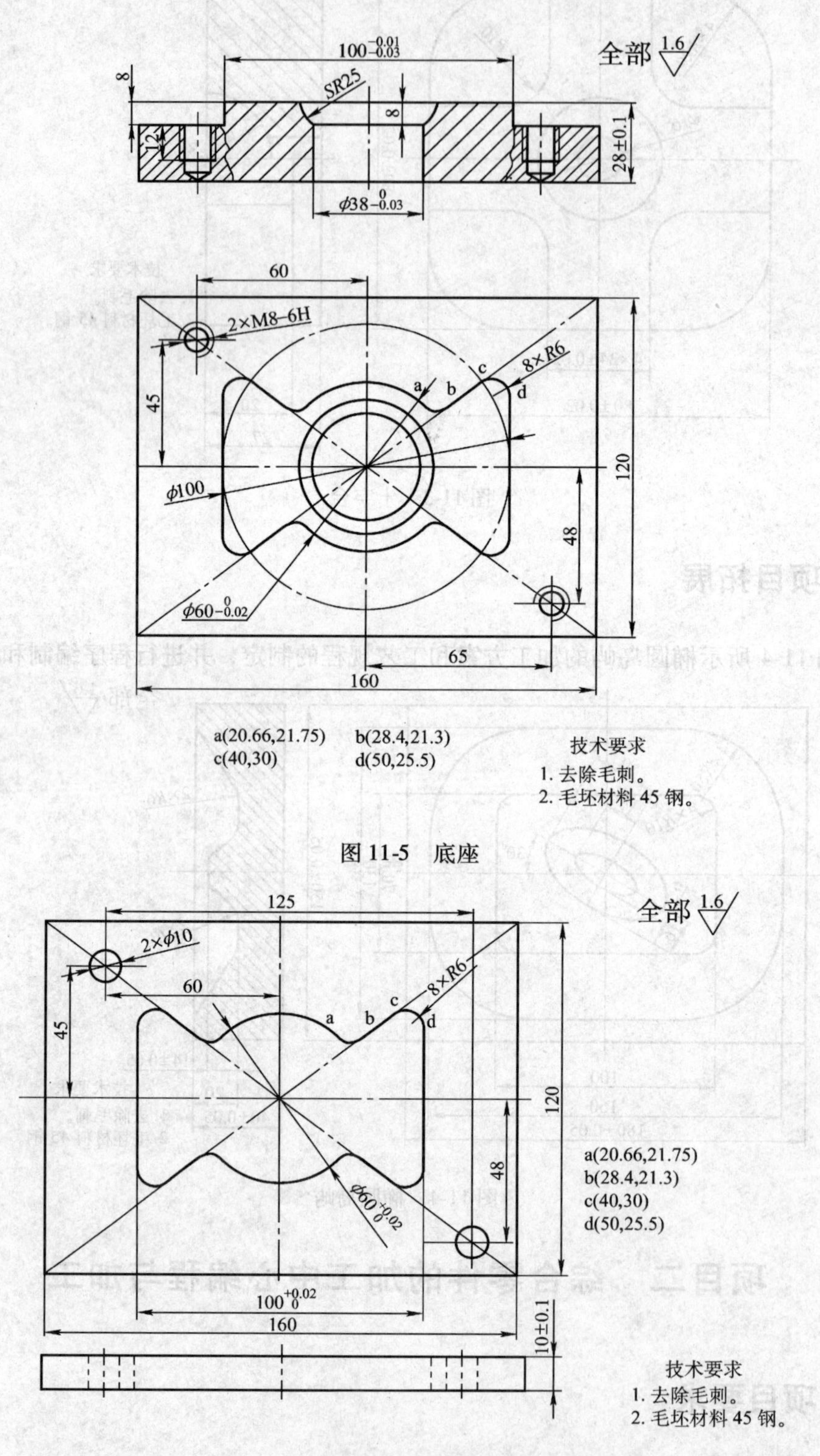

图 11-5 底座

图 11-6 上盖

（1）时间要求　8 学时。

（2）质量要求　零件加工后保证配合精度和表面粗糙度。

（3）安全、文明、环保要求　按照各项要求进行项目作业。具体内容见情境一项目二。

二、技能要求

1）能够根据图样自行制定图 11-5 和图 11-6 所示零件的加工工艺方案。

2）编制合理的数控加工程序。

3）能够熟练运用内槽程序编写方法，编写如图 11-6 所示的内槽程序。

4）能够熟练运用固定循环程序编写图 11-5 所示 2 × M8-6H 的加工程序。

5）能够合理地运用刀具半径补偿与刀具长度补偿进行多刀的加工。

6）能够合理运用宏变量对图 11-5 中的 *SR*25 圆弧进行编程加工。

7）能够通过平时的练习，总结经验，合理选用合适的刀具及切削用量，保证零件各个部分的加工精度及表面粗糙度。

8）根据加工经验，保证零件的配合精度。

9）每个人必须独立完成该零件的总体加工工艺流程，独立制定工艺方案。

10）能够制定数控加工工艺卡片、工序卡片、刀具卡片、走刀路线图等。

三、项目实施

1. 组织方式

每三位同学一组，每组 1 台加工中心，3 台计算机。

2. 生产准备

每工位配备实训用品一套。刀具自行准备。

设备选用清单见表 8-6。工具、量具准备清单见表 8-7。

四、项目评价

项目评价见表 11-3。

表 11-3　项目评价表

项目编号			学生加工时间	6 学时	学生姓名			总分	
类别	序号	评价项目	评价内容及要求	评分标准	配分	学生自评	学生互评	教师评价	得分
技术考评	1	外径尺寸	$\phi38_{-0.03}^{\ 0}$ mm	超差 0.1 扣 2 分	10				
	2		$\phi60_{-0.02}^{\ 0}$ mm	超差无分	10				
	3		$\phi60_{\ 0}^{+0.02}$ mm	超差无分	10				
	4	内径尺寸	$100_{\ 0}^{+0.02}$ mm	超差无分	10				
	5		$100_{-0.03}^{-0.01}$ mm	超差无分	10				

（续）

类别	序号	评价项目	评价内容及要求	评分标准	配分	学生自评	学生互评	教师评价	得分
技术考评	6	高度尺寸	(28 ±0.1)mm	超差无分	5				
	7		(10 ±0.1)mm	超差无分	5				
	8	螺纹尺寸	2×M8-6H	超差无分	10				
	9	表面粗糙度	R_a1.6μm	每降一级扣1分	10				
	10	间隙	配合间隙≤0.06mm	每超差0.01扣1分	10				
	11	尺寸检测	自检尺寸正确	不正确无分	5				
	12	完成时间	按时完成任务	不按时完成无分	5				
非技术考评	13	安全生产	遵守机床安全操作规程	不遵守酌情扣1~5分					
	14	文明生产	遵守文明生产规则	不遵守酌情扣1~5分					
	15	环保生产	遵守环保生产规则	不遵守酌情扣1~5分					
	16	其他		酌情扣1~5分					

注：1. 发生人身和设备事故时，应立即向指导教师报告，由指导教师组织学生立即报警抢救，并及时向主管领导汇报。

2. 严重违反工艺原则和情节严重的野蛮操作等，由指导教师按实习管理制度进行处理。

学习领域四

典型零件的实体构造与加工中心自动编程加工

学习情境十二
外轮廓零件的实体构造与加工中心自动编程加工

一、项目要求

以如图 12-1 所示的扳手的实体构造和外轮廓的自动编程加工为例，使学生学会加工中心零件的实体构造和外轮廓自动编程加工。

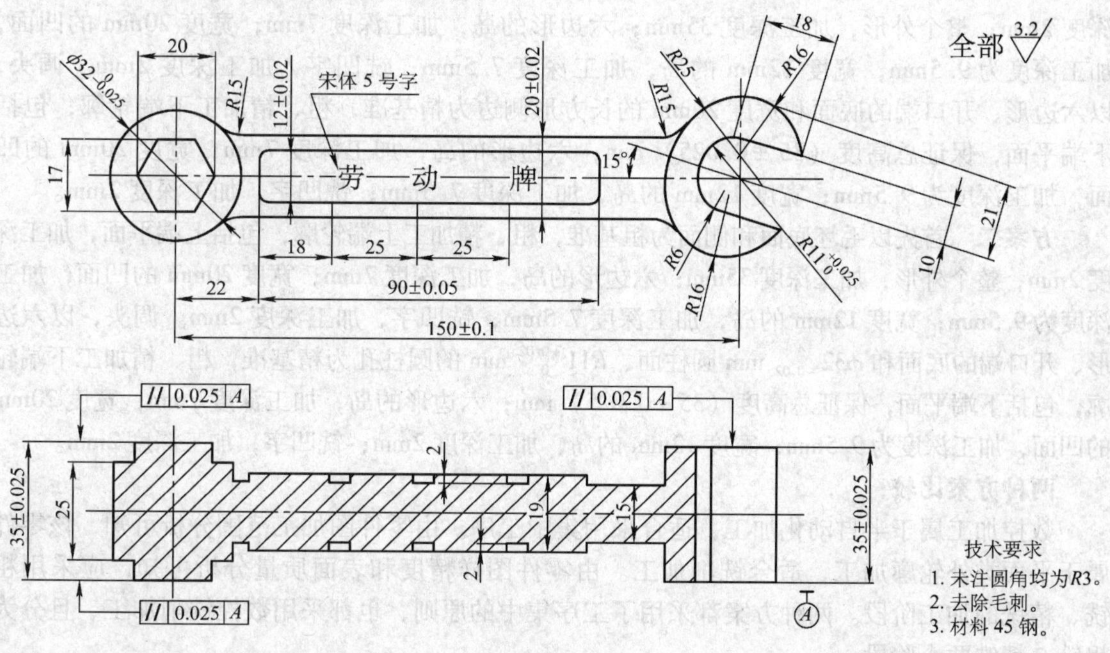

图 12-1　扳手

（1）时间要求　14 学时。

（2）质量要求　使用 MasterCAM 软件设定出扳手零件的正确加工刀具路径，然后进行后置处理，生成数控加工程序，并将数控加工程序传至加工中心，加工出合格的零件。

（3）安全、文明、环保要求　按照各项要求进行项目作业。具体内容见情境一项目二。

二、项目分析

（一）图样分析

（1）加工部位　包括 $\phi32_{-0.025}^{\ 0}$ mm 圆柱面，外接圆直径为 20mm 的六边形岛，宽 20mm

的四边形以及由两个 $R16$mm、$R25$mm、$R11$mm 和两直线组成的外形，宽 12mm、长 90mm 的矩形岛，铣凹字，倒圆角。

（2）精度和表面质量分析　在图样中有六处尺寸精度较高，包括 $\phi32_{-0.025}^{0}$mm 圆柱面，$R11_{0}^{+0.025}$mm 圆柱孔，两个(35 ±0.025)mm 的台阶厚度，(12 ±0.02)mm、(20 ±0.02)mm 的宽度，精度等级达到 IT7 ~ IT8 级；还有两处长度(150 ±0.1)mm、(90 ±0.05)mm 尺寸精度要求较低，用一般方法就可保证；另外还有四个平面的平行度要求，精度等级达到 IT7 ~ IT8 级；表面粗糙度要求较高，全部要求 R_a3.2μm。加工这些部位的时候应采用粗加工、精加工的加工顺序，粗加工后停车进行工件的测量，需要调整刀补的地方及时调整，然后进行精加工。

（二）方案分析

方案一　首先以毛坯底面和侧面为粗基准，粗、精加工上端轮廓，包括上端平面，加工深度 2mm；整个外形，加工深度 35mm；六边形的岛，加工深度 7mm；宽度 20mm 的凹面，加工深度为 9.5mm；宽度 12mm 的岛，加工深度 7.5mm；铣凹字，加工深度 2mm。调头，以六边形、开口端的底面和宽度 20mm 的长方形侧边为精基准，粗、精加工下端轮廓，包括下端平面，保证总高度（35 ±0.025）mm；六边形的岛，加工深度 7mm；宽度 20mm 的凹面，加工深度为 9.5mm；宽度 12mm 的岛，加工深度 7.5mm；铣凹字，加工深度 2mm。

方案二　首先以毛坯底面和侧面为粗基准，粗、精加工上端轮廓，包括上端平面，加工深度 2mm；整个外形，加工深度 35mm；六边形的岛，加工深度 7mm；宽度 20mm 的凹面，加工深度为 9.5mm；宽度 12mm 的岛，加工深度 7.5mm；铣凹字，加工深度 2mm。调头，以六边形、开口端的底面和 $\phi32_{-0.025}^{0}$mm 圆柱面、$R11_{0}^{+0.025}$mm 的圆柱孔为精基准，粗、精加工下端轮廓，包括下端平面，保证总高度（35 ±0.025）mm；六边形的岛，加工深度 7mm；宽度 20mm 的凹面，加工深度为 9.5mm；宽度 12mm 的岛，加工深度 2mm；铣凹字，加工深度 2mm。

两种方案比较：

数控加工属于半自动化加工，适合采用集中工序。由零件图加工范围分析可知，该零件属于平面类外轮廓加工，适合铣削加工。由零件图样精度和表面质量分析可知，应采用粗铣、精铣的加工阶段。两种方案都采用了工序集中的原则，也都采用数控铣削加工、且分为粗铣、精铣两个阶段。

两种方案选用的加工顺序相同，但定位基准却不相同。方案一以毛坯底面和侧面为粗基准，粗、精加工上端轮廓，然后调头，以六边形、开口端的底面和宽度 20mm 的长方形侧边为精基准定位夹紧，粗、精加工下端轮廓，精基准选择两个平面限制五个自由度，属于不完全定位，但满足加工要求，采用基准统一原则，定位面大，定位精度高，受力情况好，不易产生振动，所有的外形均可以加工完成，易于保证加工精度；但不满足基准重合原则，设计基准是中心线，定位基准为侧面，存在基准不重合定位误差。但可选用通用夹具（台虎钳）作为夹具。方案二以毛坯底面和侧面为粗基准，粗、精加工上端轮廓，然后调头，以六边形、开口端的底面，和 $\phi32_{-0.025}^{0}$mm 圆柱面、$R11_{0}^{+0.025}$mm 的圆柱孔为精基准定位夹紧，粗、精加工下端轮廓，精基准选择是典型的一面两孔，可限制六个自由度，精基准选择不但满足基准统一原则，也满足基准重合原则，设计基准和定位基准都是中心线，可以避免基准不重合定位误差，能很好地保证加工精度。但这种定位方法只能使用专用夹具。这两种方案都能满足定位夹紧和加工的要求，由于该件为单件生产，方案一更合理，所以选用方案一。

（三）夹具分析

加工中心常用夹具及其适用场合见表8-2。

该项目的零件为一般规则平面类零件，可选择的夹具有压板、台虎钳、专用夹具，以及组合夹具。由于该件为单件生产，故不宜选用专用夹具和组合夹具，可使用平面和侧面作为定位基准进行加工。用压板时，该零件侧面不能全部加工，因此最好选择台虎钳。台虎钳装夹方便，定位精度比较高。

（四）刀具切削用量分析

刀具、切削用量应根据工件材料来选择。几种常用材料的刀具、切削用量见表8-3和表8-4。

刀具类型要根据加工的工件表面类型来选取。常用铣刀的类型及其适用的加工表面见表8-5。

由表8-5可以分析，加工外形时用立铣刀、加工岛时用键槽铣刀、加工端平面时用面铣刀、铣凹字时用键槽铣刀。

铣刀一般为整体式刀具，所以一般为高速钢刀具。由于加工材料为45钢，粗加工时刀具选用 ϕ12mm 立铣刀或键槽刀。根据材料和刀具特性，粗加工时，$f_z = 0.10 \sim 0.15$mm/z，$v_c = 12 \sim 36$mm/min，按公式计算得，$n = 300 \sim 900$r/min，n 取小值，$v_f = 80 \sim 200$mm/min，$a_P = 5 \sim 10$mm；精加工时，$f_z = 0.02 \sim 0.05$mm/z，$v_c = 12 \sim 36$mm/min，按公式计算得，$n = 300 \sim 900$r/min，n 取大值，$v_f = 30 \sim 60$mm/min，$a_P = 0.2 \sim 0.6$mm。根据具体情况从上述范围中选取合适的数值，如粗加工时的主轴转速 $n = 300$r/min，$v_f = 80$mm/min；精加工时 $n = 800$r/min，$v_f = 30$mm/min。在加工时，主轴转速及进给速度可通过操作面板上的“倍率”按钮随时调整。

（五）实体构造

1. 先绘制零件实体的二维线形

先用点画线型绘制中心线，再用直线、矩形、点半径圆、圆弧、字等命令绘制基本图形，最后用倒圆角、修剪等命令进行编辑，绘制成二维线形。

项目链接

点坐标输入方式

有两种：a，b，c 或 Xa，Yb，Zc

其中 a、b、c 分别为 X、Y、Z 的坐标值。

例：20，30，40 或 X20，Y30，Z40

注意：

1）使用 a，b，c 时，前面的 0 不能省略，后面的 0 可以省略，例 0，19，0 不能直接输入输 19，可以输入 0，19；但 19，0，0 可以直接输入 19。

2）用 Xa，Yb，Zc 时，可以单独使用，如 19，0，0 可以直接输入 X19；0，19，0 直接输入 Y19。

直线绘制

主菜单“绘图”→“直线”→十种菜单命令（代表十种画线方式）。

E 任意线段：端点画线，两点决定一直线，直接输入两端点坐标。

(1) 将线型改成点画线型，绘制中心线　“绘图”→“直线”→“水平线”→输入 X0、X－180，Y 坐标 0。

项目链接

圆绘制

主菜单“绘图”→“圆”→“点半径圆”→“输入中点坐标”输入半径。

(2) 绘制圆　“绘图”→“圆”→“点半径圆”，输入中点坐标（0，0），输入半径 16。

项目链接

多边形绘制

主菜单“绘图”→“下一页”→“多边形”，输入边数，内接圆（Y/N），输入半径，输入多边形的中心点。

■画多边形所需参数——参数解释

内接圆：多边形半径测量方式，Y——外接圆，N——内切圆。

产生 NURBS：生成 NURBS 曲线。Y——生成，所得多边形是一整体。N——不生成，单边有效。

(3) 绘制六边形　“绘图”→“下一页”→“多边形”，输入边数 6，设定内接圆为 Y，输入半径 10，选择圆的圆心，即多边形的中心点。

项目链接

矩形绘制

主菜单“绘图”→“矩形”→两种方法。

画矩形所需参数——参数解释

①一点：起点＋宽、高。

②两点：输入两对角点坐标，用点输入。

③选项：对矩形的操作、定义，包括以下几种：

▲ 矩形；

▲ 键槽形；

▲ D 形；

▲ 双 D 形。

④圆角：是否倒圆角。

⑤旋转角度：矩形的整体旋转角度。

（4）绘制矩形　“绘图”→“矩形”→“一点”，“选项”，“圆角”开，圆角半径 R3，选择左中心为基准点，输入基准点坐标（22，0）。

项目链接

文字绘制

主菜单“绘图”→“下一页”→“文字”。

真实文字：由 Windows 提供字库，字号无效。

字体排列形式：水平或垂直。

圆弧顶部：上凸，定字距、圆心、半径等。

圆弧底部：下凹。

文字标注：草图，输文字、定字高、起始位置，完成。

档案：文件，由 MasterCAM 提供字库。

文字方式构建的对象仍是图形，由边界线组成。

（5）绘制文字　“绘图”→“下一页”→“文字”，设定字体仿宋体，5 号字，字体高度 5，选择字体排列形式水平，设置字体间距 25，输入文字，选择字体输入基准点坐标（40，-2.5）。

（6）绘制极坐标直线

1）“绘图”→“直线”→“极坐标线”，指定起点（150，0），输入直线的角度 -15°，输入线的长度 25。

2）“绘图”→“直线”→“极坐标线”，指定起点（150，0），输入直线的角度 75°，输入线的长度 10。

（7）绘制直线　“绘制”→“直线”→“平行线”，“方向”，“距离”，输入 10，选择极坐标线，选择极坐标上方、下方，“上层功能表”，输入 21，选择极坐标线，选择极坐标上方、下方，“上层功能表”，输入 18，选择长度为 10 的极坐标线，选择极坐标线右。

（8）绘制圆弧　“绘图”→“圆”→“起点、切点、半径圆”，输入半径 16，选择起点、切点，选择起点、切点，“上层功能表”，“圆弧”→“切点、切点、半径圆”，输入半径 25，选择两个半径为 16 的圆弧。

（9）修剪图形　“修整”→“修剪延伸”，“一个物体”，选择一条线为边界，选择要修剪为图素，……。

（10）倒圆角　“绘图”→“倒圆角”，“圆角半径”，输入 R3，单击圆角角度，设定为 S，设定修整方式为修剪，选择要倒圆角的图素，“上层功能表”，输入 R15，选择要倒圆角的图素。

绘制的扳手二维图形如图 12-2 所示。

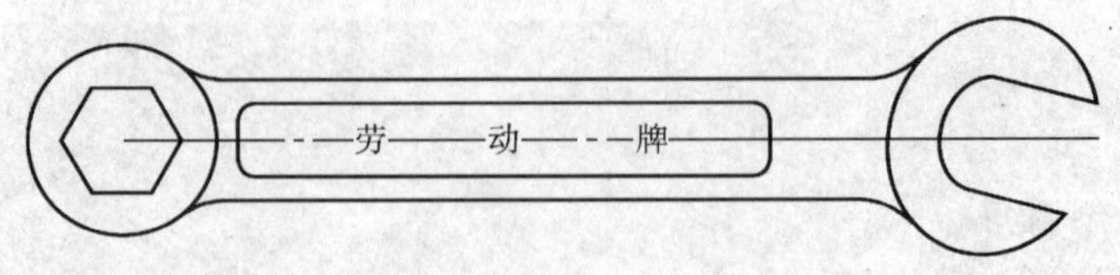

图 12-2 扳手二维图形

2. 绘制实体

项目链接

拉伸实体

由封闭的二维图形，向垂直方向增厚成实体。

“实体”→“挤出”，选择拉伸截面，选择拉伸方向，“执行”，设定实体参数（产生主体/切割主体/增加凸缘），设定拔模角度及方向，设定挤出距离或全部贯穿或延伸至指定点，选取拉伸方向，设定是否产生薄壁，设定薄壁的厚度，“确定”。

（1）拉伸实体一

1）“实体”→“挤出”，选择 ϕ32mm 的圆为拉伸截面，选择拉伸方向向上，“执行”，设定实体参数为产生主体，设定挤出距离为 12.5，选取拉伸方向向上，设定不产生薄壁。

2）“实体”→“挤出”，选择六边形为拉伸截面，选择拉伸方向向上，“执行”，设定实体参数为产生主体，设定挤出距离为 17.5，选取拉伸方向向上，设定不产生薄壁。

3）“实体”→“挤出”，选择 $R16$ \ $R25$ \ $R11$ 及直线组成的图形为拉伸截面，选择拉伸方向向上，“执行”，设定实体参数为产生主体，设定挤出距离为 17.5，选取拉伸方向向上，设定不产生薄壁。

4）“实体”→“挤出”，选择宽 12mm 的矩形为拉伸截面，选择拉伸方向向上，“执行”，设定实体参数为产生主体，设定挤出距离为 9.5，选取拉伸方向向上，设定不产生薄壁。

项目链接

打断图形

打断：使图素独立，方便串连。

“修整”→“打断”，选择打断方式。

①打成两段。

②依指定长度：按指定长度打断。

③打成若干段：指定段数或长度；若将曲线打成多段，则要指定弦高或步长，打断后会变成折线段。

④在交点处：在所有选择的交点处打断。

（2）打断圆弧 “修整”→“打断”，选择打成两段方式，选择 ϕ32mm 的圆为要打断的图形，选择和圆角的交点为打断点，选择 ϕ32mm 的圆为要打断的图形，选择和圆角的另一交点为打断点，选择 $R25$ 的圆弧为要打断的图形，选择和圆角的交点为打断点，选择 $R25$ 的圆为要打断的图形，选择和圆角的另一交点为打断点。

（3）拉伸实体二 “实体”→“挤出”，选择宽20mm的串连图形为拉伸截面，选择拉伸方向向上，“执行”，设定实体参数为产生主体，设定挤出距离为7.5，选取拉伸方向向上，设定不产生薄壁。

项目链接

镜像图形

镜像 Mirror：指定对象+镜像轴，通常用两点一线定轴。

“转换”→“镜像”，选择要镜射的图素，“执行”，选择对称轴，选择处理方式（移动、复制、连接），“确定”。

（4）镜像实体 “转换”→“镜像”，选择所有实体为要镜像的图素，“执行”，选择前视图构图面，选择X轴为对称轴，选择处理方式为复制，“确定”。

（六）刀具路径设定

由工艺分析可知，需先粗铣、精铣上端外轮廓，然后调头粗铣、精铣下端外轮廓。对于自动加工，需调头加工时，应保存为两个文件，并把实体上、下调头。

1. 设置外形粗、精铣刀具路径

项目链接

设置外形铣削刀具路径的方法

“刀具路径”→“外形铣削”，选择图素“执行”，从刀库选择刀具，设定刀具加工参数，设定外形铣削参数，设定XY分次铣削参数，设定Z轴分次铣削参数，设置进退刀向量，“确定”，“工作设定”，“实体验证”，“后处理”。

（1）铣外轮廓 “刀具路径”→“外形铣削”，选择外面所有轮廓作为图素，“执行”，从刀库选择ϕ12mm的立铣刀。

如图12-3所示为刀具选择对话框，如图12-4所示为刀具基本参数对话框。

刀具管理 - C:\■CA■9\■ILL\TOOLS\TOOLS_■■.TL9

过滤之設定. ☑ 过滤刀具
显示的刀具数 249 / 249

刀具号码	刀具型式	直径	刀具名称	刀角半径	半径形式
...	平刀	7.0000 mm	7. FLAT ENDMILL	0.000000 mm	平刀
...	平刀	8.0000 mm	8. FLAT ENDMILL	0.000000 mm	平刀
...	平刀	9.0000 mm	9. FLAT ENDMILL	0.000000 mm	平刀
...	平刀	10.0000 mm	10. FLAT ENDMILL	0.000000 mm	平刀
...	平刀	11.0000 mm	11. FLAT ENDMILL	0.000000 mm	平刀
...	平刀	12.0000 mm	12. FLAT ENDMILL	0.000000 mm	平刀
...	平刀	13.0000 mm	13. FLAT ENDMILL	0.000000 mm	平刀
...	平刀	14.0000 mm	14. FLAT ENDMILL	0.000000 mm	平刀
...	平刀	15.0000 mm	15. FLAT ENDMILL	0.000000 mm	平刀
...	平刀	16.0000 mm	16. FLAT ENDMILL	0.000000 mm	平刀
...	平刀	17.0000 mm	17. FLAT ENDMILL	0.000000 mm	平刀
...	平刀	18.0000 mm	18. FLAT ENDMILL	0.000000 mm	平刀
...	平刀	19.0000 mm	19. FLAT ENDMILL	0.000000 mm	平刀
...	平刀	20.0000 mm	20. FLAT ENDMILL	0.000000 mm	平刀

O 确定 C 取消 H 帮助

图12-3 刀具选择对话框

（2）设置刀具参数　刀具号码：1；补偿号码：1；进给率：80.0；Z 轴进给率：80.0；提刀速率：200.0；主轴转速：400；主轴最大转速：2000；切削液：喷油；程序号码：10；起始行号：100；行号增量：2。

如图 12-5 所示为“刀具参数”设置对话框（1 号刀）。

（3）设置外形铣削参数　安全高度：100.0；参考高度：5.0；进给下刀位置：5.0；要加工的表面：0.0；切削深度：-35；补正位置控制器：右补正；刀具走圆弧在转角处：全走圆角；XY 方向预留量：0；Z 方向预留量：0。

如图 12-6 所示为“外形铣削参数”设置对话框。

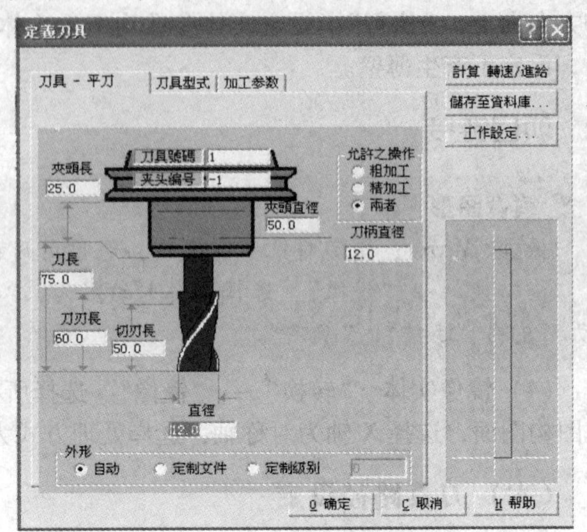

图 12-4　刀具基本参数对话框

（4）设置 XY 平面分次铣削参数　粗铣次数：1；粗铣间距：5.0；精修次数：1；精修间距：0.5；每层精修；不提刀。

如图 12-7 所示为“XY 平面分次铣削设定”对话框。

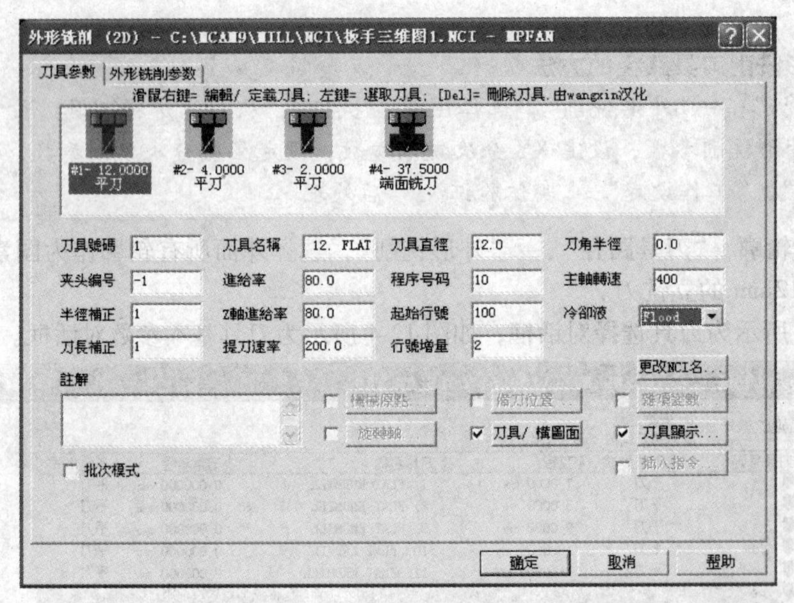

图 12-5　“刀具参数”设置对话框（1 号刀）

（5）设置 Z 轴分层铣深参数　最大粗切量：2.0；精修次数：1；精修量：0.5；按轮廓；不提刀。

如图 12-8 所示为“Z 轴分层铣深设定”对话框。

（6）设置进、退刀向量选项

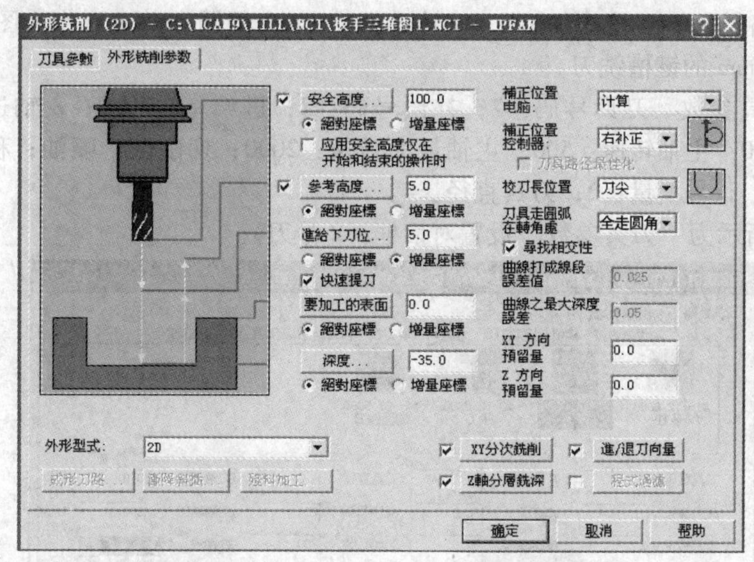

图 12-6 “外形铣削参数”设置对话框

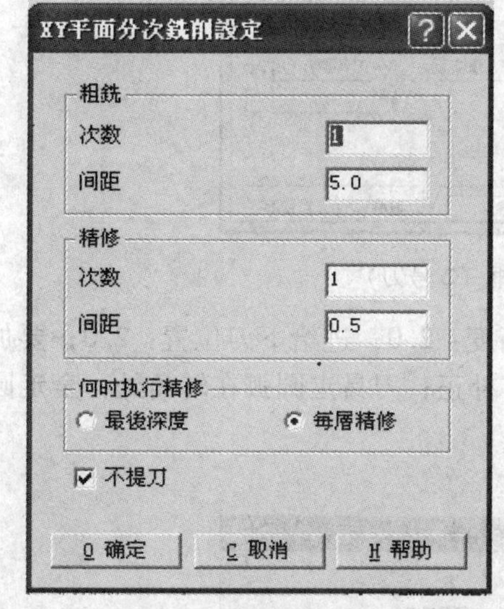

图 12-7 “XY 平面分次铣削设定”对话框

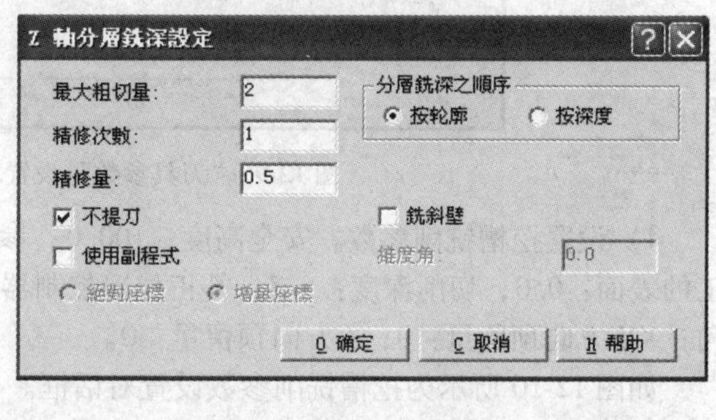

图 12-8 “Z 轴分层铣深设定对话框

2. 设置岛屿粗、精铣刀具路径

项目链接

设置挖槽刀具路径的方法

“刀具路径”→“挖槽加工”，“串连选择图素”，“执行”，从刀库选择刀具，设定刀具加工参数，设定挖槽参数，设置深度分层铣削参数，设置粗、精加工参数，设置螺旋下刀铣削参数，设定数，“实体验证”，“后处理”。

（1）加工六边形的岛

1）绘制 ϕ40mm 的圆。“绘图”→“圆”→“点半径圆”输入中点坐标（0，0），输入半径 20。

2）“刀具路径”→“挖槽加工”，串连选择 ϕ40mm 的圆和六边形作为图素，“执行”，从刀库选择 ϕ10mm 的键槽铣刀。

3）设置刀具参数。刀具号码：2；补偿号码：2；进给率：80.0；Z 轴进给率：80.0；提刀速率：200.0；主轴转速：500；主轴最大转速：2000；切削液：喷油；程序号码：20；起始行号：200；行号增量：2；刀具直径：4。

如图 12-9 所示为“刀具参数”设置对话框（2 号刀）。

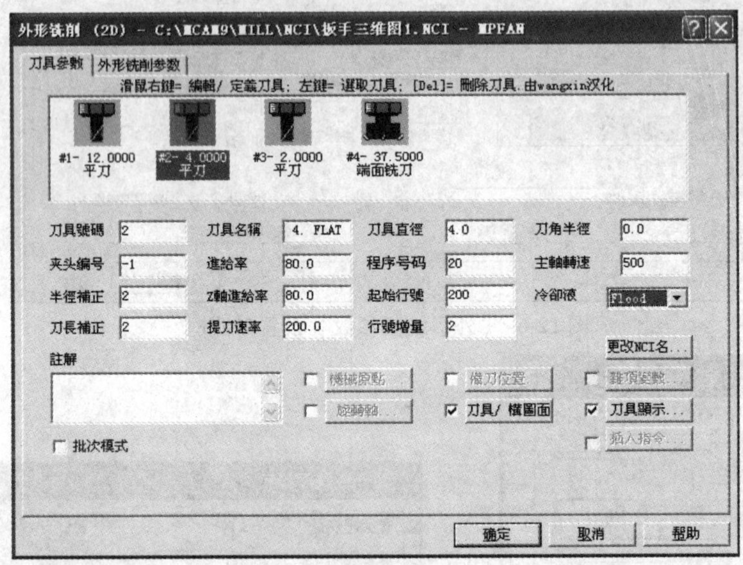

图 12-9 “刀具参数”设置对话框（2 号刀）

4）设置挖槽铣削参数。安全高度：100.0；参考高度：2.0；进给下刀位置：2.0；要加工的表面：0.0；切削深度：-7；补正位置控制器：右补正；刀具走圆弧在转角处：全走圆角；XY 方向预留量：0；Z 方向预留量：0。

如图 12-10 所示为挖槽铣削参数设置对话框。

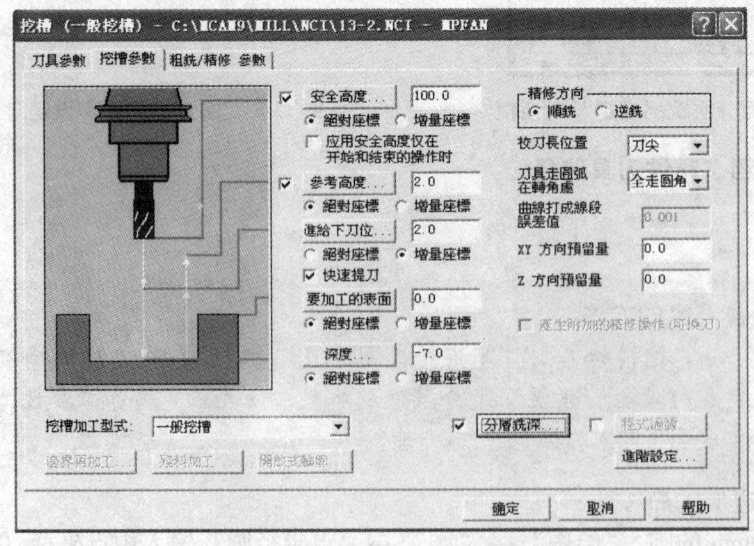

图 12-10 挖槽铣削参数设置对话框

5）设置挖槽精修铣削参数。选择“等距环切”；精修次数：1；精修量：0.25；选择“刀具路径最佳化”；不提刀。

如图12-11所示为挖槽精修铣削参数设置对话框。

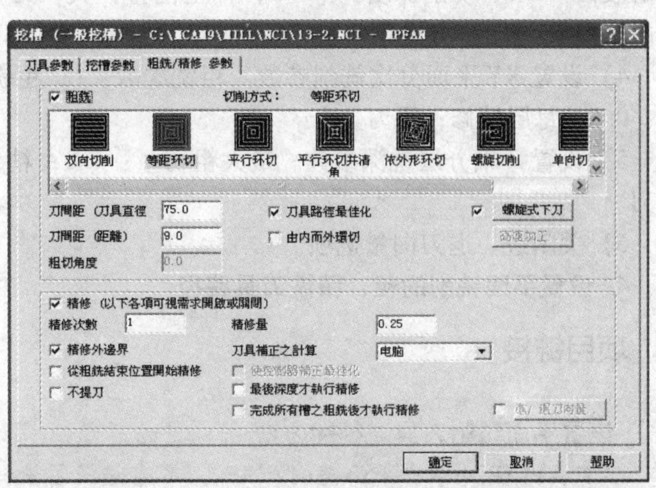

图 12-11　挖槽精修铣削参数设置对话框

6）设置分层铣深参数。最大粗切深度：2.0；精修次数：1；精修量：0.5；依照区域；不提刀。

如图12-12所示为分层铣深参数设置对话框。

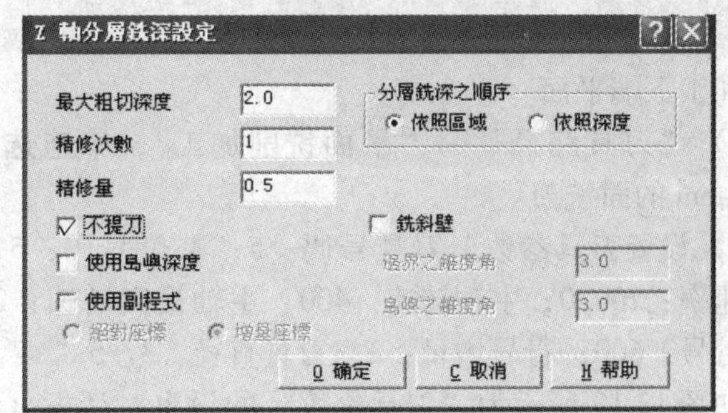

图 12-12　分层铣深参数设置对话框

7）设置进、退刀向量选项。

（2）加工宽20mm的凹槽，并留下宽12mm的矩形岛

1）“刀具路径”→“挖槽加工”，串连选择宽20mm的封闭图形和宽12mm的矩形作为图素，“执行”，从刀库选择ϕ4mm的键槽铣刀。

2）设置刀具参数。刀具号码：3；补偿号码：3，进给率：80.0；Z轴进给率：80.0；提刀速率：200.0；主轴转速：500；主轴最大转速：2000；切削液：喷油；程序号码：30；起始行号：300；行号增量：2；刀具直径：4.0；深度：−9.5。

3）其余参数同六边形的岛的加工。

（3）加工宽12mm的矩形岛

1）使用“串连偏距”命令，使矩形向外偏距2mm。“转换”→“串连偏距”，串连选择矩形，输入距离2，左补偿，“确定”。

2）“刀具路径”→“挖槽加工”，串连选择宽14mm的矩形作为图素，“执行”。

3）设置刀具参数。刀具号码：3；补偿号码：3；程序号码：40；起始行号：400；行号增量：2；刀具直径：4.0；深度：−7.5。

4）其余参数同六边形的岛的加工。

3. 设置铣凹字刀具路径

1）“刀具路径”→“外形铣削”，窗口选择所有字体作为图素，“执行”，从刀库选择ϕ2mm的键槽铣刀。

2）设置刀具参数。刀具号码：4；补偿号码：4；进给率：30.0；Z轴进给率：30.0；提刀速率：200.0；主轴转速：800；主轴最大转速：2000；切削液：喷油；程序号码：50；起始行号：500；行号增量：2。

3）设置外形铣削参数。安全高度：100.0；参考高度：5.0；进给下刀位置：5.0；要加工的表面：0.0；切削深度：-9.5；补正位置：关；刀具走圆弧在转角处：不走圆角；XY方向预留量：0，Z方向预留量：0。

4）设置XY平面分次铣削参数。粗铣次数：1；粗铣间距：5.0；精修次数：1；精修间距：0.5；每层精修；提刀。

5）设置Z轴分层铣深参数。最大粗切量：1.0；精修次数：1；精修量：0.5；按轮廓；提刀。

6）关闭进、退刀向量选项。

4. 设置平面铣削的粗、精铣刀具路径

项目链接

设置平面铣削刀具路径的方法

“刀具路径”→“平面铣削加工”，串连选择图素，“执行”，从刀库选择刀具，设定刀具加工参数，设定挖槽参数，设置深度分层铣削参数，设置粗、精加工参数，设置螺旋下刀铣削参数，设定数，“实体验证”，“后处理”。

加工下端平面

1）“刀具路径”→“平面铣削加工”，串连选择外形图素，“执行”，从刀库选择ϕ37.5mm的面铣刀。

2）设置刀具参数。刀具号码：5；补偿号码：5；进给率：80.0；Z轴进给率：80.0；提刀速率：200.0；主轴转速：400；主轴最大转速：2000；切削液：喷油；程序号码：60；起始行号：600；行号增量：2；刀具直径：37.5。

如图12-13所示为“刀具参数”的设置对话框（5号刀），如图12-14所示为刀具选择对话框（5号刀），如图12-15所示为刀具基本参数对话框（5号刀）。

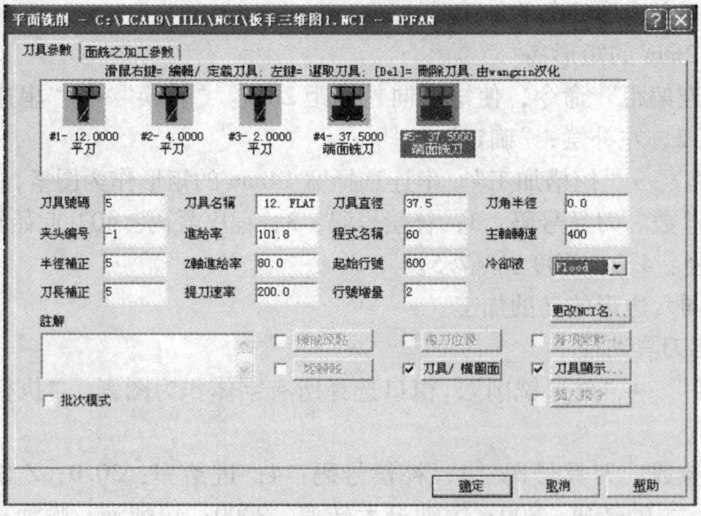

图12-13 “刀具参数”的设置对话框（5号刀）

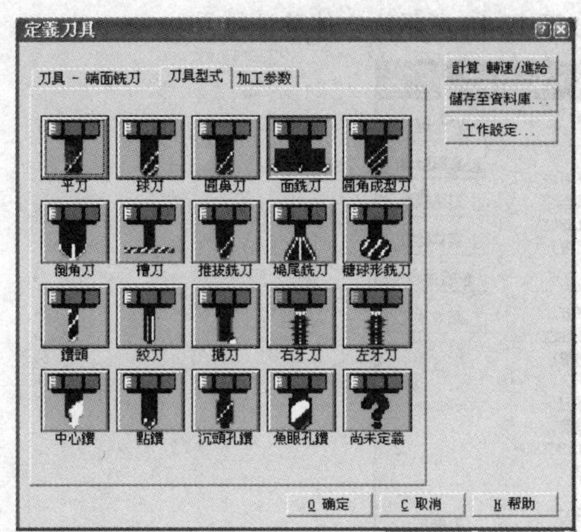

图 12-14　刀具选择对话框（5 号刀）

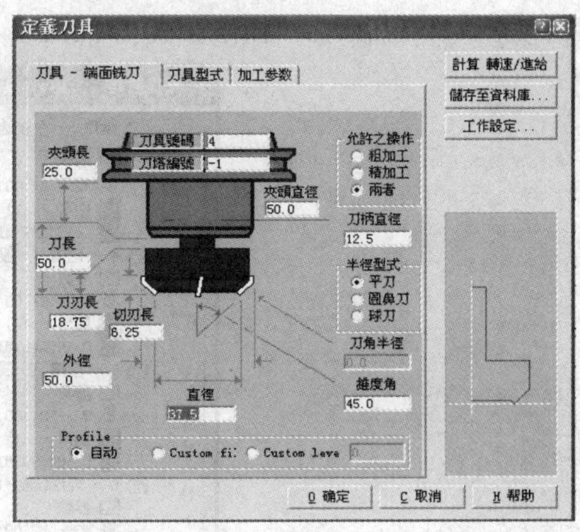

图 12-15　刀具基本参数对话框（5 号刀）

3）设置平面铣削参数。安全高度：100.0；参考高度：5.0；进给下刀位置：5.0；要加工的表面：0.0；切削深度：－2；刀具走圆弧在转角处：<135 度；Z 方向预留量：0；切削方式：双向加工。

如图 12-16 所示为平面铣削参数的设置对话框。

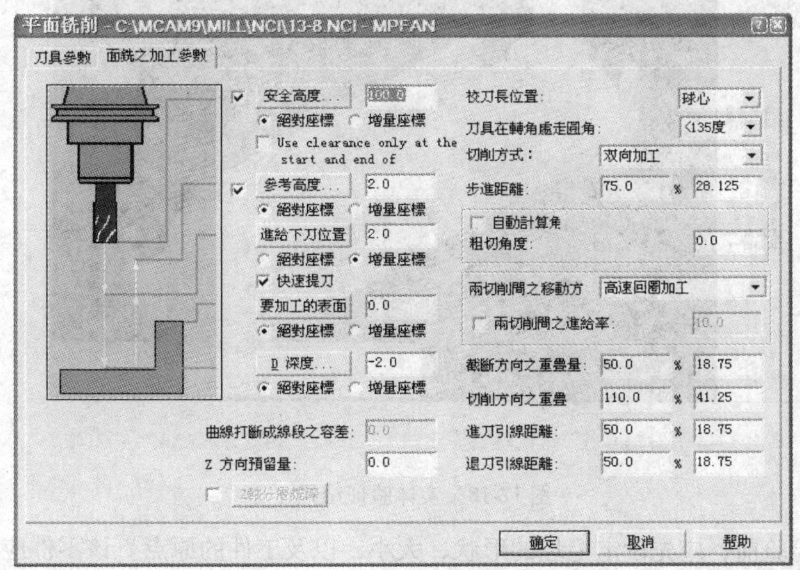

图 12-16　平面铣削参数的设置对话框

（七）刀具路径检验

项目链接

刀具路径检验的方法

“刀具路径”→“操作管理”，“全部选择”，“实体验证”，“运行”。

如图 12-17 所示为“操作管理”对话框，如图 12-18 所示为实体验证结果。

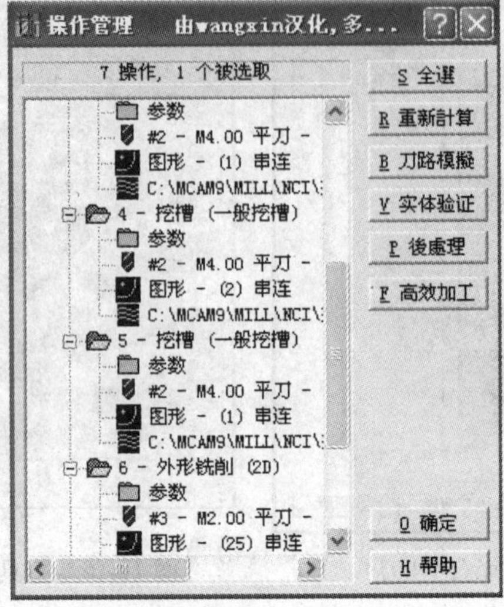

图 12-17 “操作管理”对话框

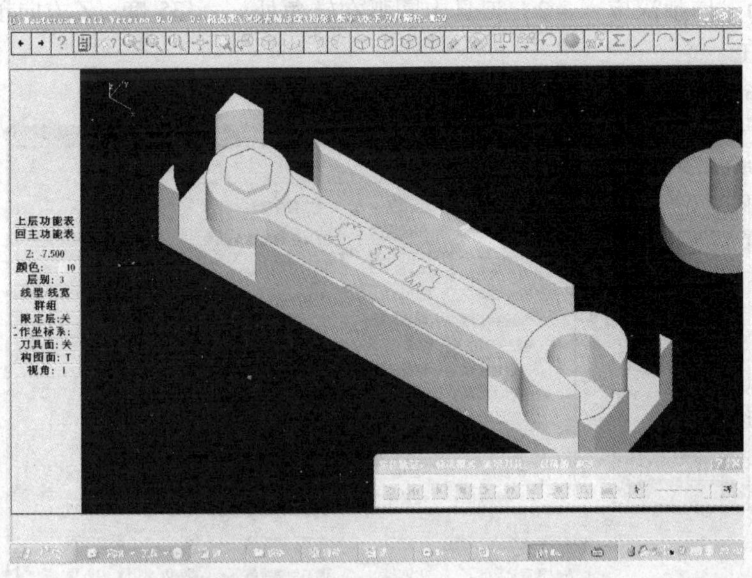

图 12-18 实体验证结果

刀具路径检验前，应先设定毛坯的形状、大小，以及工件的原点。该零件应选择立方体毛坯，中心在上端面的中心上，大小设定为 X200，Y50，Z45；再运用边界盒，将零件的刀具路径原点（即零件的上端面的中心点）移动到数控系统原点。验证如果有错误，可使用“刀具路径”→“管理”命令进行修改。

项目链接

工作设定方法

“刀具路径”→“工作设定”，选择“工件原点”，输入工件的大小（X，Y，Z），“确定”。

如图 12-19 所示为“工作设定”对话框。

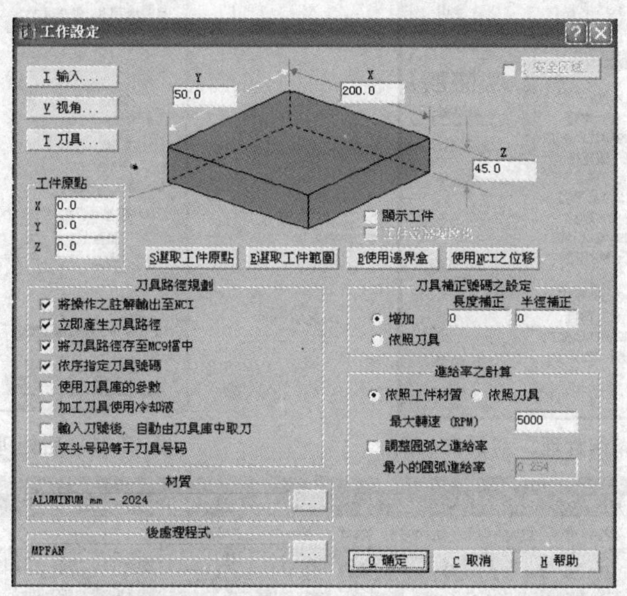

图 12-19 “工作设定”对话框

（八）后置处理

实体验证无误后，需进行后置处理，以生成数控加工程序。其间要选择处理系统，如法拉克、西门子等。自动生成的数控加工程序没有循环指令，都是简单指令。另外，程序中还存在一些和系统不相符的指令，应进行修改，改成相应数控系统的指令。

项目链接

后置处理方法

“刀具路径”→“操作管理”，选择“全选”按钮，选择“后处理”按钮，选择“更改处理程式”按钮，选择处理系统，选择“储存 NC 文档”选项，“确定”，选择路径及文件名，“确定”。

如图 12-20 所示为“操作管理”对话框，如图 12-21 所示为后处理程式对话框，如图 12-22 所示为 NC 程序对话框。

（九）模拟仿真加工

直接调用后置处理生成的数控加工程序，进行程序调试，并模拟仿真加工。模拟加工的操作方法和手动编程一样。重点是程序的调试，要修改程序指令与所选系统不一致的地方。

（十）加工下端

调头设定下端加工，设置方式同上端的加工。该零件上、下对称，所以可使用相同的刀具路径，但外形加工刀具路径要去掉。

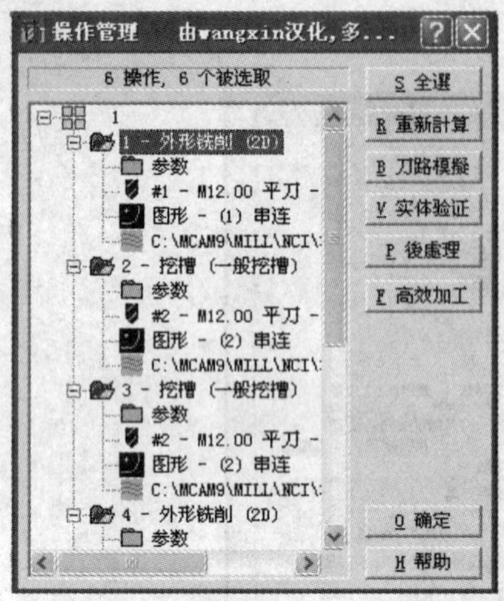

图 12-20 “操作管理”对话框

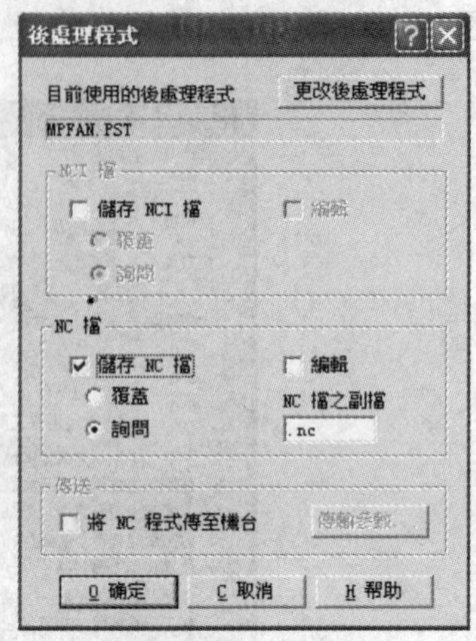

图 12-21 后处理程式对话框

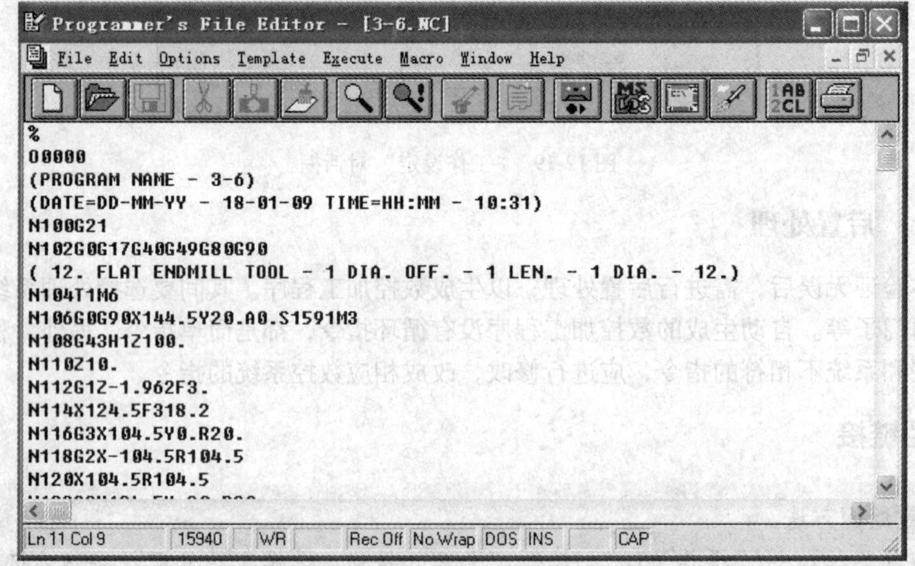

图 12-22 NC 程序对话框

三、项目路径和步骤

1. 项目路径

项目实施路径如图 5-23 所示。

2. 项目步骤

具体项目步骤要求同学习情境五。

四、项目预案

问题一 绘制拉伸实体时，使用串连选择旋转图素时，图形不能被完全串连选中。

解决措施：使用“修整”→“修剪延伸”→“两个物体”命令，选择两两相交的图素，使图形线形所有相交点完全相交。

问题二 刀具路径设定无误，但在进行实体验证时，刀具不在毛坯的正确位置上加工。

解决措施： 在实体验证前，要利用边界盒移动工件，把工件的上表面的中心点设定为（0，0，0,）；在验证时，利用“实体验证”对话框中的参数设定，设定毛坯的位置坐标关于X、Y、Z轴对称。

五、项目实施

1. 组织形式

每三位同学一组，每组1台加工中心，3台计算机。

2. 生产准备

每工位配备实训用品一套。刀具准备清单见表12-1。

表12-1 刀具准备清单

序号	名称	规格	材料	数量	备注
1	立铣刀	ϕ12mm	高速钢	1	
2	键槽铣刀	ϕ10mm	高速钢	1	
3	键槽铣刀	ϕ4mm	高速钢	1	
4	键槽铣刀	ϕ2mm	高速钢	1	
5	面铣刀	ϕ37.5mm	高速钢	1	

设备选用清单见表8-6。工具、量具准备清单见表8-7。

六、项目评价

项目评价见表12-2。

表12-2 项目评价表

项目编号			学生加工时间	5.3学时		学生姓名		总分	
类别	序号	评价项目	评价内容及要求	评分标准	配分	学生自评	学生互评	教师评价	得分
技术考评	1	外形尺寸	(20 ± 0.02)mm	超差0.01扣2分	10				
	2		(12 ± 0.02)mm	超差0.01扣2分	10				
	3		$\phi32_{-0.025}^{\ 0}$mm	超差0.01扣2分	10				
	4		$R11_{\ 0}^{+0.025}$mm	超差0.01扣2分	10				
	5		一般公差尺寸	超差无分	5				
	6	长度、厚度尺寸	(150 ± 0.1)mm	超差无分	5				
	7		(90 ± 0.05)mm	超差无分	5				
	8		(35 ± 0.025)mm两处	超差无分	5				
	9		一般公差尺寸	超差无分	5				
	10	其他尺寸	R25mm、R6mm、R15mm、R16mm	超差无分	20				
	11		R_a3.2μm	每降一级扣1分	5				
	12	尺寸检测	自检尺寸正确	不正确无分	5				
	13	完成时间	按时完成任务	不按时完成无分	5				

（续）

类别	序号	评价项目	评价内容及要求	评分标准	配分	学生自评	学生互评	教师评价	得分
非技术考评	14	安全生产	遵守机床安全操作规程	不遵守酌情扣 1 ~ 5 分					
	15	文明生产	遵守文明生产规则	不遵守酌情扣 1 ~ 5 分					
	16	环保生产	遵守环保生产规则	不遵守酌情扣 1 ~ 5 分					
	17	其他		酌情扣 1 ~ 5 分					

注：1. 发生人身和设备事故时，应立即向指导教师报告，由指导教师组织学生立即报警抢救，并及时向主管领导汇报。

2. 严重违反工艺原则和情节严重的野蛮操作等，由指导教师按实习管理制度进行处理。

七、项目作业（课外完成）

完成如图 12-23 所示专用扳手的工艺方案制定、实体构造与自动编程。

八、项目拓展

1）除给定的两种加工工艺方案外，再拟定一种或两种可行的方案，并对比拟定的方案与给定的方案。

2）外形线可用其他方法绘制；实体还可以用曲面绘制，再转化成实体，试用其他方法绘制外形线和构造实体。

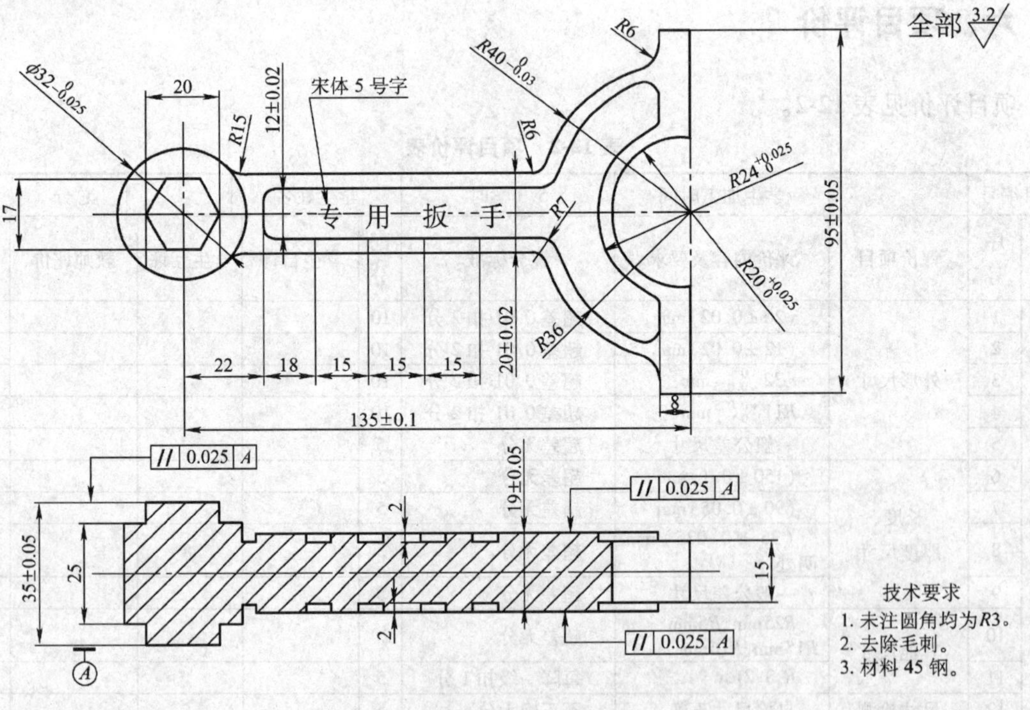

图 12-23　专用扳手

学习情境十三　内轮廓零件的实体构造与加工中心自动编程加工

一、项目要求

以图 13-1 所示的壳体的实体构造与内轮廓自动编程加工为例，使学生学会加工中心内轮廓零件的实体构造和自动编程加工。

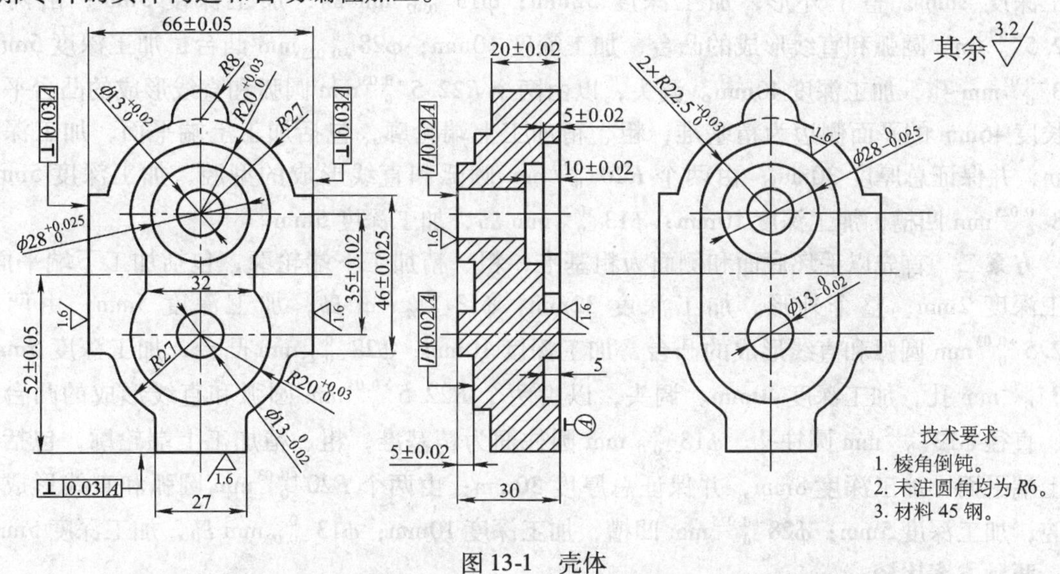

图 13-1　壳体

（1）时间要求　16 学时。

（2）质量要求　使用 MasterCAM 软件设定出壳体零件的正确加工刀具路径，然后进行后置处理，生成数控加工程序，并将数控加工程序传至加工中心，加工出合格的零件。

（3）安全、文明、环保要求　按照各项要求进行项目作业。具体内容见情境一项目二。

二、项目分析

（一）图样分析

（1）加工部位　包括由四个 $R27$mm 圆弧、$R8$mm 圆弧、直线和 $R6$mm 圆角组成的外形，$\phi28^{+0.025}_{0}$mm 凹槽，$\phi13^{+0.02}_{0}$mm 孔，由两个 $R20^{+0.03}_{0}$mm 圆弧和直线形成的型腔，$\phi13^{0}_{-0.02}$mm 圆柱形岛，$\phi28^{0}_{-0.025}$mm 凸台，以及由两个 $R22.5^{+0.03}_{0}$mm 圆弧和直线形成的凸台。

（2）精度与表面质量分析　图样中有 16 处尺寸精度较高，精度等级达到 IT7 ~ IT8，包

括圆及圆弧尺寸 $\phi13^{+0.02}_{0}$ mm 孔、$\phi13^{0}_{-0.02}$ mm 岛，$\phi28^{+0.025}_{0}$ mm 凹槽、$\phi28^{0}_{-0.025}$ mm 凸台、$R20^{+0.03}_{0}$ mm 型腔、$R22.5^{+0.03}_{0}$ mm 凸台；位置尺寸(35 ±0.02)mm、(52 ±0.05)mm 的中心距；槽深尺寸(5 ±0.02)mm、(10 ±0.02)mm；凸台高度尺寸(5 ±0.02)mm；宽度、厚度及长度尺寸(66 ±0.05)mm、(46 ±0.025)mm、(20 ±0.02)mm。另外还有五个位置精度（三个垂直度、两个平行度）要求。表面粗糙度要求较高，有六处要求 R_a 1.6μm，其余要求 R_a 3.2μm。加工这些部位的时候应采用粗加工、精加工的加工顺序，粗加工后停车进行工件的测量，需要调整刀补的地方及时调整，然后进行精加工。

（二）方案分析

方案一 首先以毛坯底面和侧面为粗基准，粗、精加工下端轮廓，包括加工下端平面，加工深度 2mm；整个外形，加工深度 32mm；$\phi13^{0}_{-0.02}$ mm 岛，加工深度 5mm；由两个 $R22.5^{+0.03}_{0}$ mm 圆弧和直线形成的凸台，加工深度 10mm；$\phi28^{0}_{-0.025}$ mm 凸台，加工深度 5mm；$\phi13^{+0.02}_{0}$ mm 孔，加工深度 40mm。调头，以由两个 $R22.5^{+0.03}_{0}$ mm 圆弧和直线形成的凸台平面和长度 46mm 的平面侧边为精基准，粗、精加工上端轮廓，包括加工上端平面，加工深度 8mm，并保证总厚度 30mm；由两个 $R20^{+0.03}_{0}$ mm 圆弧和直线形成的型腔，加工深度 5mm；$\phi28^{+0.025}_{0}$ mm 凹槽，加工深度 10mm；$\phi13^{0}_{-0.02}$ mm 岛，加工深度 5mm。

方案二 首先以毛坯底面和侧面为粗基准，粗、精加工下端轮廓，包括加工下端平面，加工深度 2mm；整个外形，加工深度 32mm；$\phi13^{0}_{-0.02}$ mm 岛，加工深度 5mm；由两个 $R22.5^{+0.03}_{0}$ mm 圆弧和直线形成的凸台，加工深度 10mm；$\phi28^{0}_{-0.25}$ mm 凸台，加工深度 5mm；$\phi13^{+0.02}_{0}$ mm 孔，加工深度 40mm。调头，以由两个 $R22.5^{+0.03}_{0}$ mm 圆弧和直线形成的凸台平面、直径 $\phi13^{+0.02}_{0}$ mm 圆柱孔、$\phi13^{0}_{-0.02}$ mm 圆柱面为精基准，粗、精加工上端轮廓，包括加工上端平面，加工深度 8mm，并保证总厚度 30mm；由两个 $R20^{+0.03}_{0}$ mm 圆弧和直线形成的型腔，加工深度 5mm；$\phi28^{+0.025}_{0}$ mm 凹槽，加工深度 10mm；$\phi13^{0}_{-0.02}$ mm 岛，加工深度 5mm。

两种方案比较：

数控加工属于半自动化加工，适合采用集中工序。由零件图样加工部位分析可知，该零件属于平面类内轮廓加工，适合铣削加工。由零件图样精度和表面质量分析可知，应采用粗铣、精铣两个加工阶段。两种方案都采用了工序集中的原则，也都采用数控铣削加工，且分为粗铣、精铣两个阶段。

两种方案选用的加工顺序相同，但定位基准却不相同。方案一以毛坯底面和侧面为粗基准，粗、精加下端轮廓，然后调头，以两个 $R22.5^{+0.03}_{0}$ mm 圆弧和直线形成的凸台平面和长度 46mm 的平面侧边为精基准定位夹紧，粗、精加工上端轮廓，精基准选择两个平面，限制五个自由度，属于不完全定位；但满足加工要求，符合基准统一原则，定位面大，定位精度高，受力情况好，不易产生振动，所有的外形均可以一次装夹加工完成，易于保证加工精度。由于不满足基准重合原则（设计基准是中心线，定位基准侧面），存在基准不重合定位误差，但可选用通用夹具台虎钳装夹。方案二以毛坯底面和侧面为粗基准，粗、精加工下端轮廓，然后调头，以两个 $R22.5^{+0.03}_{0}$ mm 圆弧与直线形成的凸台平面、直径 $\phi13^{0}_{-0.02}$ mm 圆柱面、直径 $\phi13^{+0.02}_{0}$ mm 圆柱孔为精基准定位夹紧，粗、精加工下端轮廓，精基准选择是典型的一面两孔，可限制六个自由度。精基准不但满足基准统一原则，也满足基准重合原则

(设计基准和定位基准都是中心线)，可以避免基准不重合定位误差，能很好地保证加工精度。但这种定位方法只能使用专用夹具。综合考虑，这两种方案都能满足定位夹紧和加工的要求，由于该件为单件生产，方案一更合理，所以选用方案一。

(三) 夹具分析

加工中心常用夹具及其适用场合见表 8-2。

该项目的零件为一般平面类零件，查表 8-2，可选择的夹具有压板、台虎钳、专用夹具，以及组合夹具。由于该件为单件生产，不宜选用专用夹具和组合夹具。由加工方案可知，应使用底平面和侧面作为定位基准进行加工，而用压板时，该零件侧面不能全部加工，因此最好选择通用夹具台虎钳；其定位、装夹简单，定位精度比较高。

(四) 刀具、材料、切削用量分析

刀具、切削用量应根据工件材料来选择。几种常用材料的刀具、切削用量见表 8-3 和表 8-4。

刀具类型要根据加工的工件表面类型来选取。常用铣刀的类型及其适用的加工表面见表 8-5。

由表 8-5 分析，加工外形时用立铣刀、加工岛时用键槽铣刀、加工端平面时用面铣刀、加工凹槽时用键槽铣刀。

铣刀一般为整体式刀具，所以一般为高速钢刀具。由于加工材料为 45 钢，粗加工时，刀具选用 ϕ12mm 立铣刀。根据材料和刀具特性，由表查得 v_c、f_z 数值，再按公式计算，得 n = 300 ~ 900r/mim，n 取小值，v_f = 80 ~ 200mm/min，a_P：2 ~ 3mm；精加工时，n = 300 ~ 900r/mim，n 取大值，v_f = 30 ~ 60mm/min，a_P = 0.2 ~ 0.6mm。根据具体情况从上述范围中选取合适的数值，如粗加工时的主轴转速 n = 500r/min，v_f = 100mm/min；精加工时，n = 800r/min，v_f = 30mm/min。在加工时，主轴转速及进给速度可通过操作面板上的“倍率”按钮随时调整。

(五) 实体构造

1. 先绘制零件的二维线形

首先设置构图面、视角及 Z 工作深度，用点画线型绘制中心线；用直线、矩形、圆、圆弧等命令绘制基本图形；用倒圆角、修剪等命令进行编辑，最后绘制成二维线形。

(1) 设置构图面、视角及 Z 工作深度

项目链接

1. 设置构图面

构图面是绘制图形的二维平面，可以定义在三维空间的任何地方。它依赖于图形视角的设置。

构图面和图形视角的关系：构图面是绘图平面，而视角是把哪个平面作为观看视图。

默认的构图原点和系统的原点是相同的 (X0，Y0，Z0)，它是绘制所有图形固定的参考点。

"构图面"菜单的内容

(1) 三维空间构图面　以系统原点为原点的空间绘图。

(2) 俯视图/正视图/侧视图构图面　选择俯视图、正视图、侧视图构图面来绘制图形。

(3) 视图号构图面　设置构图面在预先定义的视图号上。有八种标准视图号构图面,具体包括:

1——俯视图构图面;

2——正视图构图面;

3——后视图构图面;

4——仰视图构图面;

5——左侧视图构图面;

6——右侧视图构图面;

7——等轴视图构图面;

8——轴向视图构图面。

(4) 上一视图构图面　选择上次选定的构图面。

(5) 图素定面　以现有的图素(一个平的图素、两直线或三个点)来设置构图面,具体包括:

1) 一个平的图素定面——设置的构图面是一个单一的图素。可以选择一个二维Spline,一个圆弧,或是其他任何一个位于平面上的单一图素。

2) 两线定面——设置的构图面是用屏幕上已存在的两条线构建的一个平面。选择的顺序很重要,第一条线设定X的正方向和构图面的工作深度,第二条线设定Y的正方向,如图13-2所示。

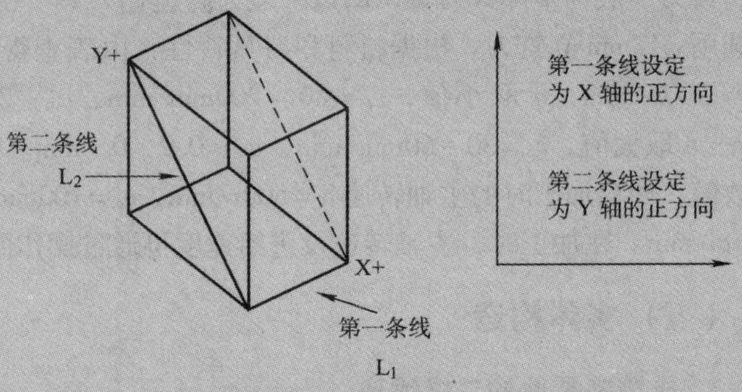

图13-2　两线定面设定构图面

3) 三点定面——设置的构图面是三点形成的平面,该三点是不共线的。

★设置过程:"构图面"→"图素定面",仅某图素,选择图素,选择"下一个"或"储存"。

(6) 旋转定面　旋转现有的构图面至一个给定的角度来设置一个新的构图面。输入的角度为正值时,是逆时针方向;负值则为顺时针方向。

当选该命令时,一个三维轴的图像出现在绘图区,显示现在的构图面。

旋转视角过程:

1) X+ up 是设在XZ平面的旋转角度,其角度是目前设置的视角。X轴正方向为0°,XZ平面绕Y轴逆时针方向旋转的角度为正,顺时针方向的旋转角度为负。

2) Y+ up 是设在YZ平面的旋转角度,其角度是目前设置的视角。Y轴正方向为0°,YZ平面绕X轴逆时针方向旋转的角度为正,顺时针方向的旋转角度为负。

3）About Z 是设在 XY 平面的旋转角度，其角度是目前设置的视角。Z 轴正方向为 0°，XY 平面绕 Z 轴逆时针方向旋转的角度为正，顺时针方向的旋转角度为负。

★选择以上的任一项，在提示行出现“输入旋转角度”后，输入正的角度表示逆时针旋转，输入负的角度表示顺时针旋转。

4）Save （储存）。按以上的方法设置好旋转角度，然后用鼠标单击 Save ，表示储存已设置的角度。

（7）法向面设定　设定直线的法线面为构图面。

（8）图形视角　以视角面为构图面。

（9）刀具平面　以选择的刀具面为构图面。

视角设置的方法和构图面设置的方法相同。

2. 设 Z 工作深度

工作深度是相对于系统的原点（X0，Y0，Z0）来定义的，设定过程为：单击“Z：0.00”按钮，输入 Z 深度值并按“Enter”键，或用鼠标选择屏幕上的相应点。

1）选择等角视图和正视图构图面。用鼠标点击等角视图和正视图构图面图标。

2）设定 Z 工作深度。单击“Z：0.00”按钮，输入 Z 深度值 0，并按“Enter”键。

（2）将线型改成点画线型，绘制中心线

1）“绘图”→“直线”→“水平线”，输入 X－40、X40，Y 坐标 0，输入 X－30、X30，Y 坐标－17.5，输入 X－30、X30，Y 坐标 17.5。

2）“绘图”→“直线”→“垂直线”，输入 Y－60、Y60，X 坐标 0。

（3）将线型改成粗实线型，绘制其他线形

1）绘制圆。“绘图”→“圆”→“点半径圆”，输入半径 6.5，输入中点坐标（0，17.5），“上层功能表”，输入半径 14，输入中点坐标（0，17.5），“上层功能表”，输入半径 20，输入中点坐标（0，17.5），“上层功能表”，输入半径 27，输入中点坐标（0，17.5），“上层功能表”，输入半径 6.5，输入中点坐标（0，－17.5），“上层功能表”，输入半径 20，输入中点坐标（0，－17.5），“上层功能表”，输入半径 27，输入中点坐标（0，－17.5），“上层功能表”，输入半径 8，输入中点坐标（0，44.5），“上层功能表”。

2）绘制直线。

①“绘图”→“直线”→“垂直线”，输入 Y－23、Y23，X 坐标 33；输入 Y－23、Y23，X 坐标－33；输入 Y－40、Y52，X 坐标－13.5；输入 Y－40、Y52，X 坐标 13.5；输入 Y－20、Y20，X 坐标－16；输入 Y－20、Y20，X 坐标－16。

②“绘图”→“直线”→“水平线”，输入 X－13、X13，Y 坐标－52；输入 X－33、X－25，Y 坐标－23；输入 X－33、X－25，Y 坐标 23；输入 X33、X25，Y 坐标－23；输入 X33、X25，Y 坐标 23。

（4）修剪图形　“修整”→“修剪延伸”→“一个物体”，选择一条线为边界，选择要修剪为图素，……。

（5）倒圆角　“绘图”→“倒圆角”→“圆角半径”，输入 R6，单击圆角角度并设定为 S，设定修整方式为修剪，选择要倒圆角的图素。

（6）设定Z工作深度　单击“Z：0.00”按钮，输入Z深度值“－20”并按“Enter”键。

（7）绘制直线　“绘图”→“直线”→“垂直线”，输入Y－17.5、Y17.5，X坐标－22.5；输入Y－17.5、Y17.5，X坐标22.5。

（8）绘制圆　“绘图”→“圆”→“两点圆”，单击两垂直线的两个端点，输入半径R22.5；单击两垂直线的另两个端点，输入半径R22.5。

（9）设定Z工作深度　单击“Z：0.00”按钮，输入Z深度值“－25”并按“Enter”键。

（10）绘制圆　“绘图”→“圆”→“点半径圆”，输入半径6.5，输入中点坐标（0，－17.5），“上层功能表”，输入半径14，输入中点坐标（0，17.5），“上层功能表”。

绘制的壳体二维图形如图13-3所示。

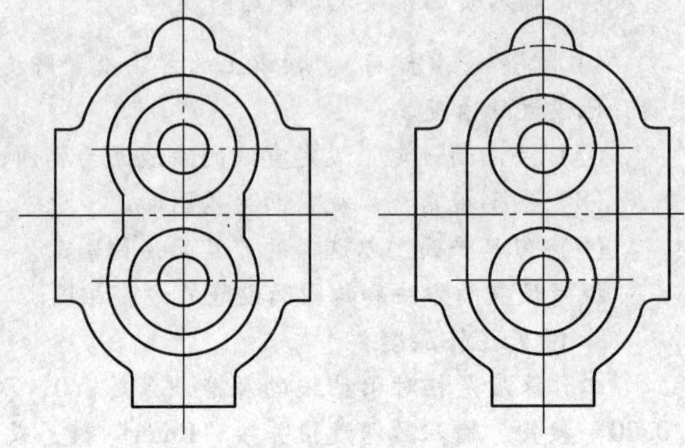

图13-3　壳体二维图形

2. 绘制实体（拉伸）

1）“实体”→“挤出”，选择串连图素整个外形线为拉伸截面，选择拉伸方向向下，“执行”，设定实体参数为产生主体，设定挤出距离为20，设定不产生薄壁，“确定”。

2）“实体”→“挤出”，选择*R*20mm圆弧及直线组成的串连图素为拉伸截面，选择拉伸方向向下，“执行”，设定实体参数为切割主体，设定挤出距离为5，设定不产生薄壁，“确定”。

3）“实体”→“挤出”，选择*R*14mm圆为拉伸截面，选择拉伸方向向下，“执行”，设定实体参数为切割主体，设定挤出距离为10，设定不产生薄壁，“确定”。

4）“实体”→“挤出”，选择*R*6.5mm圆为拉伸截面，选择拉伸方向向下，“执行”，设定实体参数为增加凸缘，设定挤出距离为5，设定不产生薄壁，“确定”。

5）“实体”→“挤出”，选择*R*22.5mm圆弧及直线组成的串连图素为拉伸截面，选择拉伸方向向下，“执行”，设定实体参数为增加凸缘，设定挤出距离为5，设定不产生薄壁，“确定”。

6）“实体”→“挤出”，选择*R*14mm圆为拉伸截面，选择拉伸方向向下，“执行”，设定实体参数为增加凸缘，设定挤出距离为10，设定不产生薄壁，“确定”。

7）“实体”→“挤出”，选择*R*6.5mm圆为拉伸截面，选择拉伸方向向下，“执行”，设定实体参数为切割主体，设定挤出距离为30，设定不产生薄壁，“确定”。

8）“实体”→“挤出”，选择*R*6.5mm圆为拉伸截面，选择拉伸方向向下，“执行”，设定实体参数为增加凸缘，设定挤出距离为5，设定不产生薄壁，“确定”。

（六）刀具路径设定

由工艺分析可知，需先粗铣、精铣下端轮廓，然后调头粗铣、精铣上端轮廓。对于自动加工，需调头加工时，应保存两个文件，并把实体上、下调头。

1. 设置外形粗、精铣刀具路径

（1）铣外轮廓 “刀具路径”→“外形铣削”，串连选择外面所有轮廓作为图素，“执行”，从刀库选择 ϕ12mm 立铣刀。

（2）设置刀具参数 刀具号码：1；补偿号码：1；进给率：100.0；Z 轴进给率：100.0；提刀速率：200.0；主轴转速：500；主轴最大转速：2000；切削液：喷油；程序号码：10；起始行号：100；行号增量：2。

（3）设置外形铣削参数 安全高度：100.0；参考高度：5.0；进给下刀位置：5.0；要加工的表面：0.0；切削深度：-33；补正位置控制器：左补正；刀具走圆弧在转角处：全走圆角；XY 方向预留量：0；Z 方向预留量：0。

（4）设置 XY 平面分次铣削参数 粗铣次数：1；粗铣间距：5.0；精修次数：1；精修间距：0.5；每层精修；不提刀。

（5）设置 Z 轴分层铣削参数 最大粗切量：3.0；精修次数：1；精修量：0.5；按轮廓；不提刀。

（6）打开进、退刀向量选项

2. 设置凸台粗、精铣刀具路径

（1）加工由 R22.5mm 圆弧及直线组成图形的凸台

1）“刀具路径”→“挖槽加工”，串连选择外轮廓图形和由 R22.5mm 圆弧及直线组成图形作为图素，“执行”，从刀库选择 ϕ6mm 键槽铣刀。

2）设置刀具参数。刀具号码：2；补偿号码：2；进给率：100.0；Z 轴进给率：100.0；提刀速率：200.0；主轴转速：500；主轴最大转速：2000；切削液：喷油；程序号码：20；起始行号：200；行号增量：2；刀具直径：6。

3）设置挖槽铣削参数。安全高度：100.0；参考高度：5.0；进给下刀位置：5.0；要加工的表面：0.0；切削深度：-5；补正位置控制器：右补正；刀具走圆弧在转角处：全走圆角；XY 方向预留量：0；Z 方向预留量：0。

4）设置挖槽精修铣削参数。选择等距环切；精修次数：1；间距：0.25；选择刀具路径最佳化；不提刀。

5）设置分层铣削参数 最大粗切量：3.0；精修次数：1；精修量：0.25；按轮廓；不提刀。

6）打开进、退刀向量选项。

（2）加工 ϕ28mm 圆形凸台

1）“刀具路径”→“挖槽加工”，串连选择由 R22.5mm 圆弧及直线组成图形、ϕ28mm 圆和 ϕ13mm 圆作为图素，“执行”，从刀库选择 ϕ6mm 键槽铣刀。

2）设置刀具参数。刀具号码：2；补偿号码：2；进给率：100.0；Z 轴进给率：100.0；提刀速率：200.0；主轴转速：500；主轴最大转速：2000；切削液：喷油；程序号码：30；起始行号：300；行号增量：2；刀具直径：6。

3）设置挖槽铣削参数。安全高度：100.0；参考高度：5.0；进给下刀位置：5.0；要加工的表面：0.0；切削深度：-10。其余参数同 R22.5mm 圆弧及直线组成圆形的凸台加工。

3. 设置铣凹槽刀具路径

（1）加工由 R20mm 圆弧及直线组成图形的凹槽

1）“刀具路径”→“挖槽加工”，串连选择由 R20mm 圆弧及直线组成图形和 ϕ13mm 圆作为图素，“执行”，从刀库选择 ϕ6mm 键槽铣刀。

2）设置刀具参数。刀具号码：2；补偿号码：2；进给率：100.0；Z 轴进给率：100.0；提刀速率：200.0；主轴转速：500；主轴最大转速：2000；切削液：喷油；程序号码：40；起始行号：400；行号增量：2；刀具直径：6。

3）设置挖槽铣削参数。安全高度：100.0；参考高度：5.0；进给下刀位置：5.0；要加工表面：0.0；切削深度：-5；补正位置控制器：右补正；刀具走圆弧在转角处：全走圆角；XY 方向预留量：0；Z 方向预留量：0。

4）设置挖槽精修铣削参数。选择等距环切；精修次数：1；间距：0.25；选择刀具路径最佳化；不提刀。

5）设置分层铣削参数。最大粗切量：3.0；精修次数：1；精修量：0.25；按轮廓；不提刀。

6）打开进、退刀向量选项。

（2）加工 ϕ28mm 圆形凹槽

1）“刀具路径”→“挖槽加工”，串连选择 ϕ28mm 圆作为图素，“执行”，从刀库选择 ϕ6mm 键槽铣刀。

2）设置刀具参数。刀具号码：2；补偿号码：2；进给率：100.0；Z 轴进给率：100.0；提刀速率：200.0；主轴转速：500；主轴最大转速：2000；切削液：喷油；程序号码：50；起始行号：500；行号增量：2；刀具直径：6。

3）设置挖槽铣削参数。安全高度：100.0；参考高度：5.0；进给下刀位置：5.0；要加工的表面：0.0；切削深度：-10。其余参数同 R20mm 圆弧及直线组成图形的凹槽加工。

（3）加工 ϕ13mm 圆形孔

1）“刀具路径”→“挖槽加工”，串连选择 ϕ13mm 圆作为图素，“执行”，从刀库选择 ϕ6mm 键槽铣刀。

2）设置刀具参数。刀具号码：2；补偿号码：2；进给率：100.0；Z 轴进给率：100.0；提刀速率：200.0；主轴转速：500；主轴最大转速：2000；切削液：喷油；程序号码：60；起始行号：600；行号增量：2；刀具直径：6。

3）设置挖槽铣削参数。安全高度：100.0；参考高度：5.0；进给下刀位置：5.0；要加工表面：0.0；切削深度：-35。其余参数同 R20mm 圆弧及直线组成图形的凹槽加工。

加工顺序按工艺方案确定的方式进行。

（七）刀具路径检验

刀具路径检验前，应先设定毛坯的形状、大小，以及工件的原点。对于该零件，应选择立方体毛坯，中心为上端面的中心，大小设定为 X70，Y110，Z40。运用边界盒，将零件的刀具路径原点（即零件的上端面的中心点）移动到数控系统原点。验证如果有错误，使用“刀具路径”→“管理命令”进行修改。操作过程同学习情境十二。

（八）后置处理

操作过程同学习情境十二。

（九）模拟仿真加工

操作过程同学习情境十二。

三、项目路径和步骤

1. 项目路径

项目实施路径如图 5-23 所示。

2. 项目步骤

4）构造零件实体。(2.5 学时)

5）设置加工刀具路径。(3 学时)

6）生成数控加工程序。(1 学时)

8）加工零件。(5.8 学时)

其他具体项目步骤要求同学习情境五。

四、项目预案

问题一 绘制拉伸实体时，不能产生凹槽或凸台。

解决措施：使用拉伸实体产生凸台时，应选择增加凸缘；要产生凹槽应选择切割物体。如果还是不能产生，选择更改方向。

问题二 绘制的图形不能分层，都在一个高度上。

解决措施：在绘制下层图形时，一定要先设定 Z 工作深度；在转换使用不同的视角后，要重新设定构图面和 Z 工作深度。

五、项目实施

1. 组织形式

每三位同学一组，每组 1 台加工中心，3 台计算机。

2. 生产准备

每工位配备实训用品一套。刃具准备清单见表 13-1。

表 13-1 刃具准备清单

序 号	名 称	规 格	材 料	数 量	备 注
1	立铣刀	ϕ12mm	高速钢	1	
2	键槽铣刀	ϕ6mm	高速钢	1	
3	面铣刀	ϕ35mm	高速钢	1	

设备选用清单见表 8-6。工具、量具准备清单见表 8-7。

六、项目评价

项目评价见表13-2。

表13-2　项目评价表

项目编号			学生加工时间	5.8学时	学生姓名			总分	
类别	序号	评价项目	评价内容及要求	评分标准	配分	学生自评	学生互评	教师评价	得分
技术考评	1	外形尺寸	$\phi28^{+0.025}_{0}$mm	超差0.01扣2分	5				
	2		$\phi28^{0}_{-0.025}$mm	超差0.01扣2分	5				
	3		$\phi13^{+0.02}_{0}$mm	超差0.01扣2分	5				
	4		$\phi13^{0}_{-0.025}$mm	超差0.01扣2分	5				
	5		$R22.5^{+0.03}_{0}$mm(两处)	超差0.01扣2分	5				
	6		$R20^{+0.03}_{0}$mm(两处)	超差0.01扣2分	5				
	7		一般公差尺寸	超差无分	5				
	8	长度、厚度、深度及高度尺寸	(66±0.05)mm	超差无分	5				
	9		(20±0.02)mm	超差0.01扣2分	5				
	10		(10±0.02)mm	超差0.01扣2分	5				
	11		(5±0.02)mm(两处)	超差0.01扣2分	5				
	12		(52±0.05)mm	超差无分	5				
	13		(46±0.025)mm	超差无分	5				
	14		(35±0.02)mm	超差无分	5				
	15		一般公差尺寸	超差无分	5				
	16	其他尺寸	R6mm	超差无分	5				
	17		R_a 1.6μm	每降一级扣1分	5				
	18		R_a 3.2μm	每降一级扣1分	5				
	19	尺寸检测	自检尺寸正确	不正确无分	5				
	20	完成时间	按时完成任务	不按时完成无分	5				
非技术考评	21	安全生产	遵守机床安全操作规程	不遵守酌情扣1~5分					
	22	文明生产	遵守文明生产规则	不遵守酌情扣1~5分					
	23	环保生产	遵守环保生产规则	不遵守酌情扣1~5分					
	24	其他		酌情扣1~5分					

注：1. 发生人身和设备事故时，应立即向指导教师报告，由指导教师组织学生立即报警抢救，并及时向主管领导汇报。

2. 严重违反工艺原则和情节严重的野蛮操作等，由指导教师按实习管理制度进行处理。

七、项目作业（课外完成）

完成图 13-4 所示特制壳体的工艺方案制定、实体构造与自动编程。

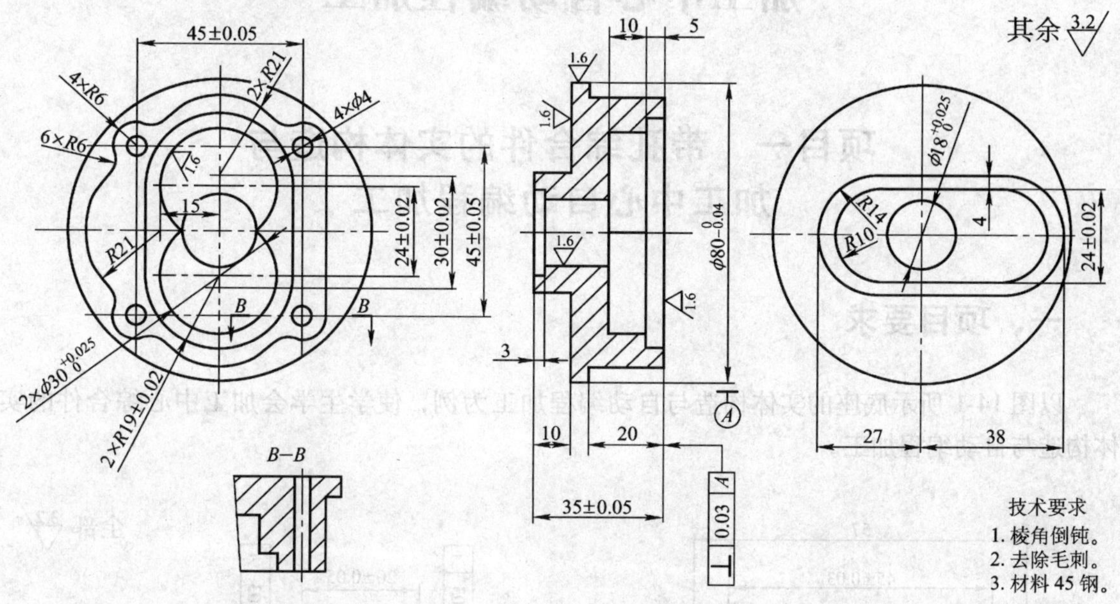

图 13-4　特制壳体

八、项目拓展

1）除给定的两种加工工艺方案外，再拟定一种或两种可行的方案，并对比拟定的方案与给定的方案。

2）拉伸实体还可以用扫描实体完成，试用扫描实体的方法拉伸实体。

学习情境十四　综合零件的实体构造与加工中心自动编程加工

项目一　带孔综合件的实体构造与加工中心自动编程加工

一、项目要求

以图 14-1 所示底座的实体构造与自动编程加工为例，使学生学会加工中心综合件的实体构造与自动编程加工。

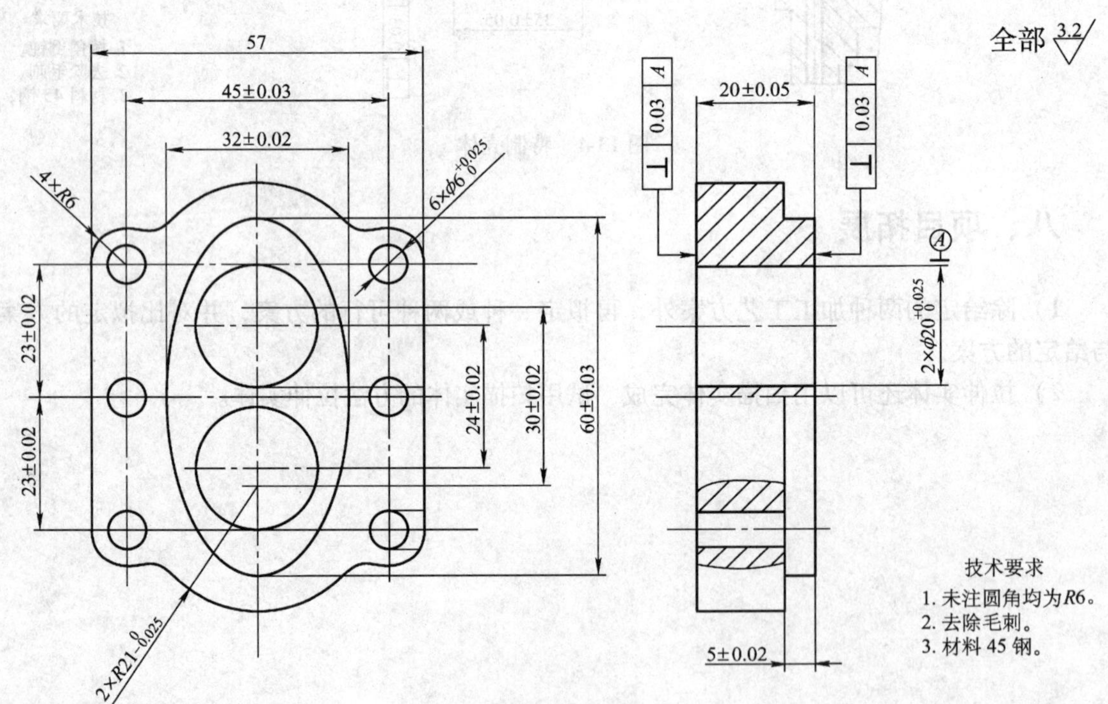

图 14-1　底座

（1）时间要求　10 学时。

（2）质量要求　使用 MasterCAM 软件设定出底座零件的正确加工刀具路径，然后进行后置处理，生成数控加工程序，并将数控程序传至加工中心，加工出合格的零件。

(3) 安全、文明、环保要求　按照各项要求进行项目作业。具体内容见情境一项目二。

二、项目分析

(一) 图样分析

(1) 加工部位　包括由直线、八个 $R6$mm、两个 $R21$mm 圆弧组成的外形，32mm × 60mm 的椭圆凸台，两个 $\phi20$mm 圆柱孔，六个 $\phi6$mm 通孔以及两个端平面。

(2) 精度和表面质量分析　图样中有 12 处尺寸精度较高，精度等级达到 IT7 ~ IT8 级，包括两个 $\phi20^{+0.025}_{0}$mm 圆柱孔、六个 $\phi6^{+0.025}_{0}$mm 圆柱孔、(32 ±0.02)mm × (60 ±0.03)mm 椭圆凸台、$R21^{0}_{-0.025}$mm 圆柱面，五个孔中心距(45 ±0.03)mm、(24 ±0.02)mm、(30 ±0.02)mm、两个(23 ±0.02)mm 尺寸，以及(5 ±0.02)mm 的台阶高度、(20 ±0.05)mm 的厚度。另外还有两个垂直度要求，精度等级为 IT7 级。表面粗糙度要求较高，全部要求 R_a 3.2μm。加工这些部位的时候，应采用粗加工、精加工两个阶段，粗加工后停车进行工件的测量，需要调整刀补的地方及时调整，然后进行精加工。

(二) 方案分析

方案一　首先以毛坯底面和侧面为粗基准，粗、精加工上端轮廓，包括整个外形，加工深度 23mm；椭圆凸台，加工深度 7mm；两个 $\phi20^{+0.025}_{0}$mm 圆柱孔，加工深度为 30mm；六个 $\phi6^{+0.025}_{0}$ mm 孔，加工深度为 30mm；加工上端平面，加工深度 2mm。调头，以椭圆的底面和平侧面为精基准，粗、精加工下端平面，加工深度 8mm，保证总厚度(20 ±0.05)mm。

方案二　首先以毛坯底面和侧面为粗基准，粗、精加工下端轮廓，包括整个外形，加工深度 23mm；加工上端平面，加工深度 2mm。调头，以底面和平侧面为精基准，加工上端轮廓；粗、精加工下端平面，加工深度 8mm，保证总厚度(20 ±0.05)mm；再加工椭圆凸台，加工深度 5mm；两个 $\phi20^{+0.025}_{0}$ mm 圆柱孔，加工深度为 30mm；六个 $\phi6$mm 孔，加工深度为 30mm。

两种方案比较：

数控加工属于半自动化加工，适合采用集中工序。由零件图样加工部位分析可知，该零件属于平面类外轮廓加工，适合铣削加工。由零件图样精度和表面质量分析可知，应采用粗铣、精铣的加工阶段。两种方案都采用了工序集中的原则，也都采用数控铣削加工，且分为粗铣、精铣两个阶段。

两种方案选用的加工顺序不同，定位基准也不同。两种方案均可选用台虎钳作为夹具。方案一以毛坯底面和侧面为粗基准，粗、精加工上端轮廓，然后调头，以椭圆的底面和平侧面为精基准定位夹紧，粗、精加工下端平面，加工深度 8mm，保证总厚度(20 ±0.05)mm。该方案精基准选择两个平面，限制五个自由度，满足基准统一原则，定位面大，定位精度高，受力情况好，不易产生振动，但大部分加工是在使用粗基准的状态下完成的，不易于保证加工精度；且在钻孔时使用的是毛坯面，钻孔时不易保证位置精度。方案二以毛坯底面和侧面为粗基准，粗、精加工下端轮廓。然后调头，以底面和平侧面为精基准加工上端轮廓。该方案精基准选择和方案一基本相同，具有方案一所具有的优点，同时，由于该方案钻孔时使用的是精加工表面作基准，比较容易保证孔之间的位置精度。经综合分析，两种方案都能满足定位夹紧和加工的要求，由于该件为单件生产，方案二更合理。

（三）夹具分析

加工中心常用夹具及其适用场合见表 8-2。

该项目零件为一般平面类零件，主要加工外形、上下平面和孔，查表 8-2，可选择的夹具有压板、台虎钳、专用夹具及组合夹具。由于该件为单件生产，故不宜选用专用夹具和组合夹具。由于加工上端轮廓时，使用底平面和侧面作为粗定位基准进行加工，调头后，主要加工底平面，而用压板加工零件侧面时，不能全部加工，因此最好选择通用夹具台虎钳，其定位、装夹简单，定位精度也比较高。

（四）刀具、材料、切削用量分析

刀具、切削用量应根据工件材料来选择。几种常用材料的刀具、切削用量见表 8-3 和表 8-4。

刀具类型要根据加工的工件表面类型来选取。常用铣刀的类型及其适用的加工表面见表 8-5。

由表 8-5 分析，加工外形时用立铣刀；加工凸台时用键槽铣刀或立铣刀；加工端平面时用面铣刀；加工孔时，为保证位置精度，应先选用中心钻，再用钻头钻孔，为达到孔的尺寸精度，应用铰刀铰孔。

铣刀一般为整体刀具，所以一般为高速钢刀具。由于加工材料为 45 钢，根据材料和刀具特性，查表并计算得，粗加工时可采用 $n = 300 \sim 600\text{r/mim}$，$v_f = 80 \sim 200\text{mm/min}$，$a_P = 5 \sim 10\text{mm}$；半精、精加工时可采用 $n = 600 \sim 1200\text{r/mim}$，$v_f = 30 \sim 60\text{mm/min}$，$a_P = 0.2 \sim 0.6\text{mm}$。根据具体情况从上述范围中选取合适的数值，如粗加工时，$n = 500\text{r/min}$，$v_f = 100\text{mm/min}$；精加工时，$n = 800\text{r/min}$，$v_f = 30\text{mm/min}$。在加工时，主轴转速及进给速度可通过操作面板上的“倍率”按钮随时调整。

（五）实体构造

1. 先绘制零件的二维线形

先用点画线型绘制中心线，再用直线、矩形、点半径圆、圆弧等命令绘制基本图形，用倒圆角、修剪等命令进行编辑，最后绘制成二维线形。

（1）将线型改成点画线型，绘制中心线

1）“绘图”→“直线”→“水平线”，输入 X－30、X30，Y 坐标 0；输入 X－12、X12，Y 坐标 12；输入 X－12、X12，Y 坐标－12；输入 X－30、X30，Y 坐标－23；输入 X－30、X30，Y 坐标 23。

2）“绘图”→“直线”→“垂直线”，输入 Y－40、Y40，X 坐标 0；输入 Y－32、Y32；X 坐标－22.5；输入 Y－32、Y32，X 坐标 22.5。

（2）将线型改成粗实线型，绘制其他线形

1）绘制圆。

①“绘图”→“圆”→“点半径圆”，输入半径3，用鼠标单击六个中点坐标，回上层功能表，输入半径6，用鼠标单击四个中点坐标，回上层功能表，输入半径10，用鼠标单击两个中点坐标，回上层功能表，输入半径21，输入两个中点坐标分别为（0，15）、（0，-15），回上层功能表。

②“绘图”→“圆”→“切弧”→“切两个物体”，选择*R*6mm和*R*21mm圆弧，输入半径6，用鼠标选择要保留的圆弧，回上层功能表，重复上面的操作绘制其余*R*6mm的切弧。

2）绘制切线。“绘图”→“直线”→“切线”→“两个物体”，选择两个*R*6mm圆弧，再选择另外两个*R*6mm圆弧。

项目链接

椭圆的绘制

主菜单“绘图”→“下一页”→“椭圆”。

■画椭圆所需参数——X轴半径；Y轴半径；起始角度；终止角度；旋转角度（定方位）。

3）绘制椭圆。“绘图”→“下一页”→“椭圆”，输入X轴半径16，输入Y轴半径30，输入起始角度0，终止角度360，旋转角度0，选择原点为椭圆的中心点。

（3）修剪图形 “修整”→“修剪延伸”→“一个物体”，选择一条线为边界，选择要修剪为图素，……。

绘制的底座二维图形如图14-2所示。

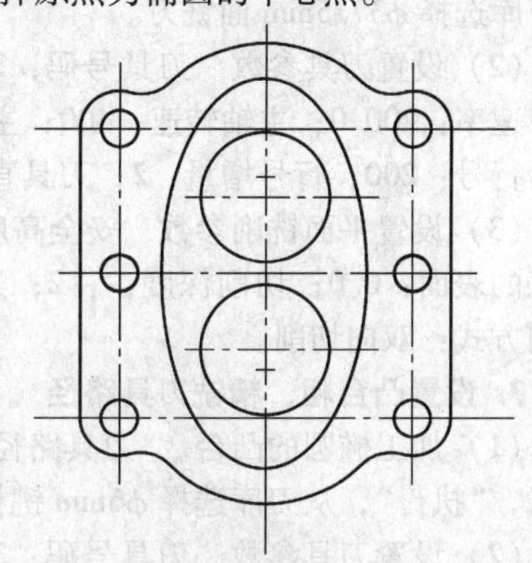

图14-2 底座二维图形

2. 绘制实体（拉伸）

1）“实体”→“挤出”，选择串连图素即整个外形线为拉伸截面，选择拉伸方向向下，“执行”，设定实体参数为产生主体，设定挤出距离为15，设定不产生薄壁，“确定”。

2）“实体”→“挤出”，选择椭圆为拉伸截面，选择拉伸方向向上，“执行”，设定实体参数为增加凸缘，设定挤出距离为5，设定不产生薄壁，“确定”。

3）“实体”→“挤出”，选择两个*R*10mm圆为拉伸截面，选择拉伸方向双向，“执行”，设定实体参数为切割主体，设定挤出距离为20，设定不产生薄壁，“确定”。

4）“实体”→“挤出”，选择六个*R*3mm圆为拉伸截面，选择拉伸方向向下，“执行”，设定实体参数为切割主体，设定挤出距离为15，设定不产生薄壁，“确定”。

（六）刀具路径设定

由工艺分析可知，需先粗铣、精铣下端平面和外形轮廓，然后调头粗铣、精铣上端平面，再加工孔。对于自动加工，需调头加工时，应保存两个文件，并把实体上、下调头。

1. 设置外形粗、精铣刀具路径

（1）铣外轮廓 “刀具路径”→“外形铣削”，选择所有外形轮廓作为图素，方向为顺时针，“执行”，从刀库选择 ϕ12mm 立铣刀。

（2）设置刀具参数 刀具号码：1；补偿号码：1；进给率：80.0；Z 轴进给率：80.0；提刀速率：200.0；主轴转速：400；主轴最大转速：2000；切削液：喷油；程序号码：10；起始行号：100；行号增量：2，刀具直径：12。

（3）设置外形铣削参数 安全高度：100.0；参考高度：5.0；进给下刀位置：5.0；要加工的表面：0.0；切削深度：－23；补正位置控制器：左补正；刀具走圆弧在转角处：全走圆角；XY 方向预留量：0；Z 方向预留量：0。

（4）设置 XY 平面分层铣削参数 粗铣次数：1；粗铣间距：5.0；精修次数：1，精修间距：0.5；每层精修；不提刀。

（5）设置 Z 轴分层铣削参数 最大粗切量：5.0；精修次数：1；精修量：0.5；按轮廓；不提刀。

（6）打开进、退刀向量选项

2. 设置平面铣削的粗、精铣刀具路径

（1）加工下端平面 “刀具路径”→“平面铣削加工”，串连选择外形图素，“执行”，从刀库选择 ϕ37.5mm 面铣刀。

（2）设置刀具参数 刀具号码：2；补偿号码：2；进给率：80.0；Z 轴进给率：50.0；提刀速率：200.0；主轴转速：400；主轴最大转速：2000；切削液：喷油；程序号码：20；起始行号：200；行号增量：2；刀具直径：37.5。

（3）设置平面铣削参数 安全高度：100.0；参考高度：5.0；进给下刀位置：5.0；要加工的表面：0.0；切削深度：－2；刀具走圆弧在转角处：全走圆角；Z 方向预留量：0；切削方式：双向切削。

3. 设置凸台粗、精铣刀具路径

（1）加工椭圆的凸台 “刀具路径”→“挖槽加工”，串连选择外轮廓图形和椭圆作为图素，“执行”，从刀库选择 ϕ6mm 键槽铣刀。

（2）设置刀具参数 刀具号码：3；补偿号码：3；进给率：80.0；Z 轴进给率：80.0；提刀速率：200.0；主轴转速：400；主轴最大转速：2000；切削液：喷油；程序号码：30；起始行号：300；行号增量：2；刀具直径：6。

（3）设置挖槽铣削参数 安全高度：100.0；参考高度：5.0；进给下刀位置：5.0；要加工的表面：0.0；切削深度：－7；补正位置控制器：左补正；刀具走圆弧在转角处：全走圆角；XY 方向预留量：0；Z 方向预留量：0。

（4）设置挖槽精修铣削参数 选择等距环切；精修次数：1；间距：0.25；选择刀具路径最佳化；不提刀。

（5）设置分层铣削参数 最大粗切量：5.0；精修次数：1；精修量：0.25；按轮廓；不提刀。

（6）打开进、退刀向量选项

4. 设置孔加工刀具路径

项目链接

设置孔加工刀具路径的方法

“刀具路径”→“钻孔加工”，手动选择中心点，“执行”，从刀库选择钻头，设置钻孔参数，“实体验证”。

（1）加工两个 $\phi 20^{+0.025}_{0}$ mm 圆柱孔

打底孔：

1）“刀具路径”→“钻孔加工”，手动选择两个中心点，“执行”，从刀库选择中心钻。

2）设置刀具参数。刀具号码：4；补偿号码：4；进给率：30.0；Z 轴进给率：30.0；提刀速率：200.0；主轴转速：300；主轴最大转速：2000；切削液：喷油；程序号码：40；起始行号：400；行号增量：2；刀具直径：3。

3）设置钻孔参数。安全高度：100.0；参考高度：5.0；进给下刀位置：5.0；要加工的表面：0.0；切削深度：-2。

钻孔：

4）“刀具路径”→“钻孔加工”，手动选择两个中心点，“执行”，从刀库选择 ϕ20mm（实际使用 ϕ19.6mm）钻头。

5）设置刀具参数。刀具号码：5；补偿号码：5；进给率：30.0；Z 轴进给率：30.0；提刀速率：100.0；主轴转速：300；主轴最大转速：2000；切削液：喷油；程序号码：50；起始行号：500；行号增量：2；刀具直径：20。

如图 14-3 所示为刀具参数设置对话框，如图 14-4 所示为刀具选择对话框，如图 14-5 所示为刀具基本参数对话框。

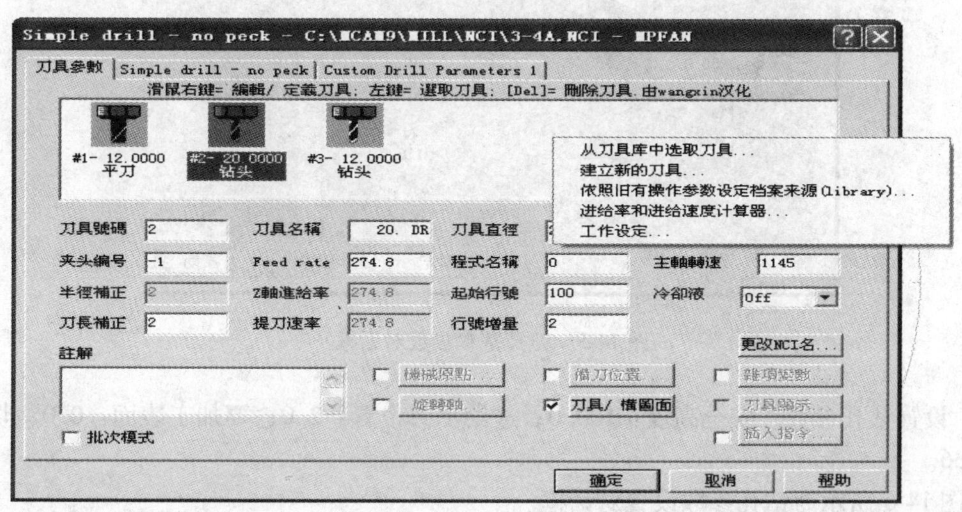

图 14-3　刀具参数设置对话框

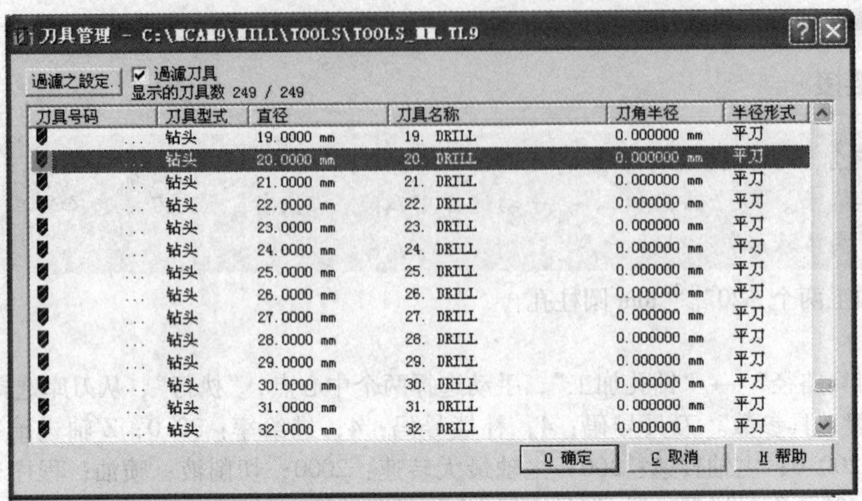

图 14-4　刀具选择对话框

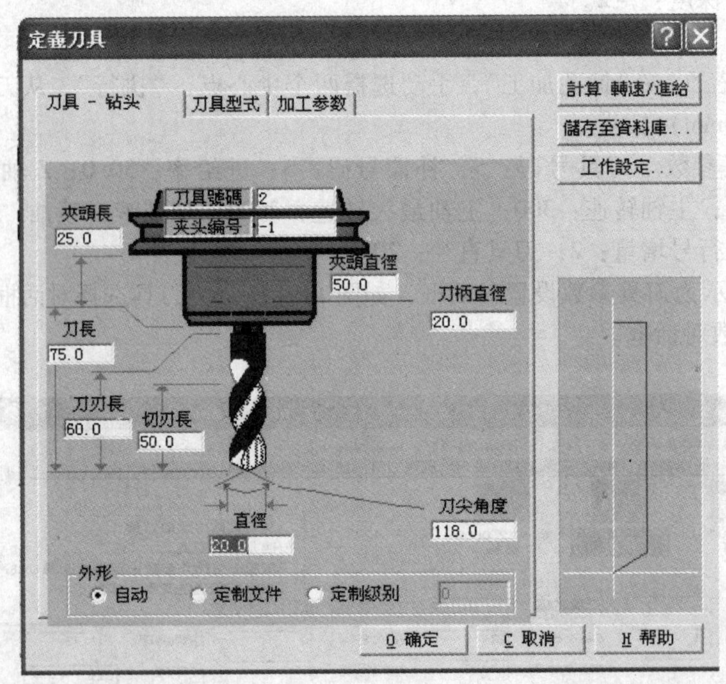

图 14-5　刀具基本参数对话框

6）设置钻孔参数。安全高度：100.0；进给下刀位置：2.0；要加工表面：0.0；切削深度：－36。

如图 14-6 所示为钻孔参数设置对话框。

铰孔：

7）“刀具路径”→“钻孔加工”，手动选择两个中心点，“执行”，从刀库选择 ϕ20mm 平刀（实际使用 ϕ20mm 铰刀）。

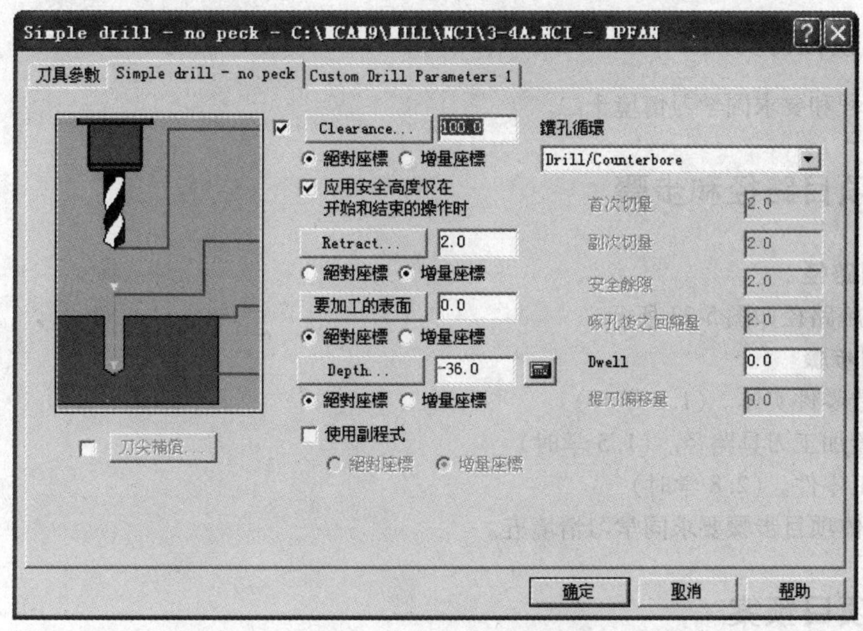

图 14-6　钻孔参数设置对话框

8）设置刀具参数。刀具号码：6；补偿号码：6；进给率：30.0；Z 轴进给率：30.0；提刀速率：200.0；主轴转速：800；主轴最大转速：2000；切削液：喷油；程序号码：60；起始行号：600；行号增量：2；刀具直径：20。

9）设置钻孔参数。安全高度：100.0；参考高度：5.0；进给下刀位置：5.0；要加工的表面：0.0；切削深度：-36。

（2）加工六个 $\phi6^{+0.02}_{0}$mm 圆柱孔

1）选择六个中心点时，应保证所经过的距离最短。

2）“刀具路径”→“钻孔加工”，手动选择六个中心点，“执行”，从刀库选择中心钻。

3）“刀具路径”→“钻孔加工”，手动选择两个中心点，“执行”，从刀库选择 ϕ6mm（实际使用 ϕ5.6mm）的钻头。

4）“刀具路径”→“钻孔加工”，手动选择两个中心点，“执行”，从刀库选择 ϕ6mm 的铰刀。

参数设定同 $\phi25^{+0.025}_{0}$mm 圆柱孔加工。

（七）刀具路径检验

刀具路径检验前，应先设定毛坯的形状、大小及工件的原点。对于该零件，应选择立方体毛坯，中心在上端面的中心，大小设定为 X60，Y80，Z30。

其他操作过程和要求同学习情境十二。

（八）后置处理

操作过程和要求同学习情境十二。

（九）模拟仿真加工

操作过程和要求同学习情境十二。

三、项目路径和步骤

1. 项目路径

项目实施路径如图 5-23 所示。

2. 项目步骤

4）构造零件实体。（1.5 学时）

5）设置加工刀具路径。（1.5 学时）

8）加工零件。（2.8 学时）

其他具体项目步骤要求同学习情境五。

四、项目预案

问题一　绘制拉伸实体时，不能绘制出孔。

解决措施：选择实体管理器，单击孔实体拉伸参数，选择切割主体、双向拉伸，使用全部贯穿或把距离数制改为大值即可，并选择全部重算。

问题二　在进行钻孔实体验证时，钻头只在表面上加工，而不向深度加工。

解决措施：在实体验证前，要利用边界盒移动工件，把工件上表面的中心点设定为（0，0，0）；然后单击“刀具路径”对话框中的“孔加工参数”，将深度设为负深度值。

五、项目实施

1. 组织形式

每三位同学一组，每组 1 台加工中心，3 台计算机。

2. 生产准备

每工位配备实训用品一套。刃具准备清单见表 14-1。

表 14-1　刃具准备清单

序　号	名　称	规　格	材　料	数　量	备　注
1	立铣刀	ϕ12mm	高速钢	1	
2	面铣刀	ϕ37.5mm	高速钢	1	
3	键槽铣刀	ϕ6mm	高速钢	1	
4	中心钻	A3mm	高速钢	1	
5	钻头	ϕ19.6mm	高速钢	1	
6	铰刀	ϕ20mm	高速钢	1	
7	钻头	ϕ5.6mm	高速钢	1	
8	铰刀	ϕ6mm	高速钢	1	

设备选用清单见表8-6。工具、量具准备清单见表8-7。

六、项目评价

项目评价见表14-2。

表14-2 项目评价表

项目编号			学生加工时间	2.8学时	学生姓名			总分	
类别	序号	评价项目	评价内容及要求	评分标准	配分	学生自评	学生互评	教师评价	得分
技术考评	1	外形尺寸	$R21_{-0.025}^{0}$mm(两处)	超差0.01扣2分	5				
	2		$\phi20_{0}^{+0.025}$mm(两处)	超差0.01扣2分	10				
	3		$\phi6_{0}^{+0.025}$mm(六处)	超差0.01扣2分	10				
	4		一般公差尺寸	超差无分	5				
	5	长度、厚度、位置、尺寸	(45±0.03)mm	超差无分	5				
	6		(20±0.05)mm	超差无分	5				
	7		(5±0.02)mm	超差无分	5				
	8		(23±0.02)mm(两处)	超差无分	5				
	9		(24±0.02)mm	超差无分	5				
	10		(30±0.02)mm	超差无分	5				
	11		(32±0.02)mm	超差无分	5				
	12		(60±0.03)mm	超差无分	5				
	13		一般公差尺寸	超差无分	10				
	14	其他尺寸	$R6$mm	超差无分	5				
	15		R_a3.2μm	每降一级扣1分	5				
	16	尺寸检测	自检尺寸正确	不正确无分	5				
	17	完成时间	按时完成任务	不按时完成无分	5				
非技术考评	18	安全生产	遵守机床安全操作规程	不遵守酌情扣1~5分					
	19	文明生产	遵守文明生产规则	不遵守酌情扣1~5分					
	20	环保生产	遵守环保生产规则	不遵守酌情扣1~5分					
	21	其他		酌情扣1~5分					

注：1. 发生人身和设备事故时，应立即向指导教师报告，由指导教师组织学生立即报警抢救，并及时向主管领导汇报。

2. 严重违反工艺原则和情节严重的野蛮操作等，由指导教师按实习管理制度进行处理。

七、项目作业（课外完成）

完成图 14-7 所示专用底座的工艺方案制定、实体构造与自动编程。

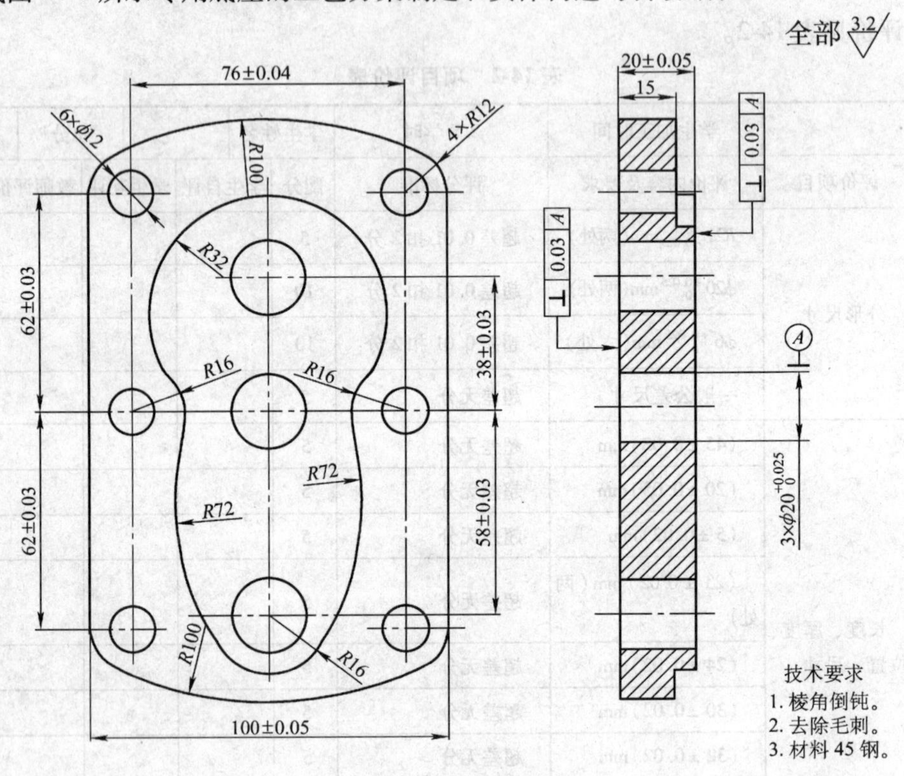

图 14-7 专用底座

八、项目拓展

1）除给定的两种加工工艺方案外，再拟定一种或两种可行的方案，并对比拟定的方案与给定的方案。

2）加工孔时，选择中心点可使用不同的方法实现，并比较各种方法的不同。

项目二 内外轮廓综合件的实体构造与加工中心自动编程加工

一、项目要求

以图 14-8 所示阀体的实体构造与内外轮廓自动编程加工为例，使学生学会加工中心内外轮廓综合件的实体构造与自动编程加工。

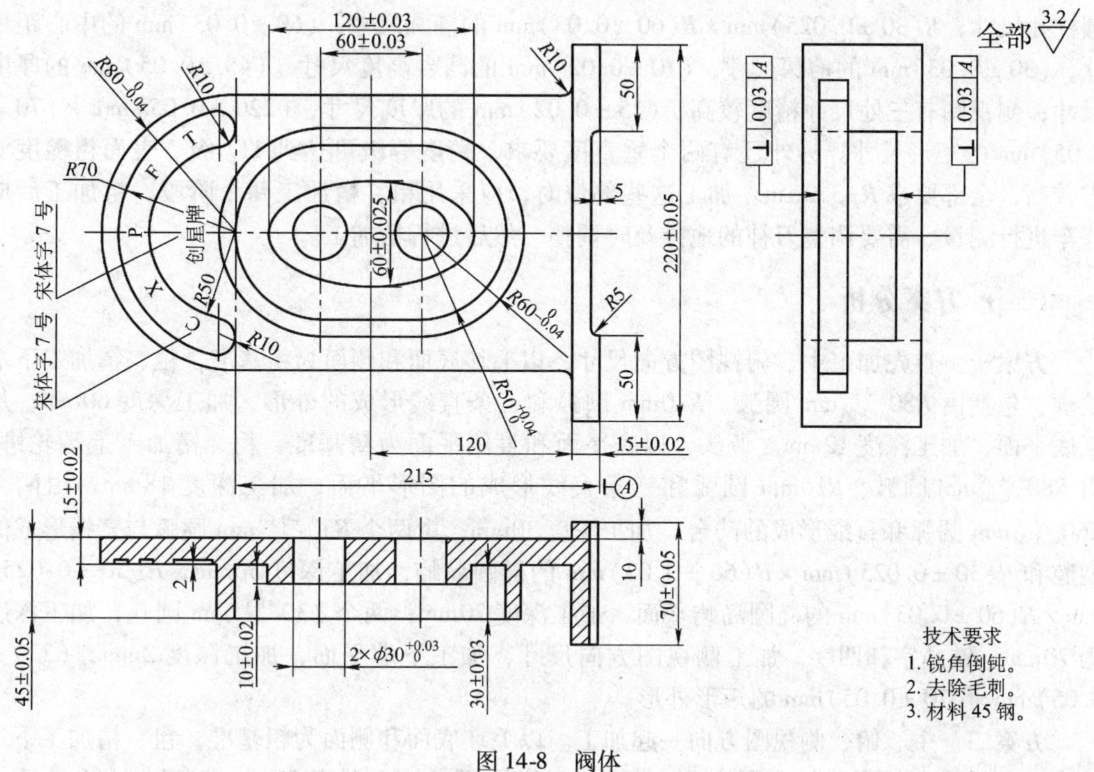

图 14-8　阀体

（1）时间要求　16 学时。

（2）质量要求　使用 MasterCAM 软件设定出阀体零件的正确加工刀具路径，然后进行后置处理，生成数控加工程序，并将数控加工程序传至加工中心，加工出合格的零件。

（3）安全、文明、环保要求　按照各项要求进行项目作业。具体内容见情境一项目二。

二、项目分析

（一）图样分析

（1）加工部位　该零件是一个综合加工的零件，有正视图的加工，还有侧视图的加工，分析时应每个视图逐项分析。加工部位包括外形加工、凹槽、孔、型腔、岛、薄壁、平面加工，以及凸字、凹字加工。首先分析主、俯视图，包括由 $R80_{-0.04}^{\ 0}$mm 圆弧、$R10$mm 圆弧和直线形成的外形，由两个 $R60_{-0.04}^{\ 0}$mm 圆弧、直线和两个 $R50_{\ 0}^{+0.04}$mm 圆弧、直线组成的薄壁，半径为(30±0.025)mm×(60±0.03)mm 的椭圆岛屿，两个 $\phi30_{\ 0}^{+0.03}$mm 圆柱孔，凸字、凹字以及端平面。然后分析侧视图，包括(220±0.05)mm×(70±0.05)mm 的矩形外形及上、下平面。

（2）精度和表面质量分析　包括尺寸精度、形状精度、位置精度的分析，还包括粗糙度和技术要求的分析。主、俯视图有 10 处尺寸精度较高，精度等级可达到 IT7 级，分别是 $R80_{-0.04}^{\ 0}$mm 圆及圆弧尺寸，$R60_{-0.04}^{\ 0}$mm 圆弧凸台尺寸，$R50_{\ 0}^{+0.04}$mm 圆弧型腔尺寸，$\phi30_{\ 0}^{+0.03}$mm

圆柱孔尺寸，$R(30\pm0.025)$mm×$R(60\pm0.03)$mm 的椭圆尺寸，(60 ± 0.03)mm 的中心距尺寸，(30 ± 0.03)mm 的槽深尺寸，(10 ± 0.02)mm 的凸台高度尺寸，(45 ± 0.05)mm 的厚度尺寸；侧视图有三处尺寸精度较高，(15 ± 0.02)mm 的厚度尺寸，(220 ± 0.05)mm×(70 ± 0.05)mm 的矩形尺寸。另外还有两个垂直度要求，精度等级可达到 IT7 级。表面粗糙度要求较高，全部要求 $R_a3.2\mu m$。加工这些部位时，应采用粗、精加工两个阶段，粗加工后应停车进行测量，需要调整刀补的地方及时调整，然后进行精加工。

（二）方案分析

方案一 首先加工主、俯视图方向尺寸，以毛坯底面和侧面为粗基准，粗、精加工下端轮廓，包括由 $R80_{-0.04}^{\ 0}$mm 圆弧、$R10$mm 圆弧和三条直线形成的外形，加工深度 60mm；加工底平面，加工深度 12mm。调头，以底平面和直侧平面为精基准，粗、精加工上端轮廓，由 $R80_{-0.04}^{\ 0}$mm 圆弧、$R10$mm 圆弧和三条直线形成的图形平面，加工深度 18mm；由两个 $R60_{-0.04}^{\ 0}$mm 圆弧和直线形成的凸台，加工深度 30mm；由两个 $R50_{\ 0}^{+0.04}$mm 圆弧与直线形成的型腔和 $R(30\pm0.025)$mm×$R(60\pm0.03)$mm 的椭圆岛屿，加工深度 30mm；$R(30\pm0.025)$mm×$R(60\pm0.03)$mm 的椭圆岛屿平面，加工深度 20mm；两个 $\phi30_{\ 0}^{+0.03}$mm 圆孔，加工深度为 70mm；铣凸字和凹字。加工侧视图方向尺寸，加工下端平面，加工深度 2mm；(220 ± 0.05)mm×(70 ± 0.05)mm 的矩形外形。

方案二 主、俯、侧视图方向一起加工。以毛坯底面和侧面为粗基准，粗、精加工下端轮廓，包括整个外形，加工深度 72mm；加工底平面，加工深度 2mm；加工由 $R80_{-0.04}^{\ 0}$mm 圆弧、$R10$mm 圆弧和三条直线形成的图形的上平面，加工深度 12mm。然后调头，以底平面和直侧平面为精基准，粗、精加工上端轮廓，加工上平面，加工深度 3mm；由两个 $R60_{-0.04}^{\ 0}$mm圆弧和直线形成的凸台，加工深度 45mm；加工平面，深度 15mm；由两个 $R50_{\ 0}^{+0.04}$mm 圆弧、直线形成的型腔和 $R(30\pm0.025)$mm×$R(60\pm0.03)$mm 的椭圆岛屿，加工深度 30mm；$R(30\pm0.025)$mm×$R(60\pm0.03)$mm 的椭圆岛屿平面，加工深度 20mm；两个 $\phi30_{\ 0}^{+0.03}$mm 圆孔，加工深度 70mm；最后铣凸字和凹字。

两种方案比较：

数控加工属于半自动化加工，适合采用集中工序。由零件图加工部位分析可知，该零件属于平面类内轮廓加工，适合铣削加工。由零件图样精度和表面质量分析可知，应采用粗铣、精铣两个加工阶段。两种方案都采用了工序集中的原则，也都采用数控铣削加工，且分为粗铣、精铣两个阶段。

两种方案选用的加工顺序和定位基准不同，但两方案均可选用台虎钳作为夹具。方案一按加工方向分别加工，首先加工主、俯视图方向，再加工侧视图方向。主、俯视图方向加工时，以毛坯底面和侧面为粗基准，粗、精加工下端轮廓；然后调头以底平面和直侧平面为精基准定位夹紧，粗、精加工上端轮廓，调整方向，以立面和侧视图的接触面为精基准定位夹紧，粗精加工剩余的加工面。该方案精基准有两个，装夹三次，不能满足基准统一原则，但满足基准重合原则，定位面大，定位精度高。由于薄壁加紧时受力情况不好，易产生振动，且易损坏已加工表面。方案二，主、俯、侧视图方向一起加工，以毛坯底面和侧面为粗基准，粗、精加工下端轮廓，然后调头，以底平面和直侧平面为精基准定位夹紧，粗、精加工上端轮廓。该方案精基准只有一个，满足基准统一原则，也满足基准重合原则，即设计基准和定位基准相同，可以避免基准不重合定位误差，而且定位面大，定位精度高，受力情况好，不易产生振动，能很好地保证加工精度。综合考虑，这两种方案都能满足定位夹紧和加工的要求，而方案二更合理。

（三）夹具分析

加工中心常用夹具及其适用场合见表 8-2。

该项目的零件为一般箱体类零件，查表 8-2，可选择的夹具有压板、台虎钳、专用夹具及组合夹具。由于该件为单件生产，故不宜选用专用夹具和组合夹具。因加工方案已经确定使用底平面和侧面作为定位基准进行加工，用压板时，该零件的侧面不能全部加工，因此最好选择通用夹具台虎钳，其定位、装夹简单，定位精度比较高。

（四）刀具、材料、切削用量分析

刀具、切削用量应根据工件材料来选择。几种常用材料的刀具、切削用量见表 8-3 和表 8-4。

刀具类型要根据加工的工件表面类型来选取。常用铣刀的类型及其适用的加工表面见表 8-5。

由表 8-5 分析，加工外形时用立铣刀、加工凸台和型腔时用键槽铣刀、加工端平面时用面铣刀，铣凹字、凸字时用键槽铣刀。

铣刀一般为整体式刀具，所以一般为高速钢刀具。由于加工材料为 45 钢，根据材料特性，并按公式计算，粗加工时可采用 $n = 300 \sim 600\text{r/min}$，$v_f = 80 \sim 200\text{mm/min}$，$a_P = 5 \sim 10\text{mm}$；半精、精加工时可采用 $n = 600 \sim 1200\text{r/min}$，$v_f = 30 \sim 60\text{mm/min}$，$a_P = 0.2 \sim 0.6\text{mm}$。根据具体情况从上述范围中选取合适的数值，如粗加工时的主轴转速 $n = 400\text{r/min}$，$v_f = 80\text{mm/min}$；精加工时，$n = 800\text{r/min}$，$v_f = 30\text{mm/min}$。在加工时，主轴转速及进给速度可通过操作面板上的“倍率”按钮随时调整。

（五）实体构造

1. 先绘制零件的二维线形

首先设置构图面、视角及 Z 工作深度，用点画线绘制中心线；再用直线、矩形、圆、圆弧、椭圆等按不同的方式绘制基本图形；最后用倒圆角、修剪等方式绘制成二维线形。

（1）设置构图面、视角及 Z 工作深度

1）选择等角视图和正视图构图面。用鼠标单击等角视图和正视图构图面图标即可。

2）设置 Z 工作深度。单击“Z：0.00”按钮，输入 Z 深度值“0”并按“Enter”键。

（2）将线型改成点画线型，绘制中心线

1）“绘图”→“直线”→“水平线”，输入 X－165、X125，Y 坐标 0。

2）“绘图”→“直线”→“垂直线”，输入 Y－85、Y85，X 坐标 0；输入 Y－85、Y85，X 坐标－80；输入 Y－65、Y65，X 坐标－30；输入 Y－65、Y65，X 坐标 30。

（3）将线型改成粗实线型，绘制其他线形

1）“绘图”→“直线”→“水平线”，输入 X－80、X120，Y 坐标 80；输入 X－80、X120，Y 坐标－80；输入 X－30、X30，Y 坐标 60；输入 X－30、X30，Y 坐标－60；输入

X－30、X30，Y 坐标 50；输入 X－30、X30，Y 坐标－50。

2）“绘图”→“直线”→垂直线，输入 Y－110、Y110，X 坐标 120。

3）“绘图”→“倒圆角”→“圆角半径”，输入 R5，单击圆角角度并设定为 S，设定修整方式为修剪，选择要倒圆角的图素。

4）“绘图”→“圆弧”→“两点圆”，单击 *R*80mm 圆弧的两个端点，输入半径 R80；单击 *R*60mm 圆弧的两个端点，输入半径 R60；单击 *R*60mm 圆弧的另两个端点，输入半径 R60；单击 *R*50mm 圆弧的两个端点，输入半径 R50；单击 *R*50mm 圆弧的另两个端点，输入半径 R50。

5）“绘图”→“圆”→“点半径圆”，输入半径 70，输入中点坐标（－80，0），“上层功能表”，输入半径 50，输入中点坐标（－80，0），“上层功能表”，输入半径 10，输入中点坐标（－90，60），输入中点坐标（－90，－60）。

（4）修剪图形　“修整”→“修剪延伸”→“一个物体”，选择一条线为边界，选择要修剪为图素，……。

（5）绘制文字

1）“绘图”→“下一页”→“文字”，设定字体仿宋体，7 号字，字体高度 7，选择字体排列形式为水平，输入文字“创星牌”，选择字体输入基准点坐标（－90，－30）。

2）“绘图”→“下一页”→“文字”，设定字体仿宋体，7 号字，字体高度 7，选择字体排列形式为圆弧顶部，输入文字“CXPFT”，选择字体输入基准点坐标（－80，0）。

（6）设定 Z 工作深度　单击“Z：0.00”按钮，输入 Z 深度值“10”并按“Enter”键。

1）“绘图”→“下一页”→“椭圆”，输入 X 轴半径 60，输入 Y 轴半径 30，选择原点为椭圆的中心点。

2）“绘图”→“圆”→“点半径圆”，输入半径 15，输入中点坐标（－30，0）、（30，0）。

（7）设定 Z 工作深度　单击“Z：0.00”按钮，输入 Z 深度值“45”并按“Enter”键。

1）“绘图”→“矩形”→“一点”，选择基准点为左中心点，输入长宽分别为 15、220，输入基准点坐标（120，0）。

2）“绘图”→“矩形”→“一点”，“选项”，“圆角”开，圆角半径为 R5，选择基准点为右中心点，输入长宽分别为 5、120，输入基准点坐标（135，0）。

（8）修剪图形　“修整”→“修剪延伸”→“一个物体”，选择一条线为边界，选择要修剪为图素，……。

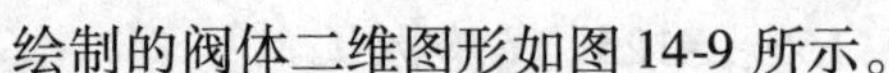

绘制的阀体二维图形如图 14-9 所示。

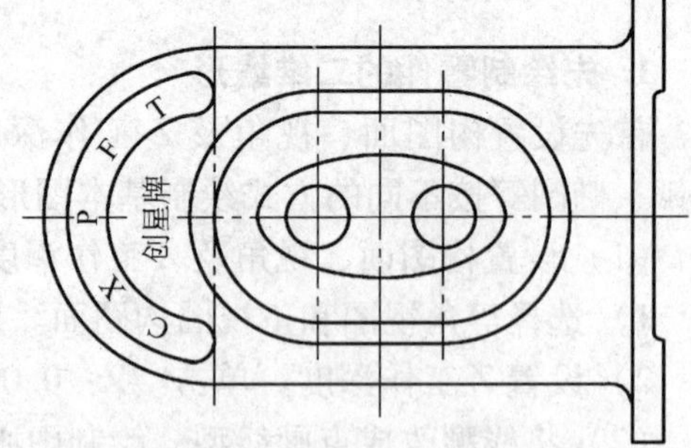

图 14-9　阀体二维图形

2. 绘制实体

（1）打断线段　“修剪延伸”→“打断”→“打成两段”，选择 220mm 的线段，选择与 *R*10mm 圆弧的交点为打断点，选择 220mm 的线段，选择与另一 *R*10mm 圆弧的交点为打断点。

（2）拉伸实体

1）“实体”→“挤出”，选择串连图素（R80mm 整个外形线）为拉伸截面，选择拉伸方向向下，“执行”，设定实体参数为产生主体，设定挤出距离为15，设定不产生薄壁，“确定”。

2）“实体”→“挤出”，选择两个 R60mm 圆弧和直线的串连图素为拉伸截面，选择拉伸方向向上，“执行”，设定实体参数为增加凸缘，设定挤出距离为30，设定不产生薄壁，“确定”。

3）“实体”→“挤出”，选择两个 R50mm 的圆弧和直线的串连图素为拉伸截面，选择拉伸方向向上，“执行”，设定实体参数为切割主体，设定挤出距离为30，设定不产生薄壁，“确定”。

4）“实体”→“挤出”，选择 R30mm×R60mm 的椭圆为拉伸截面，选择拉伸方向向下，“执行”，设定实体参数为增加凸缘，设定挤出距离为10，设定不产生薄壁，“确定”。

5）“实体”→“挤出”，选择两个 ϕ30mm 圆为拉伸截面，选择拉伸方向双向，“执行”，设定实体参数为切割主体，设定全部贯通，设定不产生薄壁，“确定”。

6）“实体”→“挤出”，选择由 R70mm、R50mm、R10mm 圆弧组成的串连图素为拉伸截面，选择拉伸方向向下，“执行”，设定实体参数为切割主体，设定挤出距离为2，设定不产生薄壁，“确定”。

7）“实体”→“挤出”，选择串连图素（长 220mm 的矩形整个外形线）为拉伸截面，选择拉伸方向向下，“执行”，设定实体参数为增加凸缘，设定挤出距离为70，设定不产生薄壁，“确定”。

（六）刀具路径设定

由工艺分析可知，需先粗铣、精铣下端轮廓，然后调头粗铣、精铣上端轮廓。对于自动加工，需调头加工时，应保存两个文件，并把实体上、下调头。

1. 设置外形粗、精铣刀具路径

（1）粗铣外轮廓　“刀具路径”→“外形铣削”，选择所有外形轮廓作为图素，箭头为顺时针，“执行”，从刀库选择 ϕ10mm 立铣刀。

（2）设置刀具参数　刀具号码：1；补偿号码：1；进给率：80.0；Z 轴进给率：80.0；提刀速率：200.0；主轴转速：400；主轴最大转速：2000；切削液：喷油；程序号码：10；起始行号：100；行号增量：2，刀具直径：10。

（3）设置外形铣削参数　安全高度：100.0；参考高度：5.0；进给下刀位置：5.0；要加工的表面：0.0；切削深度：-72；补正位置控制器：左补正；刀具走圆弧在转角处：全走圆角；XY 方向预留量：0；Z 方向预留量：0。

（4）设置 XY 平面分层铣削参数　粗铣次数：1；粗铣间距：5.0；精修次数：1；精修间距：0.5；每层精修；不提刀。

（5）设置 Z 轴分层铣削参数　最大粗切量：5.0；精修次数：1；精修量：0.5；按轮廓；不提刀。

（6）打开进、退刀向量选项

2. 设置平面粗、精铣刀具路径

（1）加工下端平面

1）“刀具路径”→“平面铣削加工”，串连选择外形图素，“执行”，从刀库选择 ϕ37.5mm 面铣刀。

2）设置刀具参数。刀具号码：2；补偿号码：2；进给率：80.0；Z 轴进给率：50.0；提刀速率：200.0；主轴转速：400；主轴最大转速：2000；切削液：喷油；程序号码：20；起始行号：200；行号增量：2；刀具直径：37.5。

3）设置平面铣削参数。安全高度：100.0；参考高度：5.0；进给下刀位置：5.0；要加工的表面：0.0；切削深度：-2；刀具走圆弧在转角处：不走圆角；Z 方向预留量：0；切削方式：双向切削。

（2）加工由 $R80_{-0.04}^{0}$mm 圆弧、R10mm 圆弧和三条直线形成的图形的上平面　切削深度：-12。其余参数设定同下端平面加工。

3. 设置薄壁加工粗、精铣刀具路径

（1）加工 R60mm 凸台

1）“刀具路径”→“挖槽加工”，串连选择 $R80_{-0.04}^{0}$mm 圆弧图形和 R60mm 圆弧图形作为图素，“执行”，从刀库选择 ϕ20mm 键槽铣刀。

2）设置刀具参数。刀具号码：3；补偿号码：3；进给率：80.0；Z 轴进给率：80.0；提刀速率：200.0；主轴转速：400；主轴最大转速：2000；切削液：喷油；程序号码：30；起始行号：300；行号增量：2；刀具直径：20。

3）设置挖槽铣削参数。安全高度：100.0；参考高度：5.0；进给下刀位置：5.0；要加工的表面：0.0；切削深度：-30；补正位置控制器：右补正；刀具走圆弧在转角处：全走圆角；XY 方向预留量：0；Z 方向预留量：0。

4）设置挖槽精修铣削参数。选择等距环切；精修次数：1；间距：0.25；选择刀具路径最佳化；不提刀。

5）设置分层铣削参数。最大粗切量：5.0；精修次数：1；精修量：0.25；按轮廓；不提刀。

6）打开进、退刀向量选项。

（2）加工 R50mm 型腔和椭圆岛屿

1）“刀具路径”→“挖槽加工”，串连选择 R50mm 封闭图形和椭圆作为图素，“执行”，从刀库选择 ϕ20mm 键槽铣刀。

2）设置刀具参数。刀具号码：3；补偿号码：3；进给率：80.0；Z 轴进给率：80.0；提刀速率：200.0；主轴转速：400；主轴最大转速：2000；切削液：喷油；程序号码：40；起始行号：400；行号增量：2；刀具直径：20。其余参数同 R60mm 凸台加工。

4. 设置孔加工刀具路径（加工两个 $\phi30_{0}^{+0.03}$mm 圆柱孔）

1）“刀具路径”→“钻孔加工”，手动选择两个中心点，“执行”，从刀库选择中心钻。

2）设置刀具参数。刀具号码：4；补偿号码：4；进给率：30.0；Z 轴进给率：30.0；提刀速率：200.0；主轴转速：400；主轴最大转速：2000；切削液：喷油；程序号码：50；起始行号：500；行号增量：2；刀具直径：3。

3）设置钻孔参数。安全高度：100.0；参考高度：5.0；进给下刀位置：5.0；要加工的表面：0.0；切削深度：-2。

4）“刀具路径”→“钻孔加工”，手动选择两个中心点，“执行”，从刀库选择 ϕ25mm

钻头。

5）设置刀具参数。刀具号码：5；补偿号码：5；进给率：30.0；Z 轴进给率：30.0；提刀速率：200.0；主轴转速：400；主轴最大转速：2000；切削液：喷油；程序号码：60；起始行号：600；行号增量：2；刀具直径：25。

6）设置钻孔参数。安全高度：100.0；参考高度：5.0；进给下刀位置：5.0；要加工的表面：0.0；切削深度：-70。

7）"刀具路径"→"钻孔加工"，手动选择两个中心点，"执行"，从刀库选择 ϕ29mm 扩孔钻。

8）设置刀具参数。刀具号码：6；补偿号码：6；进给率：30.0；Z 轴进给率：30.0；提刀速率：200.0；主轴转速：800；主轴最大转速：2000；切削液：喷油；程序号码：70；起始行号：700；行号增量：2；刀具直径：29。

9）设置钻孔参数。安全高度：100.0；参考高度：5.0；进给下刀位置：5.0；要加工的表面：0.0；切削深度：-70。

10）"刀具路径"→"钻孔加工"，手动选择两个中心点，"执行"，从刀库选择 ϕ30mm 铰刀。

11）设置刀具参数。刀具号码：7；补偿号码：7；进给率：30.0；Z 轴进给率：30.0；提刀速率：200.0；主轴转速：800；主轴最大转速：2000；切削液：喷油；程序号码：80；起始行号：800；行号增量：2；刀具直径：30。

12）设置钻孔参数。安全高度：100.0；参考高度：5.0；进给下刀位置：5.0；要加工的表面：0.0；切削深度：-70。

5. 设置铣凹字刀具路径

1）"刀具路径"→"外形铣削"，窗口选择所有字体作为图素，"执行"，从刀库选择 ϕ2mm 键槽铣刀。

2）设置刀具参数。刀具号码：8；补偿号码：8；进给率：40.0；Z 轴进给率：50.0；提刀速率：200.0；主轴转速：500；主轴最大转速：2000；切削液：喷油；程序号码：90；起始行号：900；行号增量：2；刀具直径：2。

3）设置凹字铣削参数。安全高度：100.0；参考高度：5.0；进给下刀位置：5.0；要加工的表面：0.0；切削深度：-2；补正位置：关；刀具走圆弧在转角处：不走圆角；XY 方向预留量：0；Z 方向预留量：0。

4）设置 XY 平面分层铣削参数。粗铣次数：1；粗铣间距：5.0；精修次数：1；精修间距：0.5；每层精修；提刀。

5）设置 Z 轴分层铣削参数。最大粗切量：1.0；精修次数：1；精修量：0.5；按轮廓；提刀。

6）关闭进、退刀向量选项。

6. 设置铣凸字刀具路径

1）"刀具路径"→"挖槽加工"，串连选择 R70mm、R50mm、R10mm 圆弧和所有凸字作为图素，"执行"，从刀库选择 ϕ2mm 键槽铣刀。

2）设置刀具参数。刀具号码：8；补偿号码：8；进给率：30.0；Z 轴进给率：30.0；提刀速率：200.0；主轴转速：300；主轴最大转速：2000；切削液：喷油；程序号码：100；

起始行号：1000；行号增量：2；刀具直径：2。

3）设置凸字铣削参数。安全高度：100.0；参考高度：5.0；进给下刀位置：5.0；要加工的表面：0.0；切削深度：-2；补正位置：关；刀具走圆弧在转角处：不走圆角；XY 方向预留量：0；Z 方向预留量：0。

4）设置凸字精修铣削参数。选择等距环切；精修次数：1；间距：0.25；选择刀具路径最佳化；提刀。

5）设置分层铣削参数。最大粗切量：5.0；精修次数：1；精修量：0.25；按轮廓；提刀。

6）关闭进、退刀向量选项。

加工顺序按工艺方案确定的顺序设定刀具路径。

（七）刀具路径检验

刀具路径检验前，应先设定毛坯的形状、大小及工件的原点。该零件应选择立方体毛坯，中心在上表面的中心，大小设定为 X300，Y230，Z80。运用边界盒，将零件的刀具路径原点（即零件的上端面的中心点）移动到数控系统原点。验证如果有错误，可使用“刀具路径”→“管理”命令进行修改。操作过程同学习情境十二。

（八）后置处理

操作过程及要求同学习情境十二。

（九）模拟仿真加工

操作过程及要求同学习情境十二。

三、项目路径和步骤

1. 项目路径

项目实施路径如图 5-23 所示。

2. 项目步骤

4）构造零件实体。（2.5 学时）

5）设置加工刀具路径。（3 学时）

6）生成数控加工程序。（1 学时）

8）加工零件。（5.8 学时）

其他具体项目步骤要求同学习情境五。

四、项目预案

问题一　加工凹字时，字体不是所写的形式，且字体之间有刀痕。

解决措施：在实体验证前，要利用边界盒移动工件，把工件的上表面的中心点设定为（0，0，0，）；然后单击“刀具路径”对话框中的字体加工参数，将进、退刀向量选择为关，

XY 分层铣削、Z 轴分层铣削都选择提刀，把补偿方式设定为关，并将深度设为负深度值。

问题二 加工凸字时，字体不是所写的形式，且字体之间有刀痕。

解决措施：在实体验证前，要利用边界盒移动工件，把工件的上表面的中心点设定为（0，0，0，）；然后单击“刀具路径”对话框中的字体加工参数，凸字精加工设置成提刀，分层铣削选择提刀。

五、项目实施

1. 组织形式

每三位同学一组，每组 1 台加工中心，3 台计算机。

2. 生产准备

每工位配备实训用品一套。刃具准备清单见表 14-3。

表 14-3 刃具准备清单

序号	名称	规格	材料	数量	备注
1	立铣刀	ϕ10mm	高速钢	1	
2	面铣刀	ϕ37.5mm	高速钢	1	
3	键槽铣刀	ϕ20mm	高速钢	1	
4	中心钻	ϕ3mm	高速钢	1	
5	钻头	ϕ25mm	高速钢	1	
6	扩孔钻	ϕ29mm	高速钢	1	
7	铰刀	ϕ30mm	高速钢	1	
8	键槽铣刀	ϕ2mm	高速钢	1	

设备选用清单见表 8-6。工具、量具准备清单见表 8-7。

六、项目评价

项目评价见表 14-4。

表 14-4 项目评价表

项目编号			学生加工时间	5.8 学时	学生姓名			总分	
类别	序号	评价项目	评价内容及要求	评分标准	配分	学生自评	学生互评	教师评价	得分
技术考评	1	外形尺寸	(120 ±0.03) mm	超差 0.01 扣 2 分	10				
	2		(60 ±0.025) mm	超差 0.01 扣 2 分	5				
	3		$\phi 30^{+0.03}_{0}$ mm	超差 0.01 扣 2 分	5				
	4		$R80^{0}_{-0.04}$ mm	超差 0.01 扣 2 分	5				
	5		$R60^{0}_{-0.04}$ mm	超差 0.01 扣 2 分	5				
	6		$R50^{+0.04}_{0}$ mm	超差 0.01 扣 2 分	5				
	7		一般公差尺寸	超差无分	5				

（续）

类别	序号	评价项目	评价内容及要求	评分标准	配分	学生自评	学生互评	教师评价	得分
技术考评	8	长度、厚度、深度尺寸	(220 ±0.05) mm	超差无分	5				
	9		(70 ±0.05) mm	超差无分	5				
	10		(60 ±0.03) mm	超差无分	5				
	11		(45 ±0.05) mm	超差无分	5				
	12		(15 ±0.02) mm（两处）	超差无分	5				
	13		(30 ±0.03) mm	超差无分	5				
	14		(10 ±0.02) mm	超差无分	5				
	15		一般公差尺寸	超差无分	5				
	16	其他尺寸	7 号字体	超差无分	5				
	17		R_a 3.2μm	每降一级扣1分	5				
	18	尺寸检测	自检尺寸正确	不正确无分	5				
	19	完成时间	按时完成任务	不按时完成无分	5				
非技术考评	20	安全生产	遵守机床安全操作规程	不遵守酌情扣1～5分					
	21	文明生产	遵守文明生产规则	不遵守酌情扣1～5分					
	22	环保生产	遵守环保生产规则	不遵守酌情扣1～5分					
	23	其他		酌情扣1～5分					

注：1. 发生人身和设备事故时，应立即向指导教师报告，由指导教师组织学生立即报警抢救，并及时向主管领导汇报。

2. 严重违反工艺原则和情节严重的野蛮操作等，由指导教师按实习管理制度进行处理。

七、项目作业（课外完成）

完成图 14-10 所示零件的工艺方案制定、实体构造与自动编程。

八、项目拓展

1）除给定的两种加工工艺方案外，再拟定一种或两种可行的方案，并对比拟定的方案与给定的方案。

2）外形线可用其他方法绘制，实体构造可以先绘制曲面，再转化成实体。试用其他方法绘制外形线和构造实体。

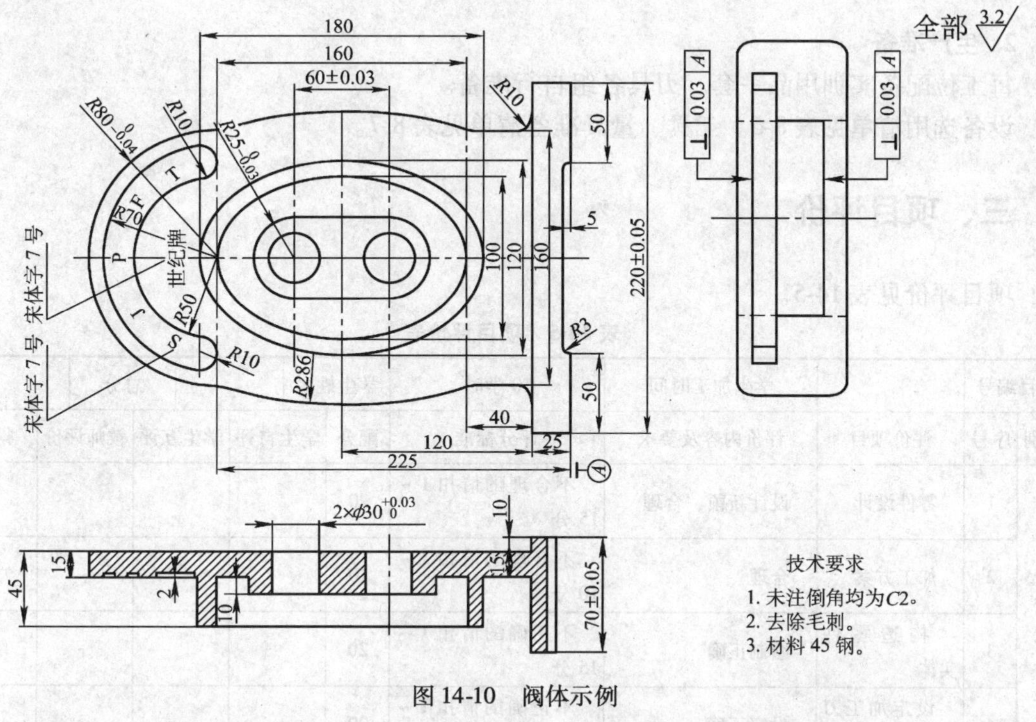

图 14-10 阀体示例

项目三 自行设计综合件的实体构造与加工中心自动编程加工

一、项目要求

由学生独立设计加工中心综合零件，并完成综合零件的实体构造与自动编程加工。

1. 零件难度要求

1）该零件包括不同视图方向上的加工。

2）该零件加工范围包括：外形铣削、型腔加工、岛屿加工、凸台加工、孔加工、凸字加工及凹字加工。

3）加工精度等级达到 7 级精度。

2. 项目总体要求

（1）时间要求 20 学时。

（2）质量要求 使用 MasterCAM 软件设定出该零件的正确加工刀具路径，然后进行后置处理，生成数控加工程序，并将数控加工程序传至加工中心，加工出合格的零件。

（3）安全、文明、环保要求 按照各项要求进行项目作业。具体内容见情境一项目二。

二、项目实施

1. 组织形式

每三位同学一组，每组 1 台加工中心，3 台计算机。

2. 生产准备

每工位配备实训用品一套。刃具各组自行准备。

设备选用清单见表8-6。工具、量具准备清单见表8-7。

三、项目评价

项目评价见表14-5。

表14-5　项目评价表

项目编号			学生加工时间	10学时	学生姓名			总分	
类别	序号	评价项目	评价内容及要求	评分标准	配分	学生自评	学生互评	教师评价	得分
技术考评	1	零件设计	设计新颖、合理	不合理酌情扣1～15分	20				
	2	加工方案	合理	不合理酌情扣1～10分	10				
	3	构造零件实体	绘制正确	不正确酌情扣1～15分	20				
	4	设定加工刀具路径	设定正确	不正确酌情扣1～10分	20				
	5	零件加工	加工零件不超差	超差酌情扣1～20分	20				
非技术考评	6	尺寸检测	自检尺寸正确	不正确无分	5				
	7	完成时间	按时完成任务	不按时完成无分	5				
	8	安全生产	遵守机床安全操作规程	不遵守酌情扣1～5分					
	9	文明生产	遵守文明生产规则	不遵守酌情扣1～5分					
	10	环保生产	遵守环保生产规则	不遵守酌情扣1～5分					
	11	其他		酌情扣1～5分					

注：1. 发生人身和设备事故时，应立即向指导教师报告，由指导教师组织学生立即报警抢救，并及时向主管领导汇报。

2. 严重违反工艺原则和情节严重的野蛮操作等，由指导教师按实习管理制度进行处理。

学习情境十五　新技术的开发——复杂零件的车铣复合加工

复合加工作为机械加工的一种加工方法，也是数控设备发展的一个主要方向。在多种复合加工的领域里，车铣复合加工是目前发展最完善的一个领域。在国内外的各种展会上，可以看到很多机床厂家纷纷推出此类设备，作为高端设备的展示。

车铣复合加工设备的价格往往比较昂贵，很多企业在做设备选型时，经常将此类设备当成专用机床来看待，而没有赋予设备更多的使用范畴。企业往往是按照某个零件的工艺需求来制定设备采购计划，在选择设备类型前，首先考虑因设备折旧而造成的单件成本增加是否在允许的范围之内，从而决定是否采购此类设备，很多的车铣复合加工设备都是在这种形势下被引进的。之所以有此现象，原因是人们对于此类设备的应用不够了解，除了担心日常维护成本之外，对加工程序的编制也毫无头绪，所以人们更愿意选择购买一台五轴联动加工中心和一台数控车床。此外，从理论上讲，车铣复合加工可以有效地提高产品质量和生产效率，但是在实际应用中，却并不能尽如人意，其中的决定因素在于加工程序的编制。

这里从如何提高设备的使用效率和扩展应用领域这两个角度来探索一下如何编制车铣复合加工中心的加工程序。

1. 提高双刀架车铣复合加工中心的使用效率

在加工过程中，可以通过双刀架的同步操作来完成零件的多个工序加工。同一个工件由于有多种加工工序，利用计算机辅助加工软件完成零件编程的同时，可以通过工序的优化，在加工条件允许的前提下，尽量使两个刀架同时处于工作状态，无疑可以有效地缩短加工时间。通过图 15-1、图 15-2和图 15-3 可以看到加工的效果。

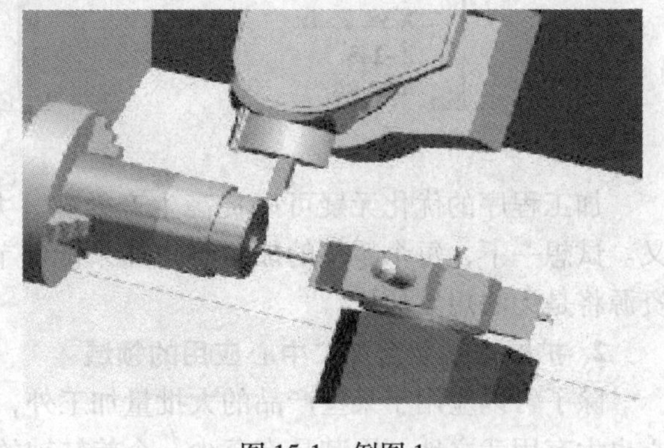

图 15-1　例图 1

1）可以通过上下刀架的同步设置，更快地去除余量。如粗车外形的同时，也完成了内孔的粗镗加工。

2）通过上下刀架的同步设置，可以完成一系列孔的加工，不仅提高了加工的效率，同时还可以通过钻孔轴向力的相互抵消来减少工件变形的影响。

3）可以通过上下刀架的同步设置，一次完成两段外形的加工。

双刀架的设备都具有双通道的控制系统，上下刀架可单独控制，而同步加工可以通过代码中的同步语句来实现。例如，在表 15-1 所列代码中，M10 和 M15 就是同步语句。同步语句的语法要求由控制机的要求决定，同步语句的数量由同步加工内容决定。同步语句之间的内容即为同步加工的内容。

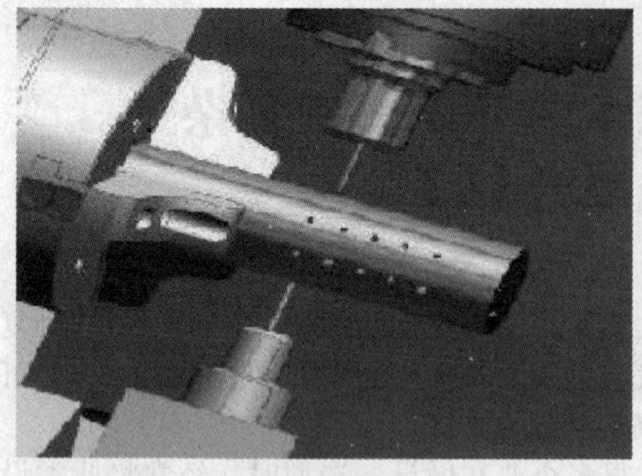

图 15-2 例图 2

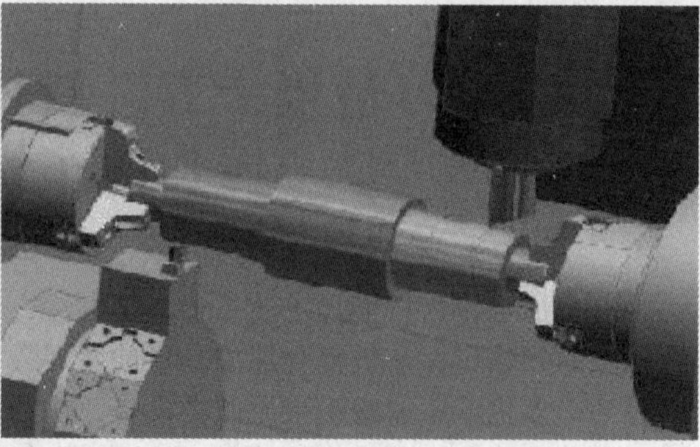

图 15-3 例图 3

表 15-1 代 码 表

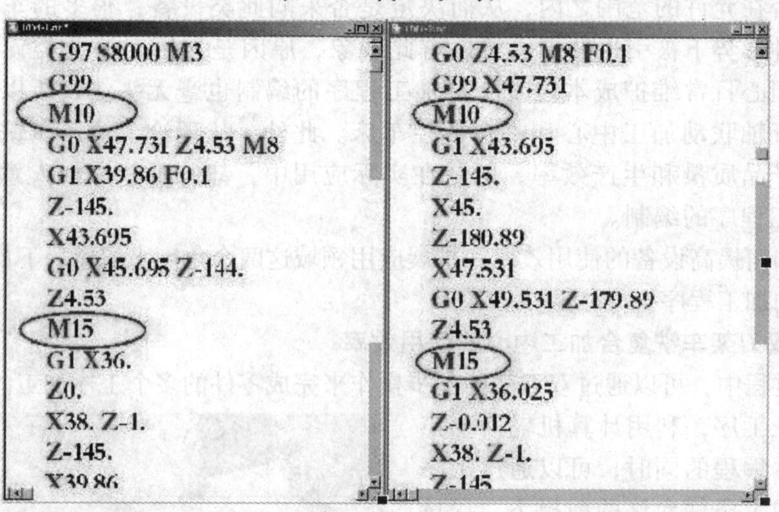

G97 S8000 M3	G0 Z4.53 M8 F0.1
G99	G99 X47.731
M10	M10
G0 X47.731 Z4.53 M8	G1 X43.695
G1 X39.86 F0.1	Z-145.
Z-145.	X45.
X43.695	Z-180.89
G0 X45.695 Z-144.	X47.531
Z4.53	G0 X49.531 Z-179.89
M15	Z4.53
G1 X36.	M15
Z0.	G1 X36.025
X38. Z-1.	Z-0.012
Z-145.	X38. Z-1.
X39.86	Z-145

加工程序的优化无疑可以提高生产效率，尤其对大批量的零件加工有着更加重要的意义。试想一下，每个零件的加工时间如果能够节省 1s，那么成千上万个零件节省的时间和资源将是无法想象的。

2. 扩展车铣复合加工中心应用的领域

除了可以应用于某些产品的大批量加工外，对于一些小批量或单件的生产，车铣加工中心也大有用武之地。因其具有至少一个旋转轴的控制能力，致使它的应用范围得以扩展，甚至可以替代多坐标联动加工中心的工作。

车铣复合加工中心在叶轮叶片加工中的应用就是一个很好的例证。叶片加工作为五坐标加工的典型零件类型，有着巨大的市场需求，而这类零件大部分都可以通过车铣复合加工中心来完成。对于一些带有 B 轴联动的车铣设备来说，能够加工的零件类型将更加广泛。这类设备不仅具有车削功能，同时也可以完成三到五坐标联动的铣切工作。随着机床硬件的发展，机床的刚性得以明显改善，粗、精加工可以一次完成，而且从工艺角度来看，车铣复合加工中心具有零件装夹定位简单、粗加工手段多样、排屑方便等优点。同时车铣复合加工中心在价格方面与同档次的多轴铣切加工中心也越来越接近。因此，在车铣复合加工中心上完成叶轮叶片的加工正逐步成为现实。

图 15-4　C 轴联动的方式

对于普通的 C&Y 车铣复合加工中心，可以通过 C 轴联动的方式完成叶片的加工，此类控制系统实际上是三轴控制系统。通过 XZC 三轴联动完成型面的加工，无需在机床上作更多的投入，只需要选择一个可提供此功能的 CAM 软件即可，如图 15-4 所示。

对于具有 B 轴功能的高端车铣复合加工中心来说，通过 B 轴摆角定位加工或是 XYZBC 五联动加工，还可以获得更好的加工表面质量（见图 15-5）。同时，这类设备还可以完成更复杂的叶轮叶片的加工（见图 15-6）。

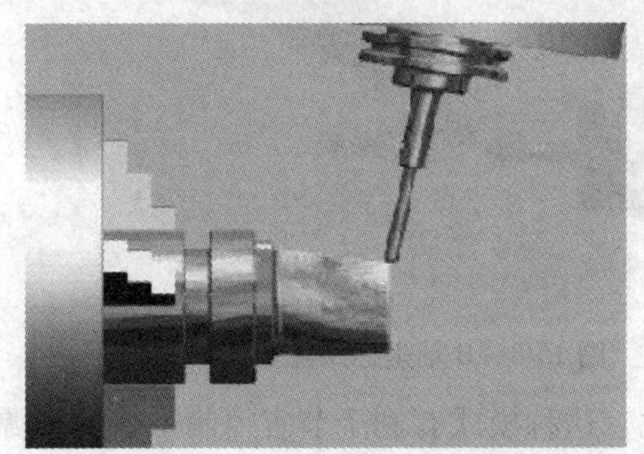
图 15-5　B 轴摆角定位加工

图 15-6　叶轮叶片的加工

车铣复合加工中心多数都自带一些编程功能，例如 Mazak matrix 系列、HEIDENHAIN CNC PILOT 3190 系列的控制系统都具有人机对话的交互式编程功能，不仅可以完成两轴车削，还可以完成 C&Y 辅助动力头的常规铣切加工编程工作；但是，它们对于一些具有复杂型面的零件加工就无能为力了。这时只能借助 CAM 软件来实现，因此，对于车铣复合尤其是具有双刀架的高端车铣复合加工中心来说，要发挥出它应有的性能，更离不开 CAM 软件的支持。在 CAM 软件的应用过程中，后处理的过程尤为重要。

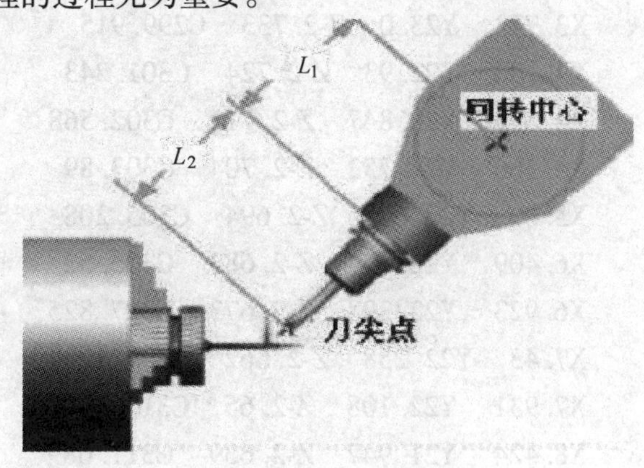

图 15-7　三维刀具长度补偿

由于旋转角度坐标的存在，利用 CAM 软件进行编程时，人们习惯上使用刀尖点的绝对坐标编程模式，生成的 NC 代码在机床上运行时，需要控制系统具有三维刀具长度补偿的功能（见图 15-7），根据实际使用的刀具长度 L_2，控制系统在三维空间上自动实现刀具长度补偿。（注：实际上控制系统在补偿计算时，计算依据的是 $L_1 + L_2$ 的值，而 L_1 的值可以在机床调试完成后直接在机床系统参数中设定。）如果控制系统没有三维刀具长度补偿功能，则需要事先在对刀仪上测量出刀具的长度，然后在CAM软件环境下指定刀具长度参数后再生成加工程序，生成的NC代码中的坐标点是回转中心的坐标。此类程序在应用过程中必须使用指定长度的刀具。在20世纪末期，控制系统还不具备三维刀具长度补偿功能时，都使用此种方法来完成五轴坐标程序的编制。为方便刀具的使用，机床主轴上通常增加一个可伸缩的套筒部件，以调整刀具长度为编程时设定的刀具长度。

无论是绝对坐标编程，还是回转中心坐标编程，对于车铣复合加工中心来说，B轴作为一个联动轴还有一个特殊的处理方式，即B轴坐标跟随功能。现以刀尖点绝对坐标编程为例，分析使用B轴坐标跟随功能的程序（B轴坐标跟随功能也可以使用回转中心坐标编程，这里暂不做探讨）。B轴坐标跟随功能与刀尖点绝对坐标编程不同的是坐标系的旋转（见图15-8），如果使用B轴坐标跟随功能，Z轴始终跟随刀具当前的位置发生变化，但始终指向主轴的轴线方向，这样在计算三维刀具补偿时，控制系统硬件的计算量就相应地减少了很多，更多的计算量可通过CAM软件完成。因此，这种模式有利于节省控制系统的资源，以满足复杂零件加工和高速加工时对控制系统的高要求。

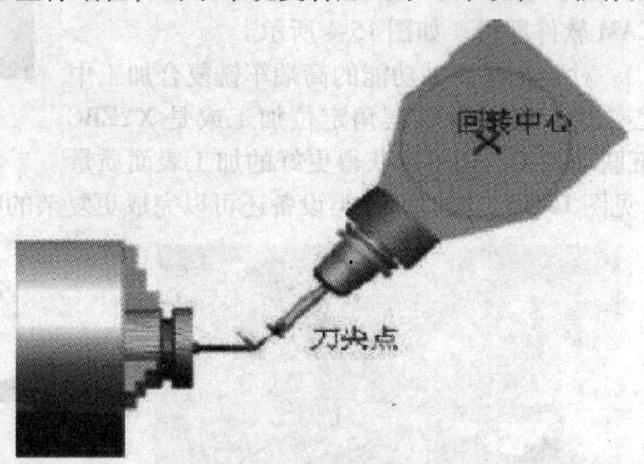

图15-8　B轴坐标跟随功能

下面是使用B轴坐标跟随功能的程序与不使用该功能的程序对比。

刀尖点绝对坐标				B轴刀尖点坐标			
X1.095	Y23.168	Z-2.776	C293.298	X2.737	Y23.168	Z-1.189	C293.298
X1.629	Y23.16	Z-2.768	C294.615	X3.109	Y23.16	Z-0.806	C294.615
X2.164	Y23.138	Z-2.76	C295.936	X3.482	Y23.138	Z-0.421	C295.936
X2.701	Y23.105	Z-2.751	C297.261	X3.855	Y23.105	Z-0.036	C297.261
X3.237	Y23.059	Z-2.743	C298.588	X4.228	Y23.059	Z0.35	C298.588
X3.773	Y23.0	Z-2.733	C299.915	X4.6	Y23.0	Z0.735	C299.915
X4.306	Y22.93	Z-2.724	C301.243	X4.971	Y22.93	Z1.119	C301.243
X4.838	Y22.847	Z-2.714	C302.568	X5.34	Y22.847	Z1.501	C302.568
X5.366	Y22.752	Z-2.704	C303.89	X5.706	Y22.752	Z1.882	C303.89
X5.89	Y22.645	Z-2.694	C305.208	X6.07	Y22.645	Z2.26	C305.208
X6.409	Y22.527	Z-2.683	C306.52	X6.429	Y22.527	Z2.634	C306.52
X6.923	Y22.398	Z-2.673	C307.825	X6.785	Y22.398	Z3.005	C307.825
X7.43	Y22.258	Z-2.662	C309.123	X7.136	Y22.258	Z3.372	C309.123
X7.931	Y22.108	Z-2.65	C310.411	X7.482	Y22.108	Z3.734	C310.411
X8.424	Y21.947	Z-2.639	C311.689	X7.823	Y21.947	Z4.091	C311.689

刀尖点绝对坐标				B 轴刀尖点坐标			
X8. 91	Y21. 778	Z-2. 628	C312. 957	X8. 158	Y21. 778	Z4. 442	C312. 957
X9. 387	Y21. 6	Z-2. 616	C314. 212	X8. 487	Y21. 6	Z4. 788	C314. 212
X9. 855	Y21. 413	Z-2. 604	C315. 455	X8. 81	Y21. 413	Z5. 127	C315. 455
X10. 314	Y21. 219	Z-2. 592	C316. 683	X9. 126	Y21. 219	Z5. 46	C316. 683

可以看到，在两种模式下，程序中的旋转坐标相同，但是直线坐标有所不同，即刀尖点的位置相对于当前坐标系的值发生了变化。一般情况下，B 轴坐标跟随功能通过一对 G 代码指令实现开关。

车铣复合加工领域中越来越多的实践将会带来更多可供思考的课题，但是，在车铣复合加工中，众多车铣功能都需要 CAM 软件环境来支持，因此，对于一个高端的车铣复合加工中心来说，CAM 软件是必不可少的工具之一。

参 考 文 献

[1] 顾京，王震宇. 数控加工编程及操作[M]. 北京：高等教育出版社，2003.
[2] 赵长明，刘万菊. 数控加工工艺及设备[M]. 北京：高等教育出版社，2003.
[3] 方沂，张永丹. 数控机床编程与操作[M]. 北京：国防工业出版社，1999.
[4] 刘力，王冰. 机械制图[M]. 北京：高等教育出版社，2000.
[5] 胡荆生，胡瑞华. 公差配合与技术测量基础[M]. 北京：中国劳动社会保障出版社，2000.
[6] 王孝达，田柏龄. 金属工艺学[M]. 北京：高等教育出版社，1997.
[7] 夏凤芳. 数控机床[M]. 北京：高等教育出版社，2005.
[8] 刘守勇，刘彦竹. 机械制造工艺与机床夹具[M]. 北京：机械工业出版社，2005.
[9] 华茂发，唐健. 数控机床加工工艺[M]. 北京：高等教育出版社，2002.
[10] 李玉炜，肖耕亚. MasterCAM 9.0 实训教程[M]. 北京：清华大学出版社，2006.
[11] 李彪. Mastercam 应用案例教程[M]. 哈尔滨：哈尔滨工程大学出版社，2004.
[12] 何伟. Mastercam 基础与应用教程[M]. 北京：机械工业出版社，2004.
[13] 张导成. 三维 CAD/CAM——MasterCAM 应用[M]. 北京：机械工业出版社，2004.
[14] 孙传祝，陈振辉. Mastercam X 中文版实用教程[M]. 北京：清华大学出版社，2008.
[15] 黄爱华. Mastercam 基础教程[M]. 北京：清华大学出版社，2004.
[16] 沈建峰，洪惠良. Mastercam X 数控造型与加工实训[M]. 北京：国防工业出版社，2008.
[17] 梁旭坤. CAD/CAM 应用——MasterCAM9.0[M]. 长沙：中南大学出版社，2006.
[18] 黄维亚，谭大庆. CAD/CAM 应用技术——MasterCAM9.0 实训教程[M]. 北京：化学工业出版社，2008.
[19] 王寅飞，王达斌. CAD/CAM 软件应用技术基础——基于 Mastercam[M]. 北京：北京航空航天大学出版社，2008.

后　记

多年来我院始终没有停止职业教育改革的步伐，但一直苦于没有一套与改革要求相适应的教材。这次由机械工业出版社出版我院组编的数控技术专业教材，是我院课程改革成果的一个重要组成部分。

唐山地处华北与东北交汇地带和环渤海中心地带，物华天宝，人杰地灵，是我国近代工业的“摇篮”，曾创造出我国第一台蒸汽机车、第一条标准轨铁路、第一座现代化矿井、第一桶水泥、第一件卫生瓷，有“渤海明珠”之称。进入21世纪，曹妃甸工业区的建设如火如荼、举世瞩目，装备制造、精品钢材和化学工业成鼎足之势。唐山工业职业技术学院是唐山市属的唯一一所工业类高职院校、河北省重点建设的示范性高职院校和河北曹妃甸工业职业教育集团的牵头学校，担负着为曹妃甸工业区培养高素质、高技能人才的重要职能。经过多年的改革探索，学院形成了“前校后厂，产学一体；面向区域，开放办学”的特色，这一办学成果获得河北省教学成果一等奖，并已列入全国教育科学研究“十一五”规划以继续开展深入探索。学院的数控技术专业是河北省高职高专示范专业，拥有校内生产型实训基地——陶瓷机械厂。该基地中的数控技术实训中心为国家职业教育实训基地，并引入校外企业参与共建，形成了“校企组合新模式”。得天独厚的区位优势、产业优势和办学优势是推动专业课程改革的强大动力，数控专业基于工作过程的课程改革正是在这种背景下开展的。

早在1996年，学院的机电技术应用专业就开始探索“走岗认识实习，贴岗教学实习，顶岗生产实习”的专业教学改革，学生采用每周轮换的方式进行“周倒”实习，这种传统一直延续到后来的数控技术专业，可以说，在数控技术专业开展基于工作过程的课程改革是水到渠成、顺理成章的事情。许多学校的课程改革是靠外力推动的，而我院的课程改革是自发的、主动的。专业教师们在是否需要改革方面没有争议，而只是关注课程开发和实施的细节问题。为了编写本套教材，课程改革组的教师们一边承担着繁重的教学任务，一边查阅资料、下厂调查、研究方案，寒暑假都没有休息。这其中的艰辛，只有职业院校的教师才会有深切的体会。

为了编写本套教材，唐山工业职业技术学院成立了以院长为组长的“数控技术专业教学改革教材编委会”，制定了教材编写的目标、原则和基本要求，为教材编写提供人员、资金、资料、设备、时间等方面的条件，确保教材按时、按质编写完成。同时也应看到，我国高职院校的课程改革在整体上还不成熟，课程体系完善还需要做大量艰苦而细致的工作，配套的教材也会存在不少问题。但是，新课程体系的实施客观上急需一套与传统学科教材模式完全不同的教材，这就是我们编写这套教材的初衷。恳切希望职业院校的广大同仁对本教材提出宝贵的意见和建议，以便我们不断完善。

唐山工业职业技术学院数控技术专业教学改革教材编委会

2009年2月